U0342638

水环境数值模型导论

任华堂 著

海洋出版社

2019 年 · 北京

内 容 简 介

本书是一本系统阐释水环境数值模型的专著,又是易于教学的教材。本书共分8章,内容包括绪论、物质扩散方程、对流方程、一维水流水质模型、二维水流水质模型、三维水流水质模型、岸线弥合模型和生态系统动力学模型。书末附录包含正文相关的数学、流体力学和算法语言的知识。

该书可作为环境工程、水利工程等专业高年级本科生、研究生的教材,以及相关专业教师、科研及工程技术人员的参考书。

图书在版编目(CIP)数据

水环境数值模型导论/任华堂著 . —北京:海洋出版社,2016.3(2019.5 重印)

ISBN 978 - 7 - 5027 - 9380 - 7

Ⅰ. ①水…　Ⅱ. ①任…　Ⅲ. ①水环境－数值模拟　Ⅳ. ①X143

中国版本图书馆 CIP 数据核字(2016)第 042978 号

责任编辑:高朝君

责任印制:赵麟苏

海洋出版社　出版发行

http://www. oceanpress. com. cn

北京市海淀区大慧寺路 8 号　邮编:100081

中煤(北京)印务有限公司印刷

2016 年 3 月第 1 版　2019 年 5 月北京第 2 次印刷

开本:787mm×1092mm　1/16　印张:17

字数:360 千字　定价:48.00 元

发行部:62132549　邮购部:68038093

总编室:62114335　编辑室:62100038

海洋版图书印、装错误可随时退换

前　言

　　城市水源地的水质污染、频频报警的河流污染、此起彼伏的湖泊水华现象、海上石油泄漏等污染事件，已经将昔日发达国家特有的水环境污染问题摆在了国人面前，我国环保工作者也因此面临更大的社会责任。为社会培养能够控制和改善水环境污染的人才，向公众普及水环境保护的知识，利用所掌握的专业知识为相关单位提供科技服务，成为高等院校的重大战略任务。水环境数值模型也应运成为环境科学专业学生和从业者的必备知识。

　　水环境数值模型和环境科学领域内的其他内容不同，除包含大量化学、生物学基础知识外，还涉及大量数学、流体力学等知识，如高等数学、线性代数、矩阵论、数值分析、数学物理方程、水力学、计算流体力学、海洋动力学、湖泊学等，而其中的大部分课程尚未被列入环境科学专业的教学课程体系中。在环境专业教学中，水环境数值模型是一门令教师和学生都感到头疼的课程，都有事倍功半之感。毕业生在日后工作中，在水环境数学模型方面多局限于商业软件的应用，而对其内部的机理和求解方式尚不够清楚，在一定程度上存在"知其然不知其所以然"的现象。在数学模型软件应用中，一旦出现新问题时，就容易手足无措，难以独立分析其原因并予以解决。

　　目前，各种水环境数值模型的著作和资料多种多样，但均是针对具有一定数学、流体力学知识的水利工程专业人士编写的，其中直接给出的大量微分方程令环境专业背景的学生或工作者望而生畏，无法理解其描述的物理意义，遑论其后的各种数值离散格式。

　　笔者在河海大学本科及硕士期间主攻近岸海洋水文学，后在国家海洋环境预报中心从事海洋环境预报工作，又于清华大学攻读博士期间学习水库水环境知识，及至进入高校工作以来，一直从事线性代数、水力学、水环境数值模型课程的科研和教学任务，接触过陆地水文、海洋水文、大气科学、环境科学等各方面的知识。在此过程中，深切体会到水环境数值模型的困难性和复杂性，数学、流体力学背景薄弱的环境科学专业人士掌握起来尤为不易。在教学过程中,急需一本针对环境专业人士编写的水环境数值模型教材。本书即为尝试。

该书具有如下特点:

(1)读者对象为具备高等数学和线性代数知识的普通理工科大学生,不需要流体力学、数学物理方程、数值分析等专业基础,起点低,易入门。

人类认识自然界流体的运动从有限空间点和时间点的物理量开始,通过观察离散空间点物理量不同时刻的变化,总结出变化规律,然后引入数学分析的工具将其抽象为一系列的连续函数微分方程组,而在数值求解中由于电脑无法进行精确的积分,微分方程组需要重新还原为离散物理量的变化规律。基于该认识,本书在讨论离散的物理量变化规律之后,直接将其和数值求解衔接,避免其中的微分方程环节,数值离散格式的物理意义更加明确,而微分方程主要应用于理论研究和精度分析。

(2)将复杂的流体力学现象分解为一系列简单物理现象的叠加,将各种简单物理现象和微分方程中的各项相对应,提高对流体运动规律、污染物迁移规律和微分方程的认识。

自然界的物理现象是多种因素综合作用的结果,其演化极为复杂,而人类对自然的认识总是从简单到复杂,从单因素到多因素。本书将污染物的迁移转化分解为不同的过程,如对流、扩散、弥(离)散、降解等。将水体运动分解为不同作用力的影响,如压强梯度力、科氏力、浮力等。将不同的物理过程或不同的强迫因子和微分方程中的各项相对应,利于加深对物理方程和物理现象的认识。

(3)水环境数值模型是一门理论性和实用性并重的课程,本书在讲解理论知识的过程中加入大量的程序实例,并对程序计算结果进行适当的分析,将理论和实践有机地融为一体。

水环境数值模型的最终目标就是利用计算机程序求解水环境中污染物质的迁移转化过程,现有资料多注重离散格式的分析,而缺少相应的计算程序。本书在讲解离散格式的同时,插入大量的计算程序,对一维到三维非定常条件下微分方程的求解均有涉及,有利于水环境数值模型计算者建立对程序的认识,养成良好的编程习惯,并掌握数值计算中的一些处理方法和技巧。运行计算程序、分析计算结果有助于对物理现象深入理解,同时有利于培养学生对该学科的兴趣。

（4）对水环境中的流体运动规律和物质的迁移扩散规律的论述均基于质量守恒定律，该方式既揭示了流体环境中物理现象演化的本质，又容易引入非结构单元求解等新离散方式，启发读者进行进一步的探索，将基础性和前沿性有机结合在一起。

传统的水环境数学模型离散格式多基于数学分析中的泰勒展开式得到，过程严谨，但容易掩盖其中的物理本质。本书基于自然界中普遍存在且为人所熟知的质量守恒定律进行推导，物理意义明确，对计算结果的分析直观易懂。离散格式易于从结构单元拓展至非结构单元，实现从基础性向前沿性的跨越。在水环境数值模型中，一切前沿性算法都有简单明确的物理本质，本书在论述本质之后，适当引申，对进一步学习和研究起到重要的启发作用。

本书在编写过程中得到中央民族大学夏建新教授的大力支持，邢璇博士对书中的生态动力学部分提了大量的建议，许多研究生在本书的文字编辑方面做了大量工作，国家自然科学基金项目（No. 50909108，51479218）为本书提供了资助。特别感谢中央民族大学自由包容的学术氛围，能够让作者有机会将自己的工作诉诸文字。

如前所言，本书既为大胆尝试，便存在许多前人未言的论述方式和对知识的理解方式。虽经推敲，错误之处在所难免，还请读者海涵并批评指正。

作者
2016 年春于中央民族大学

目　　录

第1章　绪论

随着社会的发展,生产力水平不断提高。人类由简单的采集果实、狩猎动物的原始社会,发展到大规模、机械化生产的工业社会,从自然环境的被动接受者和被动适应者逐渐转变为主动改造自然环境的最强力量,对自然的影响能力产生了翻天覆地的变化。由于认知水平的局限性和短期经济效益的驱使,人类在对自然界的改造中也出现了一系列的负面影响和严重后果,大量的污染物、生产生活垃圾被排放到环境介质中,同时规模宏大的水利工程、海洋工程、资源矿产开发等人类活动直接改变了人类生存的环境。

在环境问题中,化学性质稳定的固态污染物相对容易处理,因为可以将其封存至固定位置,其影响将限于局部区域。而流态污染物或分布于大气、水体等流体中的污染物,因为其位置不断发生变化,影响范围可能是人类始料未及的,环境污染的控制和治理则远为复杂和困难。1986 年 4 月 26 日,苏联基辅市以北 130 千米的切尔诺贝利核电站的灾难性大火造成放射性物质泄漏。由原子炉熔毁而漏出的辐射尘通过大气环流不仅飘过俄罗斯、白俄罗斯和乌克兰,而且飘过欧洲的其他部分地区,如土耳其、希腊、摩尔多瓦、罗马尼亚、立陶宛、芬兰、丹麦、挪威、瑞典、奥地利、匈牙利、捷克、斯洛伐克、斯洛文尼亚、波兰、瑞士、德国、意大利、爱尔兰、法国(包含科西嘉)和英国,引发欧洲大规模恐慌。2011 年 3 月日本大地震导致福岛核电站产生放射性物质泄漏,由于我国部分居民恐惧海洋污染,导致当年海鲜销量大量减少,部分地区甚至出现疯抢食盐的现象,对正常生产生活秩序造成重大影响。

除了流体介质中的污染物之外,工程或其他人类活动导致的水体或大气流动形态的改变也会深刻影响到生活其中的人类和动植物。由于人口密集、工厂及车辆排热、居民生活用能的释放、城市建筑结构及下垫面特性的综合影响导致的城市热岛效应使大气局地环流产生显著改变。城市热岛以市中心为热岛中心,一股较强的暖气流在此上升,而郊外上空相对冷的空气下沉,这样便形成了城郊环流,空气中的各种污染物在这种局地环流的作用下,聚集在城市上空,如果没有很强的外部气团来临,城市空气污染将加重,人类生存的环境被破坏,导致人类患各种疾病,甚至死亡。

作为对自然环境影响更为明显的水利工程更需要人类慎重决策,否则引发的后果将会成为人类不可承受之重。新中国成立之初在苏联专家帮助下建设的黄河三门峡工程就是一例。三门峡大坝的修建导致水库水流速度减小,黄河所挟带的泥沙在库区严重淤积,后来虽然采取了一系列补救措施,但是并未彻底消除其消极影响,黄河中游支流渭河河床不断抬高,使渭河平原面临前所未有的防洪压力。

正是由于流体环境问题的复杂性,大气和水环境研究目前已经成为环境科学研究的焦点和最有前途的研究方向。

1.1 液体的连续介质模型

与固体相比,流体的复杂性主要源于其任意变形性,某一时刻相邻的流体分子在一段时间后其相对位置会出现较大的变化,而固体的分子之间不会出现大的位移,否则固体就会被破坏掉。因此,在研究固体时,一般我们可以将其作为一个整体进行研究。而流体由于巨大的变形,不同时刻分子之间的相对位置处于不断变化之中,必须将流动空间分解成系列单元进行研究。将流动空间分解为多大尺度的单元能既体现流体运动特性又利于分析研究是流体力学的基础问题。

我们知道,由于物质是由不同层次的微观粒子构成的,如分子、原子、电子、夸克等,但是这些微观粒子之间并不是完全没有空隙的,因此,如果我们使研究单元的尺度等于或小于微观粒子之间的空隙尺度,流动空间内的若干流动单元就可能处于无物质的状态,速度、压强等概念将不再有意义。因此,流动单元必须大于微观粒子空隙的空间尺度。

因为流体是由大量的分子组成的,将流动单元取为微观粒子分子的尺度就可以解决每个流动单元都必须包含物质的要求。在分子尺度的微观范畴内,流体内的分子在做永不停息的、不规则的运动,分子和分子之间还存在相互的作用力。对该尺度的流体单元进行研究必须考虑分子的布朗运动和分子之间的相互作用力,这对于流体力学而言是一个非常大的挑战。

为简化研究,流体力学研究者将流体分解为尺度远大于分子的流体单元,每个单元内含有大量的分子,因此,每个单元所具有的物理特性,如密度、速度、压强等均体现为其内部大量分子的统计特性。换言之,流体单元在微观尺度上必须足够大,以消除分子微观布朗运动的影响。

流体单元能否取得非常大呢?当流体单元非常大时,分子运动的统计值在不同流体单元之间也会出现大的差异,此时,我们无法将这些运动参数在空间的分布函数作为连续函数处理,数学分析的一系列理论将无法应用。因此,我们必须要求流体单元在宏观上足够小以满足物理参数在数学上连续分布的要求。

在流体力学上将满足以上要求的流体单元称为“质点”,其概念是每个质点包含足够多的分子并保持着宏观运动的一切特性,但其体积与研究的流动空间范围相比又非常小,可以在数学上处理为一个点。简而言之,流体质点就是一个分子尺度“微观大”,运动空间内数学处理上“宏观小”的流体微团。

在研究流体运动时,假定可以将流体视为无数质点毫无间隙紧密组成的连续体,利用数学分析中连续函数的一系列性质和处理方法刻画速度、加速度、压强等参数随时间和空间的变化。我们将这一假定称为"流体的连续介质模型"。

至此,初学者最为担心的一个问题是在自然界中能找到满足"微观大,宏观小"的流体质点吗? 答案是在绝大多数情况下是可以的。在标准状态下,$1\ cm^3$ 体积的水中约含有 3.3×10^{22} 个分子,相邻分子间的距离约为 $3.1 \times 10^{-8}\ cm$。工程问题中所研究的流动空间远远大于分子尺度,工程问题可以视为大量分子微观运动的宏观统计结果。同时,大量的应用案例也表明,基于连续介质模型所得到的结论能够满足精度要求,只有在掺气水流、空穴现象、高空稀薄气体等特殊情况的研究中连续介质模型才会出现问题。

1.2 液体的压缩性和密度变化

液体的体积随所受外部压强的增大而减小,这一性质称为液体的压缩性。压缩性常用体积压缩系数 β 衡量,其定义如下:

$$\beta = -\frac{\mathrm{d}V/V}{\mathrm{d}p} \tag{1.2.1}$$

式中:V 为液体的体积,$\mathrm{d}p$ 为液体所受到的外部压强增量,$\mathrm{d}V$ 为液体所受到的外部压强增量 $\mathrm{d}p$ 作用下的体积增量。液体的压缩性很小,压强每升高一个大气压,水的密度大约增加 $1/20\ 000$。

影响水体密度的另一个因素为温度,在常温条件下(10～20℃),温度每增加 1℃,水的密度大约减小 $1.5/10\ 000$。

由于水体密度对于外部条件的变化不敏感,在大部分情况下,我们可以认为水体的密度为一常数,或特定质量水体的体积为常数,这一假定也称为水体的不可压缩假定。

1.3 研究流体运动的拉格朗日法和欧拉法

在流体力学中,将流体视为无数的宏观小、微观大的质点所组成的连续体。在研究中显然无法对所有质点的时间空间变化逐一进行分析,选取一种方便可行的研究方法极为重要。

(1)拉格朗日法

最直观和最容易想到的方法就是针对研究对象选取一系列具有代表性的质点,对这些质点直接运用固体力学中质点动力学的研究方法进行逐一分析,综合这些代表性质点随时间的运动规律,就可以获得对流体在流动空间内运动的总体认识。这种方法就是拉格朗日法。

为了区分不同的质点,我们采用它们在 t_0 时刻三维直角坐标系中的位置 (a,b,c) 作为标志,当 (a,b,c) 取不同的值时代表不同的质点。在该种方法下,质点在 t 时刻的位置可以表示为:

$$\begin{cases} x = x(a,b,c,t) \\ y = y(a,b,c,t) \\ z = z(a,b,c,t) \end{cases} \quad (1.3.1)$$

式中: a,b,c 表示该质点在 t_0 时刻位于 (a,b,c) ; t 为时刻; x,y,z 为质点在 t 时刻的空间位置。当 a,b,c 为固定值, t 为变量时,式(1.3.1)给出了质点运动的轨迹。当 t 为固定值, a,b,c 为变量时,式(1.3.1)给出了同一时刻不同质点在空间内的分布情况。 a,b,c,t 也被称为拉格朗日变数。

对于特定的质点,其位置关于时间的导数即为该质点的速度,采用数学语言表示就是在式(1.3.1)中固定 a,b,c ,对时间 t 求偏导数,得到流体质点的运动速度 $\boldsymbol{u}$:

$$\begin{cases} u_x = \dfrac{\partial x(a,b,c,t)}{\partial t} \\[2mm] u_y = \dfrac{\partial y(a,b,c,t)}{\partial t} \\[2mm] u_z = \dfrac{\partial z(a,b,c,t)}{\partial t} \end{cases} \quad (1.3.2)$$

同理,在式(1.3.1)中固定 a,b,c ,对时间 t 求二次偏导数,得到流体质点的运动加速度 $\boldsymbol{a}$:

$$\begin{cases} a_x = \dfrac{\partial^2 x(a,b,c,t)}{\partial^2 t} \\[2mm] a_y = \dfrac{\partial^2 y(a,b,c,t)}{\partial^2 t} \\[2mm] a_z = \dfrac{\partial^2 z(a,b,c,t)}{\partial^2 t} \end{cases} \quad (1.3.3)$$

拉格朗日法的最大特点是能够对特定质点或质点系进行跟踪研究。例如,我们在追踪污染云团随水流的迁移过程时,采用该方法能够准确模拟预测污染云团在不同时刻的影响范围和输移速度等参数,为污染防治提供必要的参考依据。

当然使用拉格朗日法研究流体运动时也会出现一些困难,譬如我们在某一时刻所选取的具有代表性的流体质点经过一定时间后可能汇聚于有限的几个小的局部区域,无法根据这些局部区域的质点运动情况得到整个区域的流体流动规律,即某一时刻具有代表性的质点系列在其他时刻未必具备代表性。另外,如果研究对象是不断有流体进出的开放性区域,选取的代表性质点就不断流出研究区域,而上游不断进入新的质点,我们选取的代表性质点就需要不断更换,研究将会变得非常复杂和繁琐。

（2）欧拉法

欧拉法与拉格朗日法最大的区别是研究对象并非针对特定质点,而是针对特定空间位置。欧拉法在流动空间中设置若干空间点,通过观测不同时刻在这些固定空间点的质点运动规律进行分析,得到研究区域内流体随时间的运动规律。

采用欧拉法,空间点 (x,y,z) 处的流体质点在 t 时刻的速度 u 可以表示为:

$$\begin{cases} u_x = u_x(x,y,z,t) \\ u_y = u_y(x,y,z,t) \\ u_z = u_z(x,y,z,t) \end{cases} \qquad (1.3.4)$$

式中: x,y,z,t 称为欧拉变数。当固定 x,y,z 且 t 作为变量时,式（1.3.4）表示在不同时刻 (x,y,z) 位置处质点的运动速度;当固定 t 且 x,y,z 作为变量时,式（1.3.4）表示在 t 时刻不同空间位置的速度分布。

接下来,如同拉格朗日法中的做法一样,貌似只要对式（1.3.4）中的速度关于时间 t 求偏导数就可以得到 (x,y,z) 位置处质点的运动加速度。但是,事实并非如此。因为在拉格朗日法中式（1.3.2）中是固定质点的速度,而式（1.3.4）中的速度却是固定位置的速度,当时间发生变化时,该位置对应的质点不一定是同一个质点（只有速度为零,才会是同一个质点）。而根据牛顿力学,加速度是特定质点的速度对时间求导数。

在欧拉法中, t 时刻在 (x,y,z) 位置的质点在 $t+\Delta t$ 时刻已经运动到 $(x+\Delta x,y+\Delta y, z+\Delta z)$ 。因此, t 时刻在 (x,y,z) 位置质点的加速度为

$$a(x,y,z,t) = \lim_{\Delta t \to 0} \frac{u(x+\Delta x,y+\Delta y,z+\Delta z,t+\Delta t) - u(x,y,z,t)}{\Delta t} \qquad (1.3.5)$$

在欧拉法中,由于位置 $(x+\Delta x,y+\Delta y,z+\Delta z)$ 不易直接确定,流体力学中将上式右端分子进行处理,转化为如下形式:

$$a(x,y,z,t) = \lim_{\Delta t \to 0} \frac{u(x+\Delta x,y+\Delta y,z+\Delta z,t+\Delta t) - u(x+\Delta x,y+\Delta y,z+\Delta z,t)}{\Delta t}$$
$$+ \lim_{\Delta t \to 0} \frac{u(x+\Delta x,y+\Delta y,z+\Delta z,t) - u(x,y,z,t)}{\Delta t} \qquad (1.3.6)$$

上式右端分为两部分,第一部分表示特定空间点的速度随时间变化,因此也叫作时变加速度,第二部分是同一时刻不同位置的速度变化,因此也叫作位变加速度。利用微积分的知识,时变加速度可以转化为

$$\lim_{\Delta t \to 0} \frac{u(x+\Delta x,y+\Delta y,z+\Delta z,t+\Delta t) - u(x+\Delta x,y+\Delta y,z+\Delta z,t)}{\Delta t} = \frac{\partial u}{\partial t}$$
$$(1.3.7)$$

位变加速度部分远较时变加速度复杂,为方便求解将其进一步转化为如下形式:

$$\lim_{\Delta t \to 0} \frac{u(x+\Delta x,y+\Delta y,z+\Delta z,t) - u(x,y,z,t)}{\Delta t}$$

$$= \lim_{\Delta t \to 0} \frac{\boldsymbol{u}(x + \Delta x, y + \Delta y, z + \Delta z, t) - \boldsymbol{u}(x, y + \Delta y, z + \Delta z, t)}{\Delta t}$$

$$+ \lim_{\Delta t \to 0} \frac{\boldsymbol{u}(x, y + \Delta y, z + \Delta z, t) - \boldsymbol{u}(x, y, z + \Delta z, t)}{\Delta t}$$

$$+ \lim_{\Delta t \to 0} \frac{\boldsymbol{u}(x, y, z + \Delta z, t) - \boldsymbol{u}(x, y, z, t)}{\Delta t} \tag{1.3.8}$$

根据微积分知识,上式进一步转化为

$$\lim_{\Delta t \to 0} \frac{\boldsymbol{u}(x + \Delta x, y + \Delta y, z + \Delta z, t) - \boldsymbol{u}(x, y, z, t)}{\Delta t} = \frac{\partial \boldsymbol{u}}{\partial x} \lim_{\Delta t \to 0} \frac{\Delta x}{\Delta t} + \frac{\partial \boldsymbol{u}}{\partial y} \lim_{\Delta t \to 0} \frac{\Delta y}{\Delta t} + \frac{\partial \boldsymbol{u}}{\partial z} \lim_{\Delta t \to 0} \frac{\Delta z}{\Delta t}$$

$$= u_x \frac{\partial \boldsymbol{u}}{\partial x} + u_y \frac{\partial \boldsymbol{u}}{\partial y} + u_z \frac{\partial \boldsymbol{u}}{\partial z} \tag{1.3.9}$$

综合式(1.3.5)—(1.3.9),可得

$$\boldsymbol{a} = \frac{\partial \boldsymbol{u}}{\partial t} + u_x \frac{\partial \boldsymbol{u}}{\partial x} + u_y \frac{\partial \boldsymbol{u}}{\partial y} + u_z \frac{\partial \boldsymbol{u}}{\partial z} \tag{1.3.10}$$

其分量形式为

$$\begin{cases} a_x = \dfrac{\partial u_x}{\partial t} + u_x \dfrac{\partial u_x}{\partial x} + u_y \dfrac{\partial u_x}{\partial y} + u_z \dfrac{\partial u_x}{\partial z} \\[2ex] a_y = \dfrac{\partial u_y}{\partial t} + u_x \dfrac{\partial u_y}{\partial x} + u_y \dfrac{\partial u_y}{\partial y} + u_z \dfrac{\partial u_y}{\partial z} \\[2ex] a_z = \dfrac{\partial u_z}{\partial t} + u_x \dfrac{\partial u_z}{\partial x} + u_y \dfrac{\partial u_z}{\partial y} + u_z \dfrac{\partial u_z}{\partial z} \end{cases} \tag{1.3.11}$$

可见,由于欧拉法的研究角度基于特定位置而不是特定质点,在进行加速度等力学分析中比拉格朗日法大大增加了工作量。尤其是位变加速度涉及速度的乘积运算,由此产生的非线性特性成为流体力学研究中的难点。

本节最后采用一个形象化的例子说明拉格朗日法和欧拉法的区别。我们为了观察学校学生体育锻炼、学习、休息、就餐所占用时间的比例,可以采取两种方法。一种方法是根据专业、性别、生源所在地等影响因素寻找一部分学生作为代表,只需逐一调查这部分同学的时间安排,就可以了解全校学生的时间安排,这种方法就相当于流体力学中针对一系列质点开展研究的拉格朗日法。除此之外,我们还可以分析体育锻炼场所、食堂、教室、餐厅这些位置的监控录像资料,根据这些空间位置的录像资料我们也可以得到全校学生的时间安排,这相当于流体力学中针对空间点开展研究的欧拉法。

1.4 水质模型发展

人类对水体的改造过程,可以认为依次经历了解决"水过多""水过少""水质量过差"三个主要阶段。在人类文明的诞生时代,从西方诺亚方舟到中国女娲补天的故事,多

数都留有对大洪水的原始记忆。我国《史记》记载"水之利害,自古而然。禹疏沟洫,随山浚川",已经开始了大型防洪工程的建设。在获得人类自身安全的基础上,为了进一步获得衣食保证,提高农作物产量,解决农田旱涝问题的农田水利工程成为水利发展的又一个重大阶段。我国在周代已经形成农田沟洫系统,战国时代的都江堰、郑国渠等充分表明中国人民的水利工程技术在当时已是独步天下。也正是凭借着领先其他文明的治水能力,中华文明成为历史上规模最大和最先进的农业文明。其后,工业革命的发生极大地提高了人类改造自然的能力,人类对自然的改造力度空前,同时自然环境又以其独特的方式将改造后果反馈给人类。一方面,大型水利工程的建设保证了人类的生命财产安全和水资源的利用效率,给人类社会提供了前所未有的发展机会;另一方面,跨流域调水等大型工程导致生态环境出现巨变,工业化大生产排出的大量污水、废水超过了水资源再生的能力,水环境质量显著下降,水环境面临人类有史以来最大的威胁。实现人与环境的和谐发展成为摆在人类面前的重大课题。水环境数学模型正是在这一背景之下得到蓬勃发展的。

水环境质量取决于水体中的一系列物理、化学、生物等指标是否异常以及是否会引发生态环境危害。水环境数学模型是描述水环境中物质混合、输移和转化规律的数学模型的总称。水环境数学模型的研究内容主要包括两大部分,一部分为水体运动导致的物质迁移过程,如移流、扩散、弥散、沉降等以水力学为基础的研究,另一部分主要为影响水体参数变化的物理、生物、化学等过程,如化学反应、生物降解、吸附与解吸、挥发、生物本身的生长、大气沉降、水气界面的物质交换,等等。因此,水质模型既包含了传统水利工程学科中涉及水体运动物理规律的数学模拟,也涵盖了微观的化学、生物等过程的数学模拟,具有高度的学科综合性和交叉性。而水环境模型也正是沿着水力学和以生物化学为基础的环境学两个方向逐步发展相互交融形成的。

(1)从水力学到水质模型的发展

对于流体的认识,100 多年前,历经 Navier、Possion、Saint - Venant 和 Stokes 卓有成就的研究,已经完全确定了揭示流体运动一般规律的理论,即 Navier - Stokes 方程。纵观其发展的历程,许多科学家都为此做出了杰出的贡献,如 Bernoulli、Euler、Laplace、Lagrange、Coriolis、Boussinesq、Renolds、Karman 等。

水流模型的理论起源于 19 世纪的圣维南(Saint - Venant),他确定了非恒定水流的理论基础。20 世纪初,Sterneck 和 Defant 对狭长海域的潮流进行了模拟,取得了非常好的效果。水流模型发展过程大致可以分为三个阶段:20 世纪 50、60 年代,是数学模型发展的起点,建立了许多一维模型,同时也出现了一些简单的二维模型。20 世纪 70 年代,二维模型得到深入研究和广泛应用,对三维问题的研究也开始起步。20 世纪 80 年代至今,一方面,二维数学模型的研究和应用日臻完善和成熟,积累了许多成功的经验;另一方面,三维数学模型的发展和应用方兴未艾,随着高性能计算机的不断涌现,三维数学模型已经成为当今水流数值模拟的主流和趋势。

三维流动数值模拟领域取得今天的辉煌成就,经过了许多学者的研究和发展。

1972 年 Gendy 和 Heaps 开始了三维数学模型的研制工作。1973 年,Leendertse 基于三维的浅水方程在垂直方向采用固定分层法,即将计算水域划分为固定的多层,将每一层的变量沿垂向积分,把一个三维问题转化为一系列的二维问题,并用 ADI 法进行了数值离散。其后,陆续出现了一系列简单的三维模型。1994 年,Kin 等应用固定分层方法建立了海湾三维潮流、盐度模型。为了更好地模拟底部边界地形的变化,人们将 Philips 提出的 σ 坐标变换应用到河流海洋的三维模拟中。以普林斯顿(Princeton)大学 Mellor 教授为代表的科研人员开发并发展至今的 POM 模型(普林斯顿海洋模型),在实际应用中模拟效果非常好。自 20 世纪 90 年代以来,该模型在世界上的许多海区都得到了应用。美国佛罗里达大学 Sheng 建立了一般曲线坐标下的三维水动力模型(CH3D),该模型也采用了 σ 坐标系,水平方向的运动采用水平流速矢量的逆变分量来表示。美国休斯敦大学 Wang 将三维水动力模型的控制方程用普遍张量的形式描述,并对美国加尔维斯敦(Galveston)海湾的水动力进行模拟。目前,国外涌现出大批量的三维水流数值模型,如 POM、MOM(GFDL 模块化海洋模型)、CANDIE(加拿大 DIECAST 海洋模型)、MICOM(Miami 等密度坐标海洋模型)、ECOM 等。

同样,国内学者在三维水流数值模型的开发和应用方面也做出了自己的贡献。南京水利科学研究院易家毫、赵士清采用与 Leendertse 相似的固定分层方法,建立了简单的三维数值模型,模拟了长江口的水流特性。河海大学韩国其等采用 σ 坐标系和内外模分裂法,并应用 $k - \varepsilon$ 模型计算紊动扩散系数,建立了三维的水流数值模拟方法。河海大学宋志尧等基于内外模的分裂和 ADI 法建立了准三维的水流数值计算模型。上海交通大学刘桦等建立了考虑水体分层影响的三维水流模型。纵观国内三维水流数值模型,虽然起步较晚,但是发展速度很快,在工程中的应用成效显著。

由于河流、海洋中,温度、盐度、悬浮颗粒物浓度等本身会影响水体的流动规律。因此,这些指标也是水利专家研究水动力学或河床冲淤所关注的问题。在水动力学模型的开发中为了提高模拟精度已经加入了这些指标的模拟。随着水环境问题的不断凸显,水利专家自然将更多的水质指标加入到数学模型中。

(2)从化学、生物学到水质模型的发展

最早的水质模型是于 1925 年在美国俄亥俄河上开发的 S - P 模型(Streeter - Phelps 模型)。S - P 模型是 1925 年由 Streeter 和 Phelps 提出的,又称 BOD - DO 模型,是应用最普遍的一维地表水水质模型。此模型建立的基本假定是:只考虑好氧微生物参加的 BOD 一级衰减反应,即任何时候反应速率都和剩余的有机物数量成正比;水体中溶解氧(DO)的减少只认为是由微生物的作用使 BOD 衰减而引起的,水体中溶解氧(DO)减少的速率与 BOD 的反应速率相同;水体中复氧速率与水体中的氧亏量成正比。此模型在水体流动方面做了极大的简化,忽略水体导致的扩散作用,将断面流速作为沿程不变的常数,且只考虑稳态的情况。

1970 年,美国环保局(EPA)研究开发并推出 QUAL - I 水质综合模型,该模型为稳态水流条件下的一维水质模型,利用体积守恒条件计算沿程不同位置的流量,再通过流量 - 流速关系的经验曲线确定流速。QUAL - I 模型较为完善地概化了水气之间的传热过程、生化耗氧量 - 溶解氧之间的平衡机制、物质的输移扩散机制等,能够模拟多种水质参数,将水质模型在生物化学过程的研究向前推进了一大步。之后,不断完善并推出一系列改进版本,至今 QUAL 系列模型仍是水环境研究领域最有影响的模型之一。

1983 年,美国环保局(EPA)研发了 WASP 水质模型。WASP 模型功能强大,可以模拟一维、二维、三维空间的线性和非线性水质问题,适用范围覆盖河流、湖泊、海湾、海洋等不同水域,可以模拟溶解氧、细菌、富营养化、毒性物质等涉及的生物化学过程。该模型的局限性是缺少水动力学过程的模拟,因此输移机制所涵盖的平流、弥散等过程需要结合其他水动力学模型计算给定。之后,该版本得到不断改进,并提供了一些水动力学模型与其衔接,成为水环境研究领域又一个具有广泛影响的水质模型。

此后,地表水水质模型研究进入深化、完善与广泛应用的新阶段。模型的可靠性和精确性有了极大提高,研究的空间尺度发展到了三维;考虑水质模型与面源模型的对接;模型生化过程更加复杂完善,其中状态变量及组分数量大大增加,重金属、有毒化合物、生态动力学机制得到大发展;大气污染的影响纳入到水质模型中,与地下水的水质水量有机结合,建立了综合水质模型;人工神经网络、3S 技术等多种新技术方法引入到地表水水质模型研究中。

由于水利专家在水动力学研究中,积累了数值计算的丰富经验,而环境学家对于污染物转化的化学、生物过程有着更深刻的认识,水利学科和环境学科的交融,促进了水环境数学模型的快速发展,如 EFDC 模型将水利工作者开发的水动力学模块和环境工作者开发的水质模块相结合,成功地解决了大量的水环境问题,成为美国环保部推荐使用的模型。

目前,世界上应用较广的水质模型主要有 QUAL2E、QUAL2K、CE - QUA - W2、RMA - 12、EPDRiv1、WASP6、WASP7、ECOLab、DELFT3D、MIKE11、MIKE21、MIKE3、SMS 等。这些模型所考虑的生物化学机制有一定差异,其推荐采用的参数也是基于不同的地区得到,可以根据具体的应用实例进行选择。

第2章 物质扩散方程

2.1 物质扩散方程的推导和物理意义

（1）扩散过程的控制方程

在自然界中，扩散是物质在流体中或以流体形态运动的一种常见形式。例如，将红墨水滴入一杯水中，红墨水将向周围扩散，直至整杯水都变为红色。扩散是流体内质点运动的基本方式，当温度高于绝对零度时，任何流体的分子都在做热运动。当流体分子所挟带的水质指标（化学位、浓度等）存在差异时，热运动过程中不同性质的微观粒子发生混合过程。因此，扩散是一种传质过程，宏观上表现为物质从高浓度到低浓度的定向迁移。

考虑在一矩形断面面积为 A 的顺直河槽中（图2.1.1），为了研究方便我们可以在纵向将其划分为若干单元，每一单元的长度为 Δx，并从左侧对其进行编号，$1,2,3,\cdots,im$。以第 i 单元作为研究对象，假定某时刻第 i 单元中心位置的污染物浓度为 c_i，第 $i-1$ 单元中心位置的污染物浓度为 c_{i-1}，第 $i+1$ 单元中心位置的污染物浓度为 c_{i+1}（如无特殊说明，本书中变量下标表示变量所在位置）。根据物理知识，在分子热运动下，在该段的两侧断面会发生分子的交换，这种交换将会使污染物从第 i 单元进入第 $i-1$ 单元和 $i+1$ 单元。根据费克（Fick）第一定律，分子扩散所引起的物质通量为

$$q = -k\frac{\partial c}{\partial x} \tag{2.1.1}$$

式中：q 为物质扩散在单位面积上引起的通量；k 为分子扩散系数，取决于流体内分子热运动的强度。该式的物理意义为物质将在高浓度区域和低浓度区域之间转移，通量和浓度梯度成正比，其中符号表示物质的迁移方向为从高浓度区域指向低浓度区域。

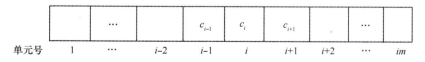

图2.1.1 顺直河道示意

与在空间上纵向将河段分为若干单元相似，我们在时间维度上也将时间按照 Δt 时间

间隔划分为若干时段,将 $n\Delta t$ 时刻(后文也将其简称为 n 时刻)第 i 单元中心位置的污染物浓度记为 c_i^n(上标 n 表示时刻,下标 i 表示所在单元,全书同)。

在第 n 时刻和第 $n+1$ 时刻第 i 单元内污染物的质量分别记为 $c_i^n A\Delta x$, $c_i^{n+1}A\Delta x$。在第 n 时刻至第 $n+1$ 时刻的 Δt 时段内,由于扩散左侧断面进入的质量为 $\Delta t\left(-kA\dfrac{\partial c}{\partial x}\right)_{i-\frac{1}{2}}$(其中下标 $i-\dfrac{1}{2}$ 表示变量在第 $i-1$ 单元和第 i 单元之中间界面的取值),右侧断面流出的质量为 $\Delta t\left(-kA\dfrac{\partial c}{\partial x}\right)_{i+\frac{1}{2}}$。根据质量守恒定律:

$$c_i^{n+1}A\Delta x - c_i^n A\Delta x = \Delta t\left(-kA\frac{\partial c}{\partial x}\right)_{i-\frac{1}{2}} - \Delta t\left(-kA\frac{\partial c}{\partial x}\right)_{i+\frac{1}{2}}$$

当时段 Δt 较小时,通量在时段 Δt 的平均值可以近似为 n 时刻在两个断面的通量:

$$c_i^{n+1}A\Delta x - c_i^n A\Delta x = \Delta t\left(-kA\frac{\partial c}{\partial x}\right)_{i-\frac{1}{2}}^n - \Delta t\left(-kA\frac{\partial c}{\partial x}\right)_{i+\frac{1}{2}}^n \tag{2.1.2a}$$

两侧同时除以 $A\Delta x\Delta t$,可得:

$$\frac{c_i^{n+1}-c_i^n}{\Delta t} = \frac{\left(k\dfrac{\partial c}{\partial x}\right)_{i+\frac{1}{2}}^n - \left(k\dfrac{\partial c}{\partial x}\right)_{i-\frac{1}{2}}^n}{\Delta x} \tag{2.1.2b}$$

根据微积分知识,当 $\Delta t\to 0$, $\Delta x\to 0$,上式转化为

$$\frac{\partial c}{\partial t} = k\frac{\partial^2 c}{\partial x^2} \tag{2.1.3}$$

该方程即扩散型方程,其物理意义为物质在一定空间内浓度随时间逐渐趋于平均化,低浓度区浓度值不断增加而高浓度区浓度值不断降低,该方程在数学上也称为抛物型方程。

式(2.1.3)刻画了所有的扩散过程所满足的数学关系式,但是对于特定过程还需增加相应的条件才可以得到定解,这些确定特定过程或方程特定解的条件称为定解条件。

(2)定解条件和定解问题

我们知道对于一个常微分方程 $\dfrac{\mathrm{d}y}{\mathrm{d}x}=x$,其解为形如 $y=\dfrac{1}{2}x^2+c$($c\in R$)的任意函数。要使之对应于特定函数,需要增加定解条件,如 $x=0$ 时 $y=0$。这样,常微分方程 $\dfrac{\mathrm{d}y}{\mathrm{d}x}=x$ 的解就成为特定的函数 $y=\dfrac{1}{2}x^2$,以下数学问题就成为一个定解问题:

$$\begin{cases} \dfrac{\mathrm{d}y}{\mathrm{d}x}=x \\ x=0, y=0 \end{cases} \tag{2.1.4}$$

我们从式(2.1.4)引申开来,对于偏微分方程(2.1.3),同样需要增加定解条件,才会

使之成为定解问题。需要增加什么样的条件呢?

由于式(2.1.3)含有函数 c 关于时间的一阶偏导数,我们由式(2.1.4)推理出其需要给出和时间相关的一个条件,即特定时间点所对应的未知数的取值,也就是初始时刻的函数值,即初始条件。初始条件用以表达系统的初始状态,是方程求解中时间积分的起点,需要结合实测值给定。需要注意的是,初始条件给定的是整个计算区域的函数值,而不是区域中部分空间点的函数值。

同样,由于式(2.1.3)还含有关于空间坐标的二阶偏导数,我们可以推理需要给出在两个空间位置上未知数满足的条件,也就是在空间区域边界上函数值所需要满足的关系式,即边界条件。由于微分方程包含物理量的空间分布规律,边界上函数值或满足的关系式直接决定了物理量在区域内的取值,因此边界条件概化非常重要。关于边界上的函数满足的数学表达式,通常有如下形式:

1)在边界上直接给定物理量的取值,这种边界条件称为第一类边界条件。对于式(2.1.3)即为直接设定边界位置的浓度值。其数学表达式为

$$c \big|_{\text{boundary}} = \text{set}$$

2)在边界上直接给定物理量的法向微商,这种边界条件称为第二类边界条件。对于式(2.1.3)相当于给定边界位置的浓度梯度。其数学表达式为

$$\frac{\partial c}{\partial n} \bigg|_{\text{boundary}} = \text{set}$$

其中 n 表示法线方向。

3)在边界上直接给定物理量的法向微商和物理量函数值之间的关系,这种边界条件称为第三类边界条件(或混合边界条件)。对于式(2.1.3)相当于给定边界位置的浓度和扩散通量之间的关系。其数学表达式为

$$ac + k\frac{\partial c}{\partial n} \bigg|_{\text{boundary}} = \text{set}$$

如果以上三种边界条件的数学表达式右侧均设定为 0,又称为齐次边界条件,否则称为非齐次边界条件。

例如,以下问题就是一个定解问题:

$$\begin{cases} \dfrac{\partial c}{\partial t} = k\dfrac{\partial^2 c}{\partial x^2}, \qquad 0 < x < l, \quad t > 0 \\ c\big|_{x=0} = c_0, \dfrac{\partial c}{\partial x}\bigg|_{x=l} = \dfrac{q_0}{k} \\ c\big|_{t=0} = c_0 \end{cases} \tag{2.1.5}$$

该式的物理意义为对于长为 l 的河段,在初始时刻($t=0$)所有点的浓度均为 c_0,左侧($x=0$)浓度始终为 c_0,右侧($x=l$)进入河段的扩散通量为 q_0。

采用分离变量法,可以得式(2.1.5)的解为

$$c(x,t) = c_0 + \frac{q_0}{k}x + \frac{8q_0l}{k\pi^2}\sum_{n=0}^{\infty}(-1)^{n+1}\frac{1}{(2n+1)^2}e^{-\frac{(2n+1)^2\pi^2k}{4l^2}t}\cdot\sin\frac{(2n+1)\pi x}{2l}$$

$$(2.1.6)$$

观察上式,当 $t < 0$,随 n 的增大和 t 的减小,浓度 $c(x,t)$ 将急剧增大,从而趋向无穷大。从物理意义上讲,因为扩散过程随时间增加是一个浓度逐步趋于均匀的过程,而随着时间减小则是一个相反的浓度向个别区域集中的过程,从而会导致某些点浓度趋于正无穷大或负无穷大。当 t 不断增加时,式(2.1.6)中的指数函数将趋于 1,这说明在上游浓度固定、下游物质通量一定的条件下,河段内的浓度分布将趋于稳定。

另一方面,当 t 值较大时,可以忽略式(2.1.6)中级数中小项,仅保留 $n = 0$ 的项,即

$$c(x,t) = c_0 + \frac{q_0}{k}x + \frac{8q_0l}{k\pi^2}e^{-\frac{\pi^2k}{4l^2}t}\cdot\sin\frac{\pi x}{2l}$$

$$(2.1.7)$$

我们再看一个自然界中更常见的例子,在渠道中某截面($x = x_0$)瞬时投入单位质量污染物,假定该渠道污染物投放两侧都充分长,污染物向两侧扩散的过程可以概化为如下数学问题:

$$\begin{cases} \dfrac{\partial c}{\partial t} = k\dfrac{\partial^2 c}{\partial x^2}, & -\infty < x < +\infty, t > 0 \\ c\big|_{x=-\infty} = 0, c\big|_{x=+\infty} = 0 \\ c\big|_{t=0} = \delta(x - x_0) \end{cases}$$

$$(2.1.8)$$

采用分离变量法,可以得到式(2.1.8)的解为

$$c(x,t) = \frac{1}{2\sqrt{\pi kt}}e^{-\frac{(x-x_0)^2}{4kt}}$$

$$(2.1.9)$$

取 $k = 1 \times 10^{-5}\ \mathrm{m^2/s}$,$x_0 = 0$ 时,不同时刻对应的分布曲线如图 2.1.2 所示。

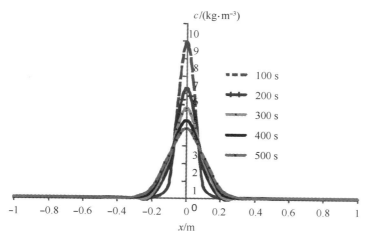

图 2.1.2　点源扩散示意

由图 2.1.2 可以看出,随着时间的增加,初始时刻投放的污染物逐步向两侧扩散,时间越长,污染物的影响范围越广,由于总的污染物的量不变,峰值相应减小。

需要指出的是,包括扩散方程在内的偏微分方程只有在定解条件非常简单的一些案例中,才能够获得解析解。对于一般的偏微分方程,现在的数学手段尚不能得到解析解,只能采用数值逼近的办法求出近似解。

2.2　物质扩散方程的离散求解

对于微分方程而言,由于连续函数、微分和积分都是以极限为基础得到的数学概念,在计算机中无法采用无穷小的概念来精确描述连续函数、微分、积分,因此微分方程数值解是将方程中的连续函数采用一系列的离散点进行近似,微分和积分基于这些离散点的函数值得到。

(1)古典显格式

我们从离散的角度来研究 2.1 节的例子。我们知道污染物在河道内的浓度分布函数为一连续函数,按照在纵向将其划分为若干长度为 Δx 的 im 个单元的方法,每个单元对应一个浓度值(图 2.2.1),相当于将浓度连续函数采用 im 个离散的浓度值进行近似,同时将时间离散为相隔 Δt 时段的一系列时间点(在数学模型中,也将空间单元的尺度 Δx 称为空间步长,时间间隔 Δt 称为时间步长)。

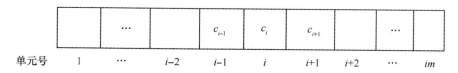

图 2.2.1　顺直河道示意

在将河道离散为若干单元后,基于物质扩散的基本原理,假定扩散通量在 n 时刻到 $n+1$ 时刻之间的平均值近似取为时刻在两个断面的通量值,得到

$$\frac{c_i^{n+1} - c_i^n}{\Delta t} = \frac{\left(k\frac{\partial c}{\partial x}\right)_{i+\frac{1}{2}}^n - \left(k\frac{\partial c}{\partial x}\right)_{i-\frac{1}{2}}^n}{\Delta x} \tag{2.1.2}$$

由于式(2.1.2)中含有 $\frac{\partial c}{\partial x}$,因此并不是完全的离散形式。根据微积分的知识,我们进一步将浓度梯度采用离散的浓度值来表示:

$$\begin{cases} \left(\dfrac{\partial c}{\partial x}\right)^n_{i+\frac{1}{2}} = \dfrac{c^n_{i+1} - c^n_i}{\Delta x} \\[4mm] \left(\dfrac{\partial c}{\partial x}\right)^n_{i-\frac{1}{2}} = \dfrac{c^n_i - c^n_{i-1}}{\Delta x} \end{cases} \tag{2.2.1}$$

综合式(2.1.2)和式(2.2.1)可得:

$$\frac{c^{n+1}_i - c^n_i}{\Delta t} = k\frac{c^n_{i+1} + c^n_{i-1} - 2c^n_i}{\Delta x^2} \tag{2.2.2}$$

为方便求解,式(2.2.2)可以整理为

$$c^{n+1}_i = c^n_i + k\frac{\Delta t}{\Delta x^2}(c^n_{i+1} + c^n_{i-1} - 2c^n_i) \tag{2.2.3}$$

由于式(2.2.2)不需解方程,只需进行系列代数运算即可,该格式称为古典显格式。由于上式无法得到第 1 个和第 im 个单元的浓度值,因此在边界上需要边界条件控制,如果两侧是封闭的边界,相当于第 1 个单元的左侧和第 im 个单元的右侧没有扩散通量,类似的推导可以得到边界上浓度值的表达式:

$$\begin{cases} c^{n+1}_1 = c^n_1 + k\dfrac{\Delta t}{\Delta x^2}(c^n_2 - c^n_1) \\[4mm] c^{n+1}_{im} = c^n_{im} - k\dfrac{\Delta t}{\Delta x^2}(c^n_{im} - c^n_{im-1}) \end{cases} \tag{2.2.4a}$$

由于式(2.2.4a)是根据边界的约束条件得到的,在数值模型中也将其称为边界条件。为了简化边界条件式(2.2.4a),在实际应用中,我们也可以将该段河道划分为第 $2 \sim im-1$ 个单元共 $im-2$ 个单元,再在两侧各附加第 1 和第 im 个虚拟单元,此时,为了保证第 2 和第 $im-1$ 个单元的左侧和右侧不会有通量,只需满足 $\dfrac{\partial c}{\partial x}$ 在侧面为零即可,即

$$\begin{cases} c^{n+1}_1 = c^{n+1}_2 \\[2mm] c^{n+1}_{im} = c^{n+1}_{im-1} \end{cases} \tag{2.2.4b}$$

综合以上,可得到完整的求解浓度方程:

$$\begin{cases} c^{n+1}_i = c^n_i + k\dfrac{\Delta t}{\Delta x^2}(c^n_{i+1} + c^n_{i-1} - 2c^n_i), 2 \leqslant i \leqslant im-1 \\[2mm] c^{n+1}_1 = c^{n+1}_2, c^{n+1}_{im} = c^{n+1}_{im-1} \end{cases} \tag{2.2.5}$$

当我们给定第 1 个时刻全场的浓度分布后,就可以根据式(2.2.5)不断迭代得到第 2 个及其后任意时刻的浓度值。

```
#      PARAMETER(IM = 102)
#      REAL C(IM),CN(IM),K,DT,DX
#      INTEGER I,J,IN
#      DX = 100
```

```
#        DT = 100
#        K = 10
#        r = K * DT/DX * * 2

#        DO I = 1, IM
#           C(I) = 0
#        ENDDO
#        C(50) = 100

#        DO 20   IT = 1,1000
#          DO I = 2, IM - 1
#            CN(I) = (1 - 2 * r) * C(I) + r * C(I + 1) + r * C(I - 1)
#          ENDDO
#          CN(1) = CN(2)
#          CN(IM) = CN(IM - 1)

#          DO I = 1, IM
#             C(I) = CN(I)
#          ENDDO
#20      CONTINUE

#        OPEN(1, FILE = 'concentration. dat')
#        DO I = 1, IM
#           WRITE(1, * ) I, C(I)
#        ENDDO
#        CLOSE(1)


#        END
```

程序中"#"表示语句的起始位置,其后为正式的语句部分,以下各程序均如此。

该程序描述的是一个被划分为 102 个单元的两端封闭河道(除掉边界条件处理增加的虚拟单元后,真实单元为 100 个),初始时刻第 50 个单元的浓度为 100,其他单元的浓度为 0。程序中,DT、DX 分别为时间步长和空间步长,K 为扩散系数,$C(I)$ 表示旧时刻[即式(2.2.5)中第 n 时刻]I 单元的浓度,$CN(I)$ 表示新时刻[即式(2.2.5)中第 $n+1$ 时刻]I 单元的浓度。图 2.2.2 给出了不同时刻的浓度分布变化。

(2)古典隐格式

如前所述,在推导式(2.1.2)中假定扩散通量在 n 时刻和 $n+1$ 时刻之间的平均值近

16

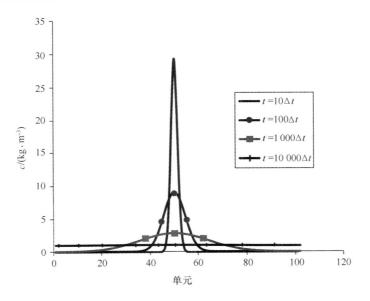

图 2.2.2　污染物扩散古典显格式计算结果

似为 n 时刻在两个断面的通量值。那么,我们能否将扩散通量在 n 时刻和 $n+1$ 时刻之间的平均值近似取为 $n+1$ 时刻在两个断面的通量值? 答案是肯定的,此时式(2.1.2)就相应地转化为

$$\frac{c_i^{n+1} - c_i^n}{\Delta t} = \frac{\left(k\,\dfrac{\partial c}{\partial x} \right)_{i+\frac{1}{2}}^{n+1} - \left(k\,\dfrac{\partial c}{\partial x} \right)_{i-\frac{1}{2}}^{n+1}}{\Delta x} \qquad (2.2.6)$$

进一步将其中的一阶微分近似为如下形式:

$$\begin{cases} \left(\dfrac{\partial c}{\partial x} \right)_{i+\frac{1}{2}}^{n+1} = \dfrac{c_{i+1}^{n+1} - c_i^{n+1}}{\Delta x} \\[3mm] \left(\dfrac{\partial c}{\partial x} \right)_{i-\frac{1}{2}}^{n+1} = \dfrac{c_i^{n+1} - c_{i-1}^{n+1}}{\Delta x} \end{cases} \qquad (2.2.7)$$

将式(2.2.7)代入式(2.2.6)可得:

$$\frac{c_i^{n+1} - c_i^n}{\Delta t} = k\,\frac{c_{i-1}^{n+1} - 2c_i^{n+1} + c_{i+1}^{n+1}}{\Delta x^2} \qquad (2.2.8a)$$

令 $r = k\,\dfrac{\Delta t}{\Delta x^2}$,则

$$-rc_{i-1}^{n+1} + (1+2r)c_i^{n+1} - rc_{i+1}^{n+1} = c_i^n \qquad (2.2.8b)$$

观察上式发现,$n+1$ 时刻的浓度值无法显式求解,因此该格式称为古典隐格式。

对于封闭的河道,加上边界条件,进一步可以得到:

$$\begin{cases} -rc_{i-1}^{n+1} + (1+2r)c_i^{n+1} - rc_{i+1}^{n+1} = c_i^n, 2 \leqslant i \leqslant im-1 \\ c_1^{n+1} = c_2^{n+1} \\ c_{im}^{n+1} = c_{im-1}^{n+1} \end{cases} \qquad (2.2.9)$$

将式(2.2.9)写成矩阵形式:

$$\begin{bmatrix} 1 & -1 & & & & & \\ -r & 1+2r & -r & & & & \\ & \cdots & \cdots & \cdots & & & \\ & & -r & 1+2r & -r & & \\ & & & \cdots & \cdots & \cdots & \\ & & & & -r & 1+2r & -r \\ & & & & & 1 & -1 \end{bmatrix} \begin{bmatrix} c_1^{n+1} \\ c_2^{n+1} \\ \vdots \\ c_i^{n+1} \\ \vdots \\ c_{im-1}^{n+1} \\ c_{im}^{n+1} \end{bmatrix} = \begin{bmatrix} b_1 \\ b_2 \\ \vdots \\ b_i \\ \vdots \\ b_{im-1} \\ b_{im} \end{bmatrix} \qquad (2.2.10)$$

其中右端项 $\boldsymbol{b} = \begin{bmatrix} b_1 & b_2 & \cdots & b_{im} \end{bmatrix}^{\mathrm{T}} = \begin{bmatrix} 0 & c_2^n & \cdots & c_{im-1}^n & 0 \end{bmatrix}^{\mathrm{T}}$。

根据线性代数知识,系数矩阵可以分解为一个上三角矩阵和一个下三角矩阵的乘积,即

$$\begin{bmatrix} 1 & -1 & & & \\ -r & 1+2r & -r & & \\ & \ddots & \ddots & \ddots & \\ & & -r & 1+2r & -r \\ & & & 1 & -1 \end{bmatrix} = \begin{bmatrix} 1 & & & & \\ l_2 & 1 & & & \\ & \ddots & \ddots & & \\ & & l_{im-1} & 1 & \\ & & & l_{im} & 1 \end{bmatrix} \begin{bmatrix} u_1 & -1 & & & \\ & u_2 & -r & & \\ & & \ddots & \ddots & \\ & & & u_{im-1} & -r \\ & & & & u_{im} \end{bmatrix} = \boldsymbol{LU}$$

$$(2.2.11)$$

式中:

$$\begin{cases} u_1 = 1 \\ l_2 = -r/u_1, u_2 = 1 + 2r + l_2 \\ l_i = -r/u_{i-1}, u_i = 1 + 2r + l_i r, i = 3, \cdots, im-1 \\ l_{im} = 1/u_{im-1}, u_{im} = -1 + rl_{im}, \end{cases} \qquad (2.2.12)$$

再求解 $\boldsymbol{Ly} = \boldsymbol{b}$ 和 $\boldsymbol{U} \begin{bmatrix} c_1^{n+1} & c_2^{n+1} & \cdots & c_{im}^{n+1} \end{bmatrix}^{\mathrm{T}} = \boldsymbol{y}$,得到:

$$\begin{cases} y_1 = b_1 \\ y_i = b_i - l_i y_{i-1}, i = 2, 3, \cdots, im \end{cases} \qquad (2.2.13)$$

$$\begin{cases} c_{im}^{n+1} = y_{im}/u_{im} \\ c_i^{n+1} = (y_i + rc_{i+1}^{n+1})/u_i, i = im-1, im-2, \cdots, 2 \\ c_1^{n+1} = c_2^{n+1} \end{cases} \quad (2.2.14)$$

上述将三对角系数矩阵分解为上三角矩阵和下三角矩阵求解方程,经历了式 (2.2.13)和式(2.2.14)两个过程,先从 $1,2,\cdots,im$ 依次求解(追的过程),再从 $im, im-1, \cdots, 1$ 依次求解(赶的过程),也称为追赶法。程序如下:

```
#       PARAMETER(IM = 102)
#       REAL C(IM),Cn(IM),L(IM),U(IM),K,DT,DX,Y(IM),B(IM)
#       INTEGER I,J,IT
#       DX = 100
#       DT = 100
#       K = 10
#       R = K * DT/DX * *2

#       DO I = 1,IM
#          C(I) = 0
#       ENDDO
#       C(50) = 100

#       DO 20   IT = 1,10000
#       U(1) = 1
#       L(2) = - R/U(1)
#       U(2) = (1 + 2 * R) + L(2)
#       DO I = 3,IM - 1
#          L(I) = - R/U(I - 1)
#          U(I) = (1 + 2 * R) + R * L(I)
#       ENDDO
#       L(IM) = 1/U(IM - 1)
#       U(IM) = - 1 + R * L(IM)

#       DO I = 2,IM - 1
#          B(I) = C(I)
#       ENDDO
#       B(1) = 0
#       B(IM) = 0
```

```
#       Y(1) = B(1)
#       DO I = 2,IM
#         Y(I) = B(I) - L(I) * Y(I - 1)
#       ENDDO

#       CN(IM) = Y(IM)/U(IM)
#       DO I = IM - 1,2, - 1
#         CN(I) = (Y(I) + R * CN(I + 1))/U(I)
#       ENDDO
#       CN(1) = CN(2)

#       DO I = 1,IM
#         C(I) = CN(I)
#       ENDDO
#20     CONTINUE

#       OPEN(4,FILE = 'concentration. dat')
#       DO I = 1,IM
#       WRITE(4, * ) i, C(I)
#       ENDDO
#       CLOSE(4)

#       END
```

该程序采用的计算案例和古典显格式相同,计算结果如图 2.2.3 所示。

(3) C - N 格式

在古典显格式和古典隐格式中我们分别将扩散通量在 n 时刻和 $n + 1$ 时刻之间的平均值分别取为 n 时刻和 $n + 1$ 时刻的通量值。可以想象,我们如果采用 n 时刻和 $n + 1$ 时刻的通量值的平均值,计算结果将会更加合理和精确。此时,式(2.1.2)就相应地转化为

$$\frac{c_i^{n+1} - c_i^n}{\Delta t} = \frac{\left(k \frac{\partial c}{\partial x}\right)_{i+\frac{1}{2}}^{n+1} - \left(k \frac{\partial c}{\partial x}\right)_{i-\frac{1}{2}}^{n+1}}{2\Delta x} + \frac{\left(k \frac{\partial c}{\partial x}\right)_{i+\frac{1}{2}}^{n} - \left(k \frac{\partial c}{\partial x}\right)_{i-\frac{1}{2}}^{n}}{2\Delta x} \tag{2.2.15}$$

进一步将其中的一阶微分表示为如下形式:

$$\begin{cases} \left(\frac{\partial c}{\partial x}\right)_{i+\frac{1}{2}}^{n+1} = \frac{c_{i+1}^{n+1} - c_i^{n+1}}{\Delta x}, \left(\frac{\partial c}{\partial x}\right)_{i-\frac{1}{2}}^{n+1} = \frac{c_i^{n+1} - c_{i-1}^{n+1}}{\Delta x} \\ \left(\frac{\partial c}{\partial x}\right)_{i+\frac{1}{2}}^{n} = \frac{c_{i+1}^{n} - c_i^{n}}{\Delta x}, \left(\frac{\partial c}{\partial x}\right)_{i-\frac{1}{2}}^{n} = \frac{c_i^{n} - c_{i-1}^{n}}{\Delta x} \end{cases} \tag{2.2.16}$$

20

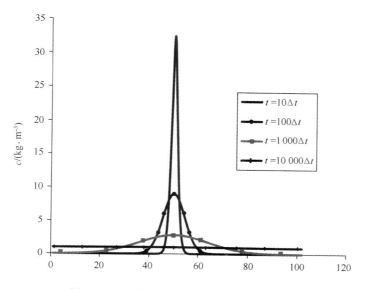

图 2.2.3　污染物扩散古典隐格式计算结果

将式(2.2.16)代入式(2.2.15)可得：

$$\frac{c_i^{n+1} - c_i^n}{\Delta t} = k\frac{c_{i+1}^n + c_{i-1}^n - 2c_i^n}{2\Delta x^2} + k\frac{c_{i+1}^{n+1} + c_{i-1}^{n+1} - 2c_i^{n+1}}{2\Delta x^2} \tag{2.2.17}$$

该格式称为 Crank – Nicolson 格式(简称 C – N 格式)。

令 $r = k\dfrac{\Delta t}{\Delta x^2}$,对于封闭的河道,加上边界条件,进一步可以得到：

$$\begin{cases} -rc_{i-1}^{n+1} + (2+2r)c_i^{n+1} - rc_{i+1}^{n+1} = rc_{i-1}^n + (2-2r)c_i^n + rc_{i+1}^n, 2 \leqslant i \leqslant im-1 \\ c_1^{n+1} = c_2^{n+1} \\ c_{im}^{n+1} = c_{im-1}^{n+1} \end{cases}$$

$$\tag{2.2.18}$$

将式(2.2.17)写成矩阵形式：

$$\begin{bmatrix} 1 & -1 & & & & & \\ -r & 2+2r & -r & & & & \\ & \cdots & \cdots & \cdots & & & \\ & & -r & 2+2r & -r & & \\ & & & \cdots & \cdots & \cdots & \\ & & & & -r & 2+2r & -r \\ & & & & & 1 & -1 \end{bmatrix} \begin{bmatrix} c_1^{n+1} \\ c_2^{n+1} \\ \vdots \\ c_i^{n+1} \\ \vdots \\ c_{im-1}^{n+1} \\ c_{im}^{n+1} \end{bmatrix} = \begin{bmatrix} b_1 \\ b_2 \\ \vdots \\ b_i \\ \vdots \\ b_{im-1} \\ b_{im} \end{bmatrix} \tag{2.2.19}$$

其中右端项中, $b_1 = b_{im} = 0$, $b_i = rc_{i-1}^n + (2-2r)c_i^n + rc_{i+1}^n (2 \leqslant i \leqslant im-1)$ 。

根据线性代数知识,系数矩阵可以分解为一个上三角矩阵和一个下三角矩阵的乘积,即

$$
\begin{bmatrix} 1 & -1 & & & \\ -r & 2+2r & -r & & \\ & \ddots & \ddots & \ddots & \\ & & -r & 2+2r & -r \\ & & & 1 & -1 \end{bmatrix} = \begin{bmatrix} 1 & & & & \\ l_2 & 1 & & & \\ & \ddots & \ddots & & \\ & & l_{im-1} & 1 & \\ & & & l_{im} & 1 \end{bmatrix} \begin{bmatrix} u_1 & -1 & & & \\ & u_2 & -r & & \\ & & \ddots & \ddots & \\ & & & u_{im-1} & -r \\ & & & & u_{im} \end{bmatrix} = \boldsymbol{LU}
$$

$$(2.2.20)$$

式中:

$$
\begin{cases} u_1 = 1 \\ l_2 = -r/u_1, u_2 = 2+2r+l_2 \\ l_i = -r/u_{i-1}, u_i = 2+2r+l_i r, \quad i = 3, \cdots, im-1 \\ l_{im} = 1/u_{im-1}, u_{im} = -1+rl_{im}, \end{cases}
$$

$$(2.2.21)$$

再求解 $\boldsymbol{Ly} = \boldsymbol{b}$ 和 $\boldsymbol{U}\begin{bmatrix} c_1^{n+1} & c_2^{n+1} & \cdots & c_{im}^{n+1} \end{bmatrix}^T = \boldsymbol{y}$,得到:

$$
\begin{cases} y_1 = b_1 \\ y_i = b_i - l_i y_{i-1}, \quad i = 2,3,\cdots,im \end{cases}
$$

$$(2.2.22)$$

$$
\begin{cases} c_{im}^{n+1} = y_{im}/u_{im} \\ c_i^{n+1} = (y_i + rc_{i+1}^{n+1})/u_i, \quad i = im-1, im-2, \cdots, 2 \\ c_1^{n+1} = c_2^{n+1} \end{cases}
$$

$$(2.2.23)$$

程序如下:

```
#       PARAMETER(IM = 102)
#       REAL C(IM),CN(IM),L(IM),U(IM),Y(IM),B(IM),K,DT,DX,r
#       INTEGER I,J,IT
#       DX = 100
#       DT = 100
#       K = 10
#       R = K * DT/DX * *2
#       DO I = 1,IM
#         C(I) = 0
#       ENDDO
#       C(50) = 100

#       DO 20   IT = 1,100000
#       U(1) = 1
```

```
#       L(2) = - R/U(1)
#       U(2) = (2 + 2 * R) + L(2)


#       DO I = 3, IM - 1
#          L(I) = - R/U(I - 1)
#          U(I) = (2 + 2 * R) + R * L(I)
#       ENDDO
#       L(IM) = 1/U(IM - 1)
#       U(IM) = - 1 + R * L(IM)


#       DO I = 2, IM - 1
#          B(I) = R * C(I - 1) + (2 - 2 * R) * C(I) + R * C(I + 1)
#       ENDDO
#       B(1) = 0
#       B(IM) = 0


#       Y(1) = B(1)
#       DO I = 2, IM
#         Y(I) = B(I) - L(I) * Y(I - 1)
#       ENDDO


#       CN(IM) = Y(IM)/U(IM)
#       DO I = IM - 1, 2, - 1
#          CN(I) = (Y(I) + R * CN(I + 1))/U(I)
#       ENDDO
#        CN(1) = CN(2)


#        DO I = 1, IM
#           C(I) = CN(I)
#        ENDDO
#20     CONTINUE


#       OPEN(4, file = 'concentration. dat')
#       DO I = 1, im
#       WRITE(4, * ) i, C(I)
#       ENDDO
#       CLOSE(4)
```

\#   END

该程序采用的计算案例和古典显格式相同,计算结果如图 2.2.4 所示。

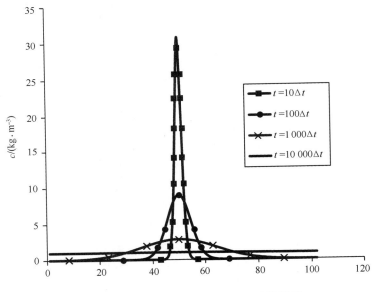

图 2.2.4   污染物扩散 C – N 格式计算结果

（4）加权六点格式

在 C – N 格式中,我们采用 n 时刻和 $n+1$ 时刻的通量值的平均值,两个时刻的通量所占权重均为 0.5。我们对 C – N 格式做进一步推广,对 n 时刻和 $n+1$ 时刻的通量值设定权重 θ 和 $1-\theta$,得到如下差分格式：

$$\frac{c_i^{n+1}-c_i^n}{\Delta t}=(1-\theta)\frac{\left(k\frac{\partial c}{\partial x}\right)_{i+\frac{1}{2}}^n-\left(k\frac{\partial c}{\partial x}\right)_{i-\frac{1}{2}}^n}{\Delta x}+\theta\frac{\left(k\frac{\partial c}{\partial x}\right)_{i+\frac{1}{2}}^{n+1}-\left(k\frac{\partial c}{\partial x}\right)_{i-\frac{1}{2}}^{n+1}}{\Delta x} \quad (2.2.24)$$

令 $r=k\frac{\Delta t}{\Delta x^2}$,式（2.2.24）可以整理为

$$c_i^{n+1}-c_i^n=r(1-\theta)(c_{i-1}^n-2c_i^n+c_{i+1}^n)+r\theta(c_{i-1}^{n+1}-2c_i^{n+1}+c_{i+1}^{n+1}) \quad (2.2.25)$$

该格式采用了 n 时刻三个单元的函数值和 $n+1$ 时刻三个单元的函数值,通量基于 n 时刻和 $n+1$ 时刻加权平均得到,因此称为加权六点格式。

其实,古典显格式、古典隐格式、C – N 格式也可以看作加权六点格式的特殊形式,只要将加权六点格式中的 θ 分别设置为 0、1、0.5,就得到三种差分格式。同样,也可以编制程序实现对加权六点格式的求解。

本节最后讨论边界条件的离散形式。在实际应用中,所研究的水域形式可能有以下三种。

1) 计算区域边界为固壁。计算区域边界为固壁, 物质无法通过, 我们也称之为固壁边界或闭边界(closed boundary)。对于该种边界条件, 我们在前述案例中已经详细讨论, 只要将边界处的扩散通量设为零即可。在左、右边界的单元函数值可以采用如下方法求解：

$$\begin{cases} c_1^{n+1} = c_2^{n+1} \\ c_{im}^{n+1} = c_{im-1}^{n+1} \end{cases}$$

2) 计算边界浓度值已知。例如：在边界位置采取了有效的污染治理措施(投放大量的化学药品等)；将污染物浓度值控制在一定范围, 或者是边界靠近广阔水域导致污染物浓度瞬间稀释到一定值；边界处为浓度已知的污染源等。此时, 可以直接在边界上给定相应的浓度值：

$$\begin{cases} c_1^{n+1} = \text{set} \\ c_{im}^{n+1} = \text{set} \end{cases}$$

3) 计算域为水域的一部分, 即计算边界为开放边界, 水体和外部水体性质一致且相连通, 该种边界也称为开边界(open boundary)。开边界的处理最为复杂, 也最能体现数值计算工作者的水平。此处, 只给出其中一种简单的处理方法。假定在边界处物质的扩散通量和边界内部相邻位置的扩散通量相一致, 即边界处物质的浓度梯度和边界内部相邻位置的浓度梯度相一致：

$$\begin{cases} \left(\dfrac{\partial c}{\partial x}\right)^{n+1} \Big|_{1+\frac{1}{2}} = \left(\dfrac{\partial c}{\partial x}\right)^{n+1} \Big|_{2+\frac{1}{2}} \\ \left(\dfrac{\partial c}{\partial x}\right)^{n+1} \Big|_{im-1-\frac{1}{2}} = \left(\dfrac{\partial c}{\partial x}\right)^{n+1} \Big|_{im-\frac{1}{2}} \end{cases}$$

式中：$i+\dfrac{1}{2}$ 表示 i 单元和 $i+1$ 单元之间的界面位置。

离散后：

$$\begin{cases} c_1^{n+1} = 2c_2^{n+1} - c_3^{n+1} \\ c_{im}^{n+1} = 2c_{im-1}^{n+1} - c_{im-2}^{n+1} \end{cases}$$

2.3　有限差分

2.3.1　有限差分的基本概念

我们对比一下微分形式的扩散方程和古典显格式、古典隐格式、C – N 格式：

扩散方程：

$$\frac{\partial c}{\partial t} = k \frac{\partial^2 c}{\partial x^2} \tag{2.1.3}$$

古典显格式：

$$\frac{c_i^{n+1} - c_i^n}{\Delta t} = k \frac{c_{i+1}^n + c_{i-1}^n - 2c_i^n}{\Delta x^2} \qquad (2.2.2)$$

古典隐格式：

$$\frac{c_i^{n+1} - c_i^n}{\Delta t} = k \frac{c_{i+1}^{n+1} + c_{i-1}^{n+1} - 2c_i^{n+1}}{\Delta x^2} \qquad (2.2.8a)$$

C - N 格式：

$$\frac{c_i^{n+1} - c_i^n}{\Delta t} = k \frac{c_{i+1}^n + c_{i-1}^n - 2c_i^n}{2\Delta x^2} + k \frac{c_{i+1}^{n+1} + c_{i-1}^{n+1} - 2c_i^{n+1}}{2\Delta x^2} \qquad (2.2.17)$$

易知，当 Δx、Δt 趋于零时，各离散格式均趋于微分方程，古典显格式趋于第 i 单元 n 时刻的微分方程；古典隐格式趋于第 i 单元 $n+1$ 时刻的微分方程；C - N 格式趋于第 i 单元 $n + \frac{1}{2}$ 时刻的微分方程。换言之，我们也可以认为这三种离散格式是微分方程在不同时空位置的离散形式。我们将这种表达微分的离散形式叫作有限差分。

具体而言，有限差分离散就是用有限差商代替微分方程中的导数，其主要形式有前差分、后差分和中心差分三种。以函数 f 的空间导数为例，f_i^n 表示第 i 单元 n 时刻的函数值。

一阶前差分即采用该点和前面（x 增加的方向为前）一个点的函数值来近似微分：

$$\left(\frac{\partial f}{\partial x}\right)_i^n \approx \frac{f_{i+1}^n - f_i^n}{\Delta x} \qquad (2.3.1)$$

一阶后差分即采用该点和后面（x 减小的方向为后）一个点的函数值来近似微分：

$$\left(\frac{\partial f}{\partial x}\right)_i^n \approx \frac{f_i^n - f_{i-1}^n}{\Delta x} \qquad (2.3.2)$$

一阶中心差分即采用该点两侧的函数值来近似微分：

$$\left(\frac{\partial f}{\partial x}\right)_i^n \approx \frac{f_{i+1}^n - f_{i-1}^n}{2\Delta x} \qquad (2.3.3)$$

二阶中心差分即采用该点及两侧的函数值来近似微分：

$$\left(\frac{\partial^2 f}{\partial x^2}\right)_i^n \approx \frac{f_{i-1}^n - 2f_i^n + f_{i+1}^n}{\Delta x^2} \qquad (2.3.4)$$

同样，函数 f 的一阶时间微分的前差分、后差分和中心差分可以表示为如下形式：

前差分：

$$\left(\frac{\partial f}{\partial t}\right)_i^n \approx \frac{f_i^{n+1} - f_i^n}{\Delta t} \qquad (2.3.1a)$$

后差分：

$$\left(\frac{\partial f}{\partial t}\right)_i^n \approx \frac{f_i^n - f_i^{n-1}}{\Delta t} \qquad (2.3.2a)$$

中心差分：

$$\left(\frac{\partial f}{\partial t}\right)_i^n \approx \frac{f_i^{n+1} - f_i^{n-1}}{2\Delta t} \tag{2.3.3a}$$

虽然这些差分形式在 Δx、Δt 趋于零时，均趋于相应的微分，但是它们的精度和对于计算的稳定性影响等都有所不同。

2.3.2　有限差分的误差和精度

根据数学分析中 Taylor 级数的概念，我们可以对函数 f 做如下形式的表达：

$$f_{i+1}^n = f_i^n + \left(\frac{\partial f}{\partial x}\right)_i^n \Delta x + \frac{1}{2}\left(\frac{\partial^2 f}{\partial x^2}\right)_i^n \Delta x^2 + \frac{1}{6}\left(\frac{\partial^3 f}{\partial x^3}\right)_i^n \Delta x^3 + O(\Delta x^3) \tag{2.3.5}$$

$$f_{i-1}^n = f_i^n - \left(\frac{\partial f}{\partial x}\right)_i^n \Delta x + \frac{1}{2}\left(\frac{\partial^2 f}{\partial x^2}\right)_i^n \Delta x^2 - \frac{1}{6}\left(\frac{\partial^3 f}{\partial x^3}\right)_i^n \Delta x^3 + O(\Delta x^3) \tag{2.3.6}$$

根据式（2.3.5），可以解出：

$$\left(\frac{\partial f}{\partial x}\right)_i^n = \frac{f_{i+1}^n - f_i^n}{\Delta x} + O(\Delta x) \tag{2.3.7}$$

根据式（2.3.6），可以解出：

$$\left(\frac{\partial f}{\partial x}\right)_i^n = \frac{f_i^n - f_{i-1}^n}{\Delta x} + O(\Delta x) \tag{2.3.8}$$

式（2.3.5）和式（2.3.6）相减，可得：

$$\left(\frac{\partial f}{\partial x}\right)_i^n = \frac{f_{i+1}^n - f_{i-1}^n}{2\Delta x} + O(\Delta x^2) \tag{2.3.9}$$

对比前差分、后差分、中心差分的表达式，可知其误差分别为 $O(\Delta x)$、$O(\Delta x)$、$O(\Delta x^2)$，因此前差分和后差分均为一阶精度而中心差分为二阶精度。

我们进一步将式（2.3.5）和式（2.3.6）相加，得到的等式两侧同减 $2f_i^n$，整理可得：

$$\left(\frac{\partial^2 f}{\partial x^2}\right)_i^n = \frac{f_{i+1}^n + f_{i-1}^n - 2f_i^n}{\Delta x^2} + O(\Delta x^2) \tag{2.3.10}$$

二阶空间微分的中心差分格式误差为 $O(\Delta x^2)$，也为二阶精度。

利用以上知识，可知对于古典显格式：

$$\frac{c_i^{n+1} - c_i^n}{\Delta t} = k\frac{c_{i+1}^n + c_{i-1}^n - 2c_i^n}{\Delta x^2} \tag{2.3.11}$$

其采用的是时间前差空间中心差格式，对时间具有一阶精度对空间具有二阶精度，误差为 $O(\Delta t, \Delta x^2)$。同样，古典隐格式对时间具有一阶精度对空间具有二阶精度，C - N 格式对时间和空间均具有二阶精度。

图 2.3.1 给出了上述三种格式在前面计算案例 $t = 100\Delta t$ 时刻的结果比较，不难发现 C - N 格式的计算结果介于古典显格式和古典隐格式之间，读者试从误差角度分析其原因。

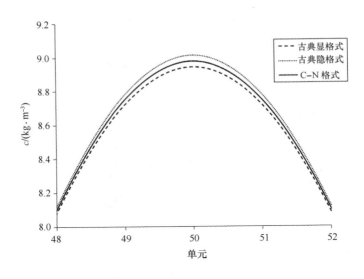

图 2.3.1　差分格式计算结果比较

2.3.3　有限差分格式的推导方式

对微分方程进行离散得到差分格式是方程离散的最重要一步,目前应用最广的有两种方法,一种是 Taylor 级数法,假定函数 f 具有任意阶连续导数,这样在等空间步长的空间单元中,在第 i 单元 n 时刻附近的时间点和空间点 f_i^{n+1}、f_i^{n-1}、f_{i+1}^n、f_{i-1}^n 等通过 Taylor 级数展开式,可以求得函数 f 空间导数和时间导数的差分形式,再将微分方程中的导数替换为差分,即得到微分方程的差分形式(见 2.3.2 节)。

另外一种方法为有限体积法。该方法将流动区域划分为一系列的流动单元,然后基于物理量的守恒特性建立差分方程,即根据单元侧面流入流出该单元的物理量通量(如果单元内部有源和汇,也计入这些源和汇)来确定单元内物理量的变化,如 2.2 节所示。该方法最大的优点是物理意义明确,能够保证物理量的守恒,即在计算过程中不会在计算区域内部人为增加源或汇。现以一个具体的例子形象说明有限体积法的守恒特性。一顺直河道划分为 im 个单元,在第 i 单元体积为 V_i,n 时刻浓度为 f_i^n,第 i 单元两侧的物质通量分别为 $q_{i-\frac{1}{2}}$,$q_{i+\frac{1}{2}}$,$n+1$ 时刻浓度为 f_i^{n+1}(图 2.3.2)。对每一个单元列质量守恒方程得:

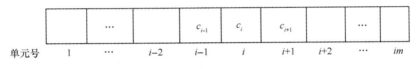

图 2.3.2　顺直河道示意

$$\begin{cases} f_1^{n+1} V_1 = f_1^n V_1 + (q_{1-\frac{1}{2}} - q_{1+\frac{1}{2}}) \Delta t \\ f_2^{n+1} V_2 = f_2^n V_2 + (q_{2-\frac{1}{2}} - q_{2+\frac{1}{2}}) \Delta t \\ \quad \cdots \qquad \cdots \qquad \cdots \\ f_i^{n+1} V_i = f_i^n V_i + (q_{i-\frac{1}{2}} - q_{i+\frac{1}{2}}) \Delta t \\ \quad \cdots \qquad \cdots \qquad \cdots \\ f_{im}^{n+1} V_{im} = f_{im}^n V_{im} + (q_{im-\frac{1}{2}} - q_{im+\frac{1}{2}}) \Delta t \end{cases} \qquad (2.3.12)$$

此时,只要将通量的表达式代入式(2.3.12),就可以得到差分方程的具体表达式,换言之,上面方程和差分方程是等价的。我们将式(2.3.12)中的各式相加,可以得到:

$$\sum_{i=1}^{im} f_i^{n+1} V_i = \sum_{i=1}^{im} f_i^n V_i + (q_{1-\frac{1}{2}} - q_{im+\frac{1}{2}}) \Delta t \qquad (2.3.13)$$

可见,这段河道内污染物的总质量变化仅取决于河道两端边界的质量输入输出,而没有因差分格式在河道内部出现人为的源(汇),如果河道两端的边界通量为零(即封闭河道),则该河道内部的污染物总质量将不会发生变化,我们也将具有这种性质的差分方程称为守恒型差分方程。其实,有限体积法还有一个优点就是划分的单元可以是任意形状,只要对各界面求通量,再根据物理量的守恒定律就可以得到相应的离散方程,但是对于任意形状单元的离散求解,精度和误差分析较为复杂,本书前 6 章仅针对矩形单元进行讨论。

2.4　差分方程的相容性、收敛性和稳定性

通过前面的学习,我们已经掌握了微分方程的离散方法,是不是数值模型的问题就完全解决了呢?答案是否定的。数值模型是一门内容非常丰富的学科,涉及非常复杂的数学概念。本节仅讲述差分方程的一些最为基本的概念。

2.4.1　相容性

所谓相容性是指差分方程能否真正刻画其所对应的微分方程。当 Δt、Δx 趋于零时,差分方程不趋于微分方程,我们称为差分方程和微分方程不相容;当 Δt、Δx 趋于零时,不需附加任何条件,差分方程都趋于微分方程,我们称为差分方程和微分方程无条件相容;如果仅当 Δt、Δx 趋于零并且还需要满足一定条件时,差分方程才趋于微分方程,我们称为差分方程和微分方程条件相容。

例:判断古典显格式 $\dfrac{c_i^{n+1} - c_i^n}{\Delta t} = k \dfrac{c_{i+1}^n + c_{i-1}^n - 2c_i^n}{\Delta x^2}$ 的相容性。

将 c_i^{n+1}、c_{i-1}^n、c_{i+1}^n 在第 i 单元 n 时刻处的 Taylor 级数展开式

$$
\begin{cases}
c_i^{n+1} = c_i^n + \left(\dfrac{\partial c}{\partial t}\right)_i^n \Delta t + \dfrac{1}{2}\left(\dfrac{\partial^2 c}{\partial t^2}\right)_i^n \Delta t^2 + \dfrac{1}{6}\left(\dfrac{\partial^3 c}{\partial t^3}\right)_i^n \Delta t^3 + O(\Delta t^3) \\[2mm]
c_{i-1}^n = c_i^n - \left(\dfrac{\partial c}{\partial x}\right)_i^n \Delta x + \dfrac{1}{2}\left(\dfrac{\partial^2 c}{\partial x^2}\right)_i^n \Delta x^2 - \dfrac{1}{6}\left(\dfrac{\partial^3 c}{\partial x^3}\right)_i^n \Delta x^3 + O(\Delta x^3) \\[2mm]
c_{i+1}^n = c_i^n + \left(\dfrac{\partial c}{\partial x}\right)_i^n \Delta x + \dfrac{1}{2}\left(\dfrac{\partial^2 c}{\partial x^2}\right)_i^n \Delta x^2 + \dfrac{1}{6}\left(\dfrac{\partial^3 c}{\partial x^3}\right)_i^n \Delta x^3 + O(\Delta x^3)
\end{cases}
\tag{2.4.1}
$$

将上式代入古典显格式可得

$$
\frac{\partial c}{\partial t} + O(\Delta t) = k\frac{\partial^2 c}{\partial x^2} + O(\Delta x^2)
\tag{2.4.2}
$$

因此,当 Δt、Δx 趋于零时,差分方程趋于微分方程 $\dfrac{\partial c}{\partial t} = k\dfrac{\partial^2 c}{\partial x^2}$,从而古典显格式与微分方程无条件相容。

再如,对于扩散方程采用时间中心 – 空间中心差分进行离散,并将空间差分中的 $2c_i^n$ 改写为 $c_i^{n+1} + c_i^{n-1}$,可得差分方程:

$$
\frac{c_i^{n+1} - c_i^{n-1}}{2\Delta t} = k\frac{c_{i+1}^n + c_{i-1}^n - (c_i^{n+1} + c_i^{n-1})}{\Delta x^2}
\tag{2.4.3}
$$

为了讨论式(2.4.3)和微分方程的相容性,将之改写为

$$
\frac{c_i^{n+1} - c_i^{n-1}}{2\Delta t} = k\frac{c_{i+1}^n + c_{i-1}^n - 2c_i^n}{\Delta x^2} - \frac{k\Delta t^2}{\Delta x^2}\frac{c_i^{n+1} + c_i^{n-1} - 2c_i^n}{\Delta t^2}
\tag{2.4.4}
$$

利用 Taylor 级数将 c_{i+1}^n、c_{i-1}^n、c_i^{n+1}、c_i^{n-1} 在第 i 单元 n 时刻处展开,并代入式(2.4.4),容易证明当 Δt、Δx 趋于零时,式(2.4.4)趋于微分方程:

$$
\frac{\partial c}{\partial t} = k\frac{\partial^2 c}{\partial x^2} - \frac{k\Delta t^2}{\Delta x^2}\frac{\partial^2 c}{\partial t^2}
\tag{2.4.5}
$$

因此,在 Δt、Δx 趋于零的基础上需要再附加条件 $\dfrac{\Delta t^2}{\Delta x^2}$ 趋于零 $\left(\text{或}\dfrac{\Delta t}{\Delta x^2}\text{保持常数}\right)$,才能使式(2.4.5)右端第二项趋于零,即式(2.4.5)才会趋于微分方程。因此,式(2.4.5)和扩散方程是条件相容的。

请读者自己证明古典隐格式、C – N 格式均和原微分方程无条件相容。

2.4.2 收敛性

相容性讨论的是差分方程和微分方程之间的关系,而收敛性讨论的则是差分方程的解和微分方程的解之间的关系。如果当 Δt、Δx 趋于零时,差分方程的解收敛于微分方程的解,就称差分方程的解收敛于微分方程的真解。

差分方程的相容性比较容易验证,但是对于差分格式直接判断其收敛性却是十分困难的。目前,只有一些简单的问题能够直接给出答案。对于一般性的问题,需要结合差分方程稳定性和相容性来说明。

2.4.3　稳定性

首先,我们做一个数值试验,利用古典显格式求解如下定解问题:

$$\begin{cases} \dfrac{\partial c}{\partial t} = k \dfrac{\partial^2 c}{\partial x^2}, & 0 < x < l, t > 0 \\[2mm] u(x,0) = \begin{cases} x, & 0 \leqslant x \leqslant \dfrac{l}{2} \\[2mm] l - x, & \dfrac{l}{2} \leqslant x \leqslant l \end{cases} \\[2mm] u(0,t) = u(l,t) = 0, & t \geqslant 0 \end{cases} \quad (2.4.6)$$

取扩散系数 $k = 100 \ \text{m}^2/\text{s}$,$l = 2\,000 \ \text{m}$,空间步长 $\Delta x = 100 \ \text{m}$,分别采用 $\Delta t = 30 \ \text{s}$ 和 $\Delta t = 60 \ \text{s}$,其他所有条件不变,容易想象污染物迅速扩散,经过同样的时间段后,渠道内的污染物分布更加均匀,且呈不断减小的过程。当 $\Delta t = 30 \ \text{s}$ 时,计算结果正确地反映了污染物向周围扩散,浓度趋于平均化的过程。但是当 $\Delta t = 60 \ \text{s}$ 时,污染物浓度分布首先在 $x = 1\,000 \ \text{m}$ 附近出现明显振荡。随着时间的增加,振荡的范围向两侧扩展,并且振幅也在不断增加。在第 900 s 时,振荡已经扩展至整个计算区域。在第 1\,200 s 时,浓度的最大值和最小值分别达到 $4\,650 \ \text{kg/m}^3$ 和 $3\,327 \ \text{kg/m}^3$。其后,随着振荡的加剧,计算结果最终趋于发散。数学模型的计算结果已经完全不能反映真实物理现象。

为什么仅仅改变时间步长就会导致数值计算结果出现如此奇怪的现象呢?我们重新审视一下古典显格式及其物理意义。在古典显格式中令 $r = k \dfrac{\Delta t}{\Delta x^2}$,古典显格式可以进一步整理为

$$c_i^{n+1} = rc_{i+1}^n + (1 - 2r)c_i^n + rc_{i-1}^n \quad (2.4.7)$$

扩散过程可以认为是物理量不断趋于均匀化的过程,式(2.4.7)可以认为第 i 个单元在 $n+1$ 时刻的浓度值为第 $i-1$ 个单元、第 i 个单元、第 $i+1$ 个单元在 n 时刻浓度值的加权平均,其权重分别为 r、$1-2r$、r。因此,三者权重之和为 1 的基础上还需满足皆大于零,即

$$0 < r < \frac{1}{2} \quad (2.4.8)$$

根据上例数值试验中的参数 $k = 100 \ \text{m}^2/\text{s}$,$\Delta x = 100 \ \text{m}$,$\Delta t = 30 \ \text{s}$ 计算得 $r = 0.3$,此时,时间每积分一次,相当于对计算域内的每点浓度在附近周围三点进行一次加权平均,全场浓度趋于平均化就成为必然结果。当 $\Delta t = 60 \ \text{s}$ 计算得 $r = 0.6$,此时,式(2.4.7)中第 i 个单元浓度值所占的权重成为负值,时间积分对计算域内的浓度值将无法达到加权平均的效果,反而可能导致浓度值趋于更大或更小,从而引发浓度值出现振荡,与扩散现象的本质出现背离(图2.4.1)。

我们从数学角度分析一下本节数值实验中浓度出现振荡直至发散的原因。在差分

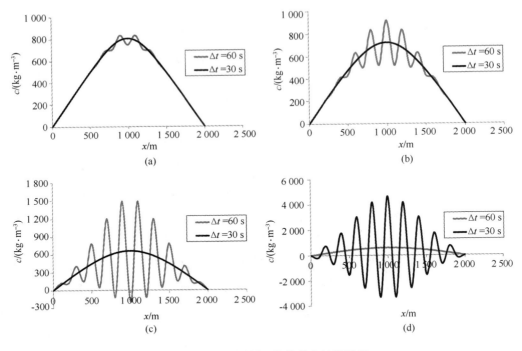

图 2.4.1   不同时刻污染物分布计算结果

(a) $t = 300$ s；(b) $t = 600$ s；(c) $t = 900$ s；(d) $t = 1\ 200$ s

方程的求解过程中,差分格式和微分方程之间总含有一定的误差,同时由于测量条件和可获取资料的限制,初始条件和边界条件也会存在一定的误差,这些误差在差分格式的不断迭代求解过程中是如何变化的呢? 如果这些误差不断增加,势必会掩盖方程的真解,导致模型求解的失败。

设 $\tilde{c}_i^n$ 为差分方程的近似解,则有:

$$\tilde{c}_i^{n+1} = r\tilde{c}_{i+1}^n + (1 - 2r)\tilde{c}_i^n + r\tilde{c}_{i-1}^n \tag{2.4.9}$$

综合式(2.4.7)和式(2.4.8),设 ε_i^n 为近似解 n 时刻在第 i 个单元的误差,则其满足:

$$\varepsilon_i^{n+1} = r\varepsilon_{i+1}^n + (1 - 2r)\varepsilon_i^n + r\varepsilon_{i-1}^n \tag{2.4.10}$$

假定在初始时刻即 1 时刻在第 i 个单元的浓度值误差为 ε_0,该误差的传播通过式(2.4.10)可以求得。当 $r = 0.3$ 时,误差随时间迅速减小,在第 7 时刻($t = 180$ s)最大误差已减小至初始误差的 0.204 倍(表 2.4.1)。与之形成鲜明对比的是,当 $r = 0.6$ 时,误差随时间迅速增加,在第 7 时刻($t = 360$ s)最大误差已增加至初始误差的 1.417 4 倍(见表 2.4.2)。由此可以推断,随着时间的增加,误差将逐渐掩盖掉真实解,并导致发散,计算结果将不可信。我们将表 2.4.2 所出现的现象称为差分格式数值不稳定。

表 2.4.1　初始误差倍数随时间传播($r = 0.3$)

时刻	$j-4$	$j-3$	$j-2$	$j-1$	j	$j+1$	$j+2$	$j+3$	$j+4$
1					1				
2				0.3	0.4	0.3			
3			0.09	0.24	0.34	0.24	0.09		
4		0.027	0.108	0.225	0.28	0.225	0.108	0.027	
5	0.008	0.043	0.119	0.206	0.247	0.206	0.119	0.043	0.008
6	0.016	0.055	0.122	0.192	0.223	0.192	0.122	0.055	0.016
7	0.024	0.064	0.123	0.180	0.204	0.180	0.123	0.064	0.024

表 2.4.2　初始误差倍数随时间传播($r = 0.6$)

时刻	$j-4$	$j-3$	$j-2$	$j-1$	j	$j+1$	$j+2$	$j+3$	$j+4$
1					1				
2				0.6	-0.2	0.6			
3			0.36	-0.24	0.76	-0.24	0.36		
4		0.216	-0.216	0.72	-0.44	0.72	-0.216	0.216	
5	0.130	-0.173	0.605	-0.538	0.952	-0.538	0.605	-0.173	0.130
6	-0.130	0.475	-0.547	1.042	-0.836	1.042	-0.547	0.475	-0.130
7	0.358	-0.501	1.020	-1.038	1.417	-1.038	1.020	-0.501	0.358

稳定性的概念很多,我们首先介绍关于初值的稳定性。将第 n 时刻函数在各单元的取值定义为向量 $\boldsymbol{c}^n = (c_2^n, \cdots, c_i^n, \cdots, c_{im-1}^n)$ 。对于前述线性微分方程(不仅限于上面提到的扩散方程),如果将边界条件设为两侧函数值均为 0,差分方程求解可以写成以下矩阵形式:

$$\boldsymbol{A}\boldsymbol{c}^{n+1} = \boldsymbol{B}\boldsymbol{c}^n \tag{2.4.11}$$

例如:古典显格式为

$$\boldsymbol{c}^{n+1} = \left[(1 - 2r)\boldsymbol{E} + r\boldsymbol{S} \right]\boldsymbol{c}^n \tag{2.4.12}$$

古典隐格式为

$$\left[(1 + 2r)\boldsymbol{E} - r\boldsymbol{S} \right]\boldsymbol{c}^{n+1} = \boldsymbol{c}^n \tag{2.4.13}$$

C - N 格式为

$$\left[(1 + r)\boldsymbol{E} - \frac{r}{2}\boldsymbol{S} \right]\boldsymbol{c}^{n+1} = \left[(1 - r)\boldsymbol{E} + \frac{r}{2}\boldsymbol{S} \right]\boldsymbol{c}^{n+1} \tag{2.4.14}$$

$$\text{其中：} r = k\frac{\Delta t}{\Delta x^2}，\boldsymbol{E} \text{ 为单位矩阵，} \boldsymbol{S} = \begin{bmatrix} 0 & 1 & & & & & \\ 1 & 0 & 1 & & & & \\ & \cdots & \cdots & \cdots & & & \\ & & 1 & 0 & 1 & & \\ & & & \cdots & \cdots & \cdots & \\ & & & & 1 & 0 & 1 \\ & & & & & 1 & 0 \end{bmatrix}。$$

假定差分方程中 Δx 和 Δt 具有一定的联系。因为差分方程逼近微分方程要求 $\Delta x \to 0$ 且 $\Delta t \to 0$；此外，如前面所讨论差分方程的稳定性和 $r = k\frac{\Delta t}{\Delta x^2}$ 相关。假定 Δx 和 Δt 的关系为 $\Delta x = g(\Delta t)$，其中 $g(\Delta t)$ 是连续函数且 $g(0) = 0$。

若式(2.4.11)中矩阵 $\boldsymbol{A}$ 可逆，且记 $\boldsymbol{H} = \boldsymbol{A}^{-1}\boldsymbol{B}$，则有：

$$\boldsymbol{c}^{n+1} = \boldsymbol{H}\boldsymbol{c}^n \tag{2.4.15}$$

差分方程的解满足如下关系：

$$\boldsymbol{c}^{n+1} = \boldsymbol{H}\boldsymbol{c}^n = \boldsymbol{H}^2\boldsymbol{c}^{n-1} = \cdots = \boldsymbol{H}^n\boldsymbol{c}^1 \tag{2.4.16a}$$

假定 $\boldsymbol{c}^n$ 为差分方程的精确解；$\tilde{\boldsymbol{c}}^n$ 为初值存在误差 $\boldsymbol{\varepsilon}^1$（注：误差也为一个向量，上标表示时刻，以下关于误差的表示法与此相同）时得到差分方程的解。令 $\boldsymbol{\varepsilon}^n = \tilde{\boldsymbol{c}}^n - \boldsymbol{c}^n$。

根据差分方程式(2.4.15)，可得：

$$\tilde{\boldsymbol{c}}^{n+1} = \boldsymbol{H}\tilde{\boldsymbol{c}}^n = \boldsymbol{H}^2\tilde{\boldsymbol{c}}^{n-1} = \cdots = \boldsymbol{H}^n\tilde{\boldsymbol{c}}^1 \tag{2.4.16b}$$

式(2.4.16a)和式(2.4.16b)相减可得：

$$\boldsymbol{\varepsilon}^{n+1} = \boldsymbol{H}\boldsymbol{\varepsilon}^n = \boldsymbol{H}^2\boldsymbol{\varepsilon}^{n-1} = \cdots = \boldsymbol{H}^n\boldsymbol{\varepsilon}^1 \tag{2.4.17}$$

如果在积分的时间区间 T 内，始终有：

$$\|\boldsymbol{\varepsilon}^{n+1}\| \leqslant M\|\boldsymbol{\varepsilon}^1\|，\text{其中 } 1 < n < T/\Delta t \tag{2.4.18}$$

式中：M 是与 Δt 无关的正常数，则误差 $\boldsymbol{\varepsilon}^1$ 对以后各时刻的影响是有限的，即差分格式关于初值是稳定的。

容易证明，差分关于初值稳定等同于如下命题：当对于时间步长小于某固定值 τ_0 且 $\Delta x = g(\Delta t)$ [$g(\Delta t)$ 是连续函数且 $g(0) = 0$]，齐次方程 $\boldsymbol{A}\boldsymbol{c}^{n+1} = \boldsymbol{B}\boldsymbol{c}^n$ 的任意解均满足不等式：

$$\|\boldsymbol{c}^{n+1}\| \leqslant M\|\boldsymbol{c}^1\|，\qquad 1 < n < T/\Delta t \tag{2.4.19}$$

差分格式关于初值稳定性的实际含义为，在初值或某一时间层存在一定误差时，该误差在其后的时刻引起的误差不超过原始误差的 M 倍，初值误差的稳定性说明只要原始误差足够小，以后各层的初始误差也将会足够小。而式(2.4.19)说明，当初值稳定时，差分方程解向量的范数有界，或任意节点的函数值不会逼近正无穷或负无穷而导致计算发散。

什么情况下差分方程可以满足式(2.4.18)或式(2.4.19)的要求呢? 根据式(2.4.16a) 和式(2.4.17)可知,条件式(2.4.18)或式(2.4.19)等价于$\|\boldsymbol{H}^n\| \leqslant M$。

证明:充分性

$$\boldsymbol{\varepsilon}^{n+1} = \boldsymbol{H}^n \boldsymbol{\varepsilon}^1 \Rightarrow \|\boldsymbol{\varepsilon}^{n+1}\| = \|\boldsymbol{H}^n \boldsymbol{\varepsilon}^1\| \leqslant \|\boldsymbol{H}^n\| \cdot \|\boldsymbol{\varepsilon}^1\| \leqslant M\|\boldsymbol{\varepsilon}^1\|$$

$$\boldsymbol{c}^{n+1} = \boldsymbol{H}^n \boldsymbol{c}^1 \Rightarrow \|\boldsymbol{c}^{n+1}\| = \|\boldsymbol{H}^n \boldsymbol{c}^1\| \leqslant \|\boldsymbol{H}^n\| \cdot \|\boldsymbol{c}^1\| \leqslant M\|\boldsymbol{c}^1\|$$

必要性

$$\begin{cases} \|\boldsymbol{H}^n\| \leqslant M \\ \|\boldsymbol{H}^n\| = \max\limits_{\|\boldsymbol{c}^1\| \neq 0} \dfrac{\|\boldsymbol{H}^n \boldsymbol{c}^1\|}{\|\boldsymbol{c}^1\|} \end{cases} \Rightarrow \max\limits_{\|\boldsymbol{c}^1\| \neq 0} \dfrac{\|\boldsymbol{H}^n \boldsymbol{c}^1\|}{\|\boldsymbol{c}^1\|} \leqslant M \Rightarrow \|\boldsymbol{H}^n \boldsymbol{c}^1\| \leqslant M\|\boldsymbol{c}^1\| \Rightarrow \|\boldsymbol{c}^{n+1}\| \leqslant M\|\boldsymbol{c}^1\|$$

$$\begin{cases} \|\boldsymbol{H}^n\| \leqslant M \\ \|\boldsymbol{H}^n\| = \max\limits_{\|\boldsymbol{\varepsilon}^1\| \neq 0} \dfrac{\|\boldsymbol{H}^n \boldsymbol{\varepsilon}^1\|}{\|\boldsymbol{\varepsilon}^1\|} \end{cases} \Rightarrow \max\limits_{\|\boldsymbol{c}^1\| \neq 0} \dfrac{\|\boldsymbol{H}^n \boldsymbol{\varepsilon}^1\|}{\|\boldsymbol{\varepsilon}^1\|} \leqslant M \Rightarrow \|\boldsymbol{H}^n \boldsymbol{\varepsilon}^1\| \leqslant M\|\boldsymbol{\varepsilon}^1\| \Rightarrow \|\boldsymbol{\varepsilon}^{n+1}\| \leqslant M\|\boldsymbol{\varepsilon}^1\|$$

以上将边界上的函数值都设置为 0,但是当其他情况下边界条件不为零时,差分方程 矩阵形式将会有别于式(2.4.11),如边界值分别为 ϕ_1^n,ϕ_{im}^n,采用显格式得到如下形式:

$$\boldsymbol{A}\boldsymbol{c}^{n+1} = \boldsymbol{B}\boldsymbol{c}^n + \Delta t \boldsymbol{f}^n \tag{2.4.20}$$

式中:$\boldsymbol{A}$,$\boldsymbol{B}$ 和式(2.4.11)中相同,$\boldsymbol{f}^n = \left(\dfrac{k}{\Delta x^2}\phi_1^n, 0, \cdots, 0, \dfrac{k}{\Delta x^2}\phi_{im}^n \right)$。

同样引入 $\boldsymbol{H} = \boldsymbol{A}^{-1}\boldsymbol{B}$,差分方程式(2.4.20)的解满足如下关系:

$$\boldsymbol{c}^{n+1} = \boldsymbol{H}\boldsymbol{c}^n + \Delta t \boldsymbol{A}^{-1} \boldsymbol{f}^n = \boldsymbol{H}\left(\boldsymbol{H}\boldsymbol{c}^{n-1} + \Delta t \boldsymbol{A}^{-1} \boldsymbol{f}^{n-1} \right)$$

$$+ \Delta t \boldsymbol{A}^{-1} \boldsymbol{f}^n = \cdots = \boldsymbol{H}^n \boldsymbol{c}^1 + \Delta t \sum_{l=1}^{n-1} \boldsymbol{H}^{n-l} \boldsymbol{A}^{-1} \boldsymbol{f}^l \tag{2.4.21}$$

其实,对比式(2.4.21)和式(2.4.16a),也可以认为右端向量 $\boldsymbol{f}^n$ 相当于物质的源(汇)项, 非齐次边界条件相当于在第 1 和 $im-1$ 单元分别添加了大小为 $k \dfrac{\Delta t}{\Delta x^2}\phi_1^n$,$k \dfrac{\Delta t}{\Delta x^2}\phi_{im}^n$ 的源。

在初值准确无误差的情况下对于更一般形式的右端项(源汇项)对差分方程解的影响研究称为关于右端项的稳定性问题,它反映了差分解是否连续依赖于右端项的情形。 由式(2.4.20)可知,当初值 $\boldsymbol{c}^1 = 0$ 时,精确解 $\boldsymbol{c}^n$ 和近似解 $\tilde{\boldsymbol{c}}^n$ 分别满足如下关系:

$$\boldsymbol{A}\boldsymbol{c}^{n+1} = \boldsymbol{B}\boldsymbol{c}^n + \Delta t \boldsymbol{f}^n \tag{2.4.20}$$

$$\boldsymbol{A}\tilde{\boldsymbol{c}}^{n+1} = \boldsymbol{B}\tilde{\boldsymbol{c}}^n + \Delta t \tilde{\boldsymbol{f}}^n \tag{2.4.21}$$

其中:$\tilde{\boldsymbol{f}}^n$ 表示 $\boldsymbol{f}^n$ 的近似值。以上两式相减,可得关于误差向量的关系式:

$$\begin{cases} \boldsymbol{A}\boldsymbol{\varepsilon}^{n+1} = \boldsymbol{B}\boldsymbol{\varepsilon}^n + \Delta t(\tilde{\boldsymbol{f}}^n - \boldsymbol{f}^n) \\ \boldsymbol{\varepsilon}^1 = 0 \end{cases} \tag{2.4.22}$$

利用式(2.4.22)得:

$$\boldsymbol{\varepsilon}^{n+1} = \Delta t \sum_{l=1}^{n-1} \boldsymbol{H}^{n-l} \boldsymbol{A}^{-1} (\tilde{\boldsymbol{f}}^l - \boldsymbol{f}^l) \tag{2.4.23}$$

如果差分格式关于右端项是稳定的,则有:

$$\|\boldsymbol{\varepsilon}^{n+1}\| = \Delta t M \|\tilde{\boldsymbol{f}}^l - \boldsymbol{f}^l\| \qquad (2.4.24)$$

上式说明当方程右端项产生误差时,其引起的解的误差可以由右端项误差控制。

与初值稳定性类似,关于右端项的稳定性可以得到如下命题。

差分格式(2.4.20)是稳定的,当对于时间步长 Δt 小于某固定值 τ_0 且 $\Delta x = g(\Delta t)$ [$g(\Delta t)$ 是连续函数且 $g(0) = 0$],差分方程式(2.4.20)在零初值条件下的任意解均满足不等式:

$$\|c^{n+1}\| \leqslant M \Delta t \sum_{l=0}^{n} \|f^1\|, 1 < n \leqslant T/\Delta t \qquad (2.4.25)$$

式中: M 是与 Δt 无关的正常数,则右端项误差对以后各时刻的影响是有限的,即差分格式关于右端项是稳定的。

在适当条件下,关于右端项稳定性可以由初值的稳定性推出。此处不加证明地给出如下结论:当差分方程式(2.4.20)关于初值稳定时,关于右端项也是稳定的。因此,差分方程的稳定性讨论中关于初值的稳定性尤为重要。以下如无特殊说明,差分格式的稳定性均指关于初值的稳定性,在研究时也仅针对齐次差分格式进行讨论。

2.5　差分格式稳定性的判别方法

差分格式的稳定性是差分方程时间积分能够顺利进行的必要条件。差分格式稳定性的判别是差分格式研究中的核心问题之一。判断差分格式稳定性的方法有很多,本部分主要介绍矩阵方法和傅里叶方法(分离变量法)。

2.5.1　矩阵方法

对于齐次差分格式的一般形式:

$$\boldsymbol{A}c^{n+1} = \boldsymbol{B}c^n \qquad (2.4.11)$$

当矩阵 $\boldsymbol{A}$ 可逆,且记 $\boldsymbol{H} = \boldsymbol{A}^{-1}\boldsymbol{B}$,则有:

$$c^{n+1} = \boldsymbol{H}c^n \qquad (2.4.15)$$

根据差分格式稳定性的定义,我们只需提出对矩阵 $\boldsymbol{H} = \boldsymbol{A}^{-1}\boldsymbol{B}$ 的一些限定条件就可以保证其稳定性。

先考虑系数矩阵不随时间变化时的情况。

根据数学知识(见附录),一般有关系式: $[\rho(\boldsymbol{H})]^k = \rho(\boldsymbol{H}^k) \leqslant \|\boldsymbol{H}^k\| \leqslant \|\boldsymbol{H}\|^k$,其中 $\rho(\boldsymbol{H})$ 为矩阵 $\boldsymbol{H}$ 的谱半径, $\|\cdots\|$ 表示矩阵范数。

命题1:差分格式(2.4.15)稳定的必要条件是:存在与 Δt 无关的常数 C ,使得:

$$\rho(\boldsymbol{H}) \leqslant 1 + C\Delta t \qquad (2.5.1)$$

证明:

首先：$\rho(\boldsymbol{H}) \leqslant 1 + C\Delta t \Leftrightarrow [\rho(\boldsymbol{H})]^n \leqslant (1 + C\Delta t)^n \leqslant (1 + C\Delta t)^{T/\Delta t} \leqslant e^{TC} \equiv M$。

由上节知识，差分格式(2.4.18)稳定 $\Leftrightarrow \|\boldsymbol{H}^n\| \leqslant M$。

$$[\rho(\boldsymbol{H})]^n = \rho(\boldsymbol{H}^n) \leqslant \|\boldsymbol{H}^n\| \leqslant \|\boldsymbol{H}\|^n \leqslant M, 1 < n \leqslant T/\Delta t, 0 < \Delta t \leqslant \tau_0$$

$$\Rightarrow \rho(\boldsymbol{H}) \leqslant M^{\frac{1}{n}}$$

进一步，取 $\dfrac{T - \Delta t}{\Delta t} \leqslant n \leqslant \dfrac{T}{\Delta t}$，则有：

$$\Rightarrow \rho(\boldsymbol{H}) \leqslant M^{\frac{\Delta t}{T - \Delta t}} = e^{\frac{\Delta t}{T - \Delta t}\ln M} \Rightarrow \exists 0 < \Delta t \leqslant \tau_0, s.t. \rho(\boldsymbol{H}) \leqslant e^{\frac{\Delta t}{T - \tau_0}\ln M}$$

$$= 1 + \Delta t \frac{\ln M}{T - \tau_0} + \frac{\Delta t^2}{2!}\left(\frac{\ln M}{T - \tau_0}\right)^2 + \frac{\Delta t^3}{3!}\left(\frac{\ln M}{T - \tau_0}\right)^3 + \cdots$$

$$\leqslant 1 + \Delta t \frac{\ln M}{T - \tau_0}\left[1 + \tau_0\left(\frac{\ln M}{T - \tau_0}\right) + \frac{\tau_0^2}{2!}\left(\frac{\ln M}{T - \tau_0}\right)^2 + \cdots\right]$$

$$= 1 + \Delta t \frac{\ln M}{T - \tau_0}e^{\frac{\tau_0}{T - \tau_0}\ln M}$$

$$\equiv 1 + C\Delta t$$

特别指出，当矩阵 $\boldsymbol{H}$ 为正规矩阵时，该条件也是差分格式稳定的充分条件。

证明：$\boldsymbol{H}$ 为正规矩阵 $\Rightarrow \|\boldsymbol{H}\| = \rho(\boldsymbol{H}) \Rightarrow \|\boldsymbol{H}^n\| = \|\boldsymbol{H}\|^n = [\rho(\boldsymbol{H})]^n$

又由 $\rho(\boldsymbol{H}) \leqslant 1 + C\Delta t$

$$\Rightarrow \|\boldsymbol{H}^n\| = \|\boldsymbol{H}\|^n = [\rho(\boldsymbol{H})]^n \leqslant (1 + C\Delta t)^n \leqslant (1 + C\Delta t)^{\frac{T}{\Delta t}} \leqslant e^{TC} \equiv M$$

对于更一般的情况，当系数矩阵 $\boldsymbol{H}$ 随时间变化时，需要对每一时刻的系数矩阵提出要求，如以下论述。

若对任何 $0 < \Delta t \leqslant \tau_0$，$\Delta x = g(\Delta t)$ 存在正常数 C，使得：

$$\|\boldsymbol{H}^{(n)}\| \leqslant 1 + C\Delta t \qquad 1 < n \leqslant T/\Delta t \tag{2.5.2}$$

则差分格式式(2.4.11)是稳定的。

证明：$\boldsymbol{c}^{n+1} = \boldsymbol{H}^{(n)}\boldsymbol{c}^n \Rightarrow \|\boldsymbol{c}^{n+1}\| \leqslant \|\boldsymbol{H}^{(n)}\| \cdot \|\boldsymbol{c}^n\| \leqslant (1 + C\Delta t)\|\boldsymbol{c}^n\|$

$$\Rightarrow \|\boldsymbol{c}^{n+1}\| \leqslant (1 + C\Delta t)^2 \|\boldsymbol{c}^{n-1}\| \leqslant (1 + C\Delta t)^n \|\boldsymbol{c}^1\|$$

又因为 $(1 + C\Delta t)^n = (1 + C\Delta t)^{T/\Delta t} = [(1 + C\Delta t)^{1/(C\Delta t)}]^{TC} \leqslant e^{TC} \equiv M$

所以 $\|\boldsymbol{c}^{n+1}\| \leqslant M\|\boldsymbol{c}^1\|$。

例1：判断古典显格式的初值稳定性。

古典显格式：

$$\boldsymbol{c}^{n+1} = [(1 - 2r)\boldsymbol{E} + r\boldsymbol{S}]\boldsymbol{c}^n \tag{2.4.12}$$

所以 $\boldsymbol{H} = (1 - 2r)\boldsymbol{E} + r\boldsymbol{S}$ 为正规矩阵（因为 $\boldsymbol{S}$ 为正规矩阵），可以根据式(2.5.1)得到其稳定性条件。

由于 $\boldsymbol{S} = \begin{bmatrix} 0 & 1 & & & & & \\ 1 & 0 & 1 & & & & \\ & \cdots & \cdots & \cdots & & & \\ & & 1 & 0 & 1 & & \\ & & & \cdots & \cdots & \cdots & \\ & & & & 1 & 0 & 1 \\ & & & & & 1 & 0 \end{bmatrix}$，根据数学知识，可求出 $\boldsymbol{S}$ 的第 $im - 2$ 个特

征值为 $2\cos\dfrac{(i+1)\pi\Delta x}{l}$（$i = 1, 2, \cdots, im - 2$）。

于是 $\boldsymbol{H}$ 的特征值为 $\lambda_i = 1 + 2r + 2r\cos\dfrac{(i+1)\pi\Delta x}{l} = 1 - 4r\sin^2\left[\dfrac{(i+1)\pi\Delta x}{2l}\right]$

稳定时需满足

$$\rho(\boldsymbol{H}) = \max|\lambda_i| = \max_i\left|1 - 4r\sin^2\left[\dfrac{(i+1)\pi\Delta x}{2l}\right]\right| = |1 - 4r| \leqslant 1 + C\Delta t$$

因此，当且仅当 $0 < r \leqslant 1/2$ 时，古典显格式保持稳定。

例 2：判断古典隐格式的初值稳定性。

古典隐格式为

$$\left[(1 + 2r)\boldsymbol{E} - r\boldsymbol{S}\right]\boldsymbol{c}^{n+1} = \boldsymbol{c}^n \tag{2.4.13}$$

因此，$\boldsymbol{H} = \left[(1 + 2r)\boldsymbol{E} - r\boldsymbol{S}\right]^{-1}$。

因为 $\boldsymbol{S}$ 的特征值为 $2\cos\dfrac{(i+1)\pi\Delta x}{l}$（$i = 1, 2, \cdots, im - 2$），所以 $\boldsymbol{H}$ 的特征值为

$$\lambda_i = \left[1 + 2r - 2r\cos\dfrac{(i+1)\pi\Delta x}{l}\right]^{-1} = \left[1 + 4r\sin^2\dfrac{(i+1)\pi\Delta x}{2l}\right]^{-1}, (i = 1, 2, \cdots, im - 2)。$$

总有 $0 < \lambda_i < 1$，即 $\rho(\boldsymbol{H}) < 1$，对于任意 r，古典隐格式总是稳定的，也称无条件稳定或绝对稳定。

例 3：判断 C－N 格式的初值稳定性。

C－N 格式为

$$\left[(1 + r)\boldsymbol{E} - \dfrac{r}{2}\boldsymbol{S}\right]\boldsymbol{c}^{n+1} = \left[(1 - r)\boldsymbol{E} + \dfrac{r}{2}\boldsymbol{S}\right]\boldsymbol{c}^{n+1} \tag{2.4.14}$$

因为 $\boldsymbol{S}$ 的特征值为 $2\cos\dfrac{(i+1)\pi\Delta x}{l}$（$i = 1, 2, \cdots, im - 2$），所以 $\boldsymbol{H}$ 的特征值为

$$\lambda_i = \dfrac{1 - r + r\cos\dfrac{(i+1)\pi\Delta x}{l}}{1 + r - r\cos\dfrac{(i+1)\pi\Delta x}{l}} = \dfrac{1 - 2r\sin^2\dfrac{(i+1)\pi\Delta x}{2l}}{1 + 2r\sin^2\dfrac{(i+1)\pi\Delta x}{2l}}, (i = 1, 2, \cdots, im - 2)$$

总有 $0 < \lambda_i < 1$，即 $\rho(\boldsymbol{H}) < 1$，对于任意 r，C－N 格式总是稳定的，也称无条件稳定或绝对稳定。

2.5.2　傅里叶方法

虽然根据稳定性的定义,采用矩阵范数来判断差分格式的稳定性具有直观、意义明确、通用性强一系列优点。但是对于一般的差分格式,计算矩阵 $\boldsymbol{H}^n$ 的范数非常困难,尤其是对于非数学专业出身的环境工作者而言。当差分方程为常系数线性方程时,纯初值问题和具有周期边界条件的混合问题,可以采用傅里叶方法。其本质是将方程的解展开为傅里叶级数,分析各个傅里叶分量随时间变化的性质,从而判定差分方程解的稳定性。本小节以古典显格式说明该方法。

对于古典显格式:

$$c_i^{n+1} = rc_{i-1}^n + (1 - 2r)c_i^n + rc_{i+1}^n \tag{2.4.7}$$

根据傅里叶级数理论,方程在 n 时刻 i 单元的解可以表示为

$$c_i^n = \sum_{p=-\infty}^{+\infty} A_p^n \mathrm{e}^{\frac{I2p\pi}{l}(i\Delta x)}$$

其中: $I = \sqrt{-1}$, $p = 0, \pm 1, \cdots$ 。其物理意义为将方程的解表示为若干正弦(或余弦)波的叠加,其中 $\dfrac{2p\pi}{l}$ 为波数, A_p^n 为该波数相应的振幅(Amplitude),最大波长为计算区间长度 l 。如果记 $\theta = \dfrac{2p\pi\Delta x}{l}$,则可以表示为 $c_i^n = \sum_{\theta=-\infty}^{+\infty} A_p^n \mathrm{e}^{Ii\theta}$ 。任意一个正弦波分量都应该满足差分方程: $A_p^{n+1}\mathrm{e}^{Ii\theta} = rA_p^n \mathrm{e}^{I(i-1)\theta} + (1-2r)A_p^n \mathrm{e}^{Ii\theta} + rA_p^n \mathrm{e}^{I(i+1)\theta}$ 。

$$\frac{A_p^{n+1}}{A_p^n} = r\mathrm{e}^{-I\theta} + (1 - 2r) + r\mathrm{e}^{I\theta} = (1 - 2r) + 2r\cos\theta \tag{2.5.3}$$

我们将振幅之比称为幅度因子,记为

$$G = \frac{A_p^{n+1}}{A_p^n} \tag{2.5.4}$$

容易想象,如果差分方程稳定即方程的解不随时间增加趋于正(负)无穷大,则每一正弦波的振幅不应随时间增加趋于无穷大。因此,要保证差分格式稳定,必须对于任意分量(即所有的 θ 或 p 值)均满足

$$|G| = \left|\frac{A_p^{n+1}}{A_p^n}\right| \leqslant 1 \tag{2.5.5}$$

对于古典显格式,由式(2.5.3)得 $|(1 - 2r) + 2r\cos\theta| \leqslant 1$ 。

所以古典显格式的稳定性条件为 $0 < r \leqslant 1/2$ 。

例 4:利用傅里叶方法判断古典隐格式的初值稳定性。

古典隐格式: $-rc_{i-1}^{n+1} + (1 + 2r)c_i^{n+1} - rc_{i+1}^{n+1} = c_i^n$

傅里叶分量满足 $-rA_p^{n+1}\mathrm{e}^{I(i-1)\theta} + (1 + 2r)A_p^{n+1}\mathrm{e}^{Ii\theta} - rA_p^{n+1}\mathrm{e}^{I(i+1)\theta} = A_p^n \mathrm{e}^{Ii\theta}$

即 $A_p^{n+1}[-r\mathrm{e}^{-I\theta} + (1 + 2r) - r\mathrm{e}^{I\theta}] = A_p^n$

所以幅度因子:

$$G = \frac{A_p^{n+1}}{A_p^n} = \frac{1}{-re^{-I\theta} + (1 + 2r) - re^{I\theta}} = \frac{1}{1 + 2r(1 - \cos\theta)}$$

对于任意 θ 任意 $r > 0$，均有 $|G| \leqslant 1$，即古典隐格式绝对稳定。

例5：利用傅里叶方法判断 C－N 格式的初值稳定性。

C－N 格式：$-rc_{i-1}^{n+1} + (2 + 2r)c_i^{n+1} - rc_{i+1}^{n+1} = rc_{i-1}^n + (2 - 2r)c_i^n + rc_{i+1}^n$

傅里叶分量满足：

$$-rA_p^{n+1}e^{I(i-1)\theta} + (2 + 2r)A_p^{n+1}e^{Ii\theta} - rA_p^{n+1}e^{I(i+1)\theta} = rA_p^n e^{I(i-1)\theta} + (2 - 2r)A_p^n e^{Ii\theta} + rA_p^n e^{I(i+1)\theta}$$

即

$$A_p^{n+1}\left[-re^{-I\theta} + (2 + 2r) - re^{I\theta}\right] = A_p^n\left[re^{-I\theta} + (2 - 2r) + re^{I\theta}\right]$$

所以幅度因子：

$$G = \frac{A_p^{n+1}}{A_p^n} = \frac{2 - 2r + 2r\cos\theta}{2 + 2r - 2r\cos\theta} = \frac{2 - 2r(1 - \cos\theta)}{2 + 2r(1 - \cos\theta)}$$

对于任意 θ 任意 r，均有 $|G| \leqslant 1$，即 C－N 格式绝对稳定。

请利用傅里叶方法判断加权六点格式的稳定性条件。

本节最后解决差分方程收敛性的问题。

Lax 等价定理：设线性微分方程的初值问题是适定的，其相应的差分方程满足相容逼近条件，则差分方程收敛的充分必要条件是差分方程关于初值稳定。

相容性、收敛性、稳定性是评价差分格式的三个重要指标，三者之间的联系由 Lax 等价定理揭示。由于相容性的判别相对容易，而稳定性的判别也有一系列的方法可供选择，因此，可以将相对困难的收敛性质研究转化为相容性和稳定性的研究。对于相容的差分格式，稳定性的研究就显得尤为重要。这也是所有差分格式都会判断其稳定性的原因。

第3章 对流方程

3.1 对流方程的推导和物理意义

流体在运动时,会挟带其中的污染物与其一起运动,这就是对流(平流)作用(advection),在环境科学中也经常将其称为推流作用。在大多数情况下,对流作用是污染物位置迁移的最重要影响因素。

考虑一矩形断面面积为 A 的顺直河槽中,假定在同一断面上流速和浓度均相等,流速和浓度仅沿流动方向变化,该问题即简化为一维问题。为了研究方便,我们可以在纵向将其划分为若干单元,每一单元的长度为 Δx,并从左侧对其进行编号($1,2,3,\cdots,im$)。

以第 i 单元作为研究对象,假定某时刻第 i 单元中心位置的污染物浓度为 c_i,第 $i-1$ 单元中心位置的污染物浓度为 c_{i-1},第 $i+1$ 单元中心位置的污染物浓度为 c_{i+1}(图 3.1.1)。

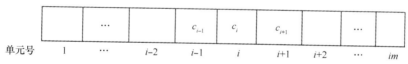

	...		c_{i-1}	c_i	c_{i+1}		...	

单元号 1   ... $i-2$ $i-1$ i $i+1$ $i+2$ ... im

图 3.1.1 顺直河道示意

在第 n 时刻和第 $n+1$ 时刻第 i 单元内污染物的质量分别为 $c_i^n A\Delta x$、$c_i^{n+1} A\Delta x$。在第 n 时刻至第 $n+1$ 时刻的 Δt 时段内,由于流体流动从左侧断面挟带进入的污染物质量为 $\Delta t (Qc)_{i-\frac{1}{2}}$,右侧断面流出的质量为 $\Delta t (Qc)_{i+\frac{1}{2}}$。根据质量守恒定律:

$$c_i^{n+1} A\Delta x - c_i^n A\Delta x = \Delta t (Qc)_{i-\frac{1}{2}} - \Delta t (Qc)_{i+\frac{1}{2}} \tag{3.1.1a}$$

两侧同时除以 $A\Delta x\Delta t$,并利用断面平均流速 $u = Q/A$,可得:

$$\frac{c_i^{n+1} - c_i^n}{\Delta t} + \frac{(uc)_{i+\frac{1}{2}} - (uc)_{i-\frac{1}{2}}}{\Delta x} = 0 \tag{3.1.1b}$$

根据微积分知识,当 $\Delta t \to 0$,$\Delta x \to 0$,上式转化为

$$\frac{\partial c}{\partial t} + \frac{\partial uc}{\partial x} = 0 \tag{3.1.2}$$

该方程即对流方程,描述物质在空间范围内以速度 u 从上游向下游的传播过程,在数学

上称之为双曲型方程。

对于双曲型方程,我们需要什么条件才能构成一个定解问题呢?观察式(3.1.2)可知,其由函数对时间的一次微分和对空间的一次微分得到。因此,定解条件需要给定初始时刻的函数值和一个边界处的函数值。初始条件是我们求解函数值时时间积分的起点。一维空间区域有两个边界,为什么只需给定一个边界条件?需要在一维空间范围的两侧给定哪一侧的约束条件呢?

数学问题都来源于自然界中的物理现象,物理现象的本质决定数学问题的定解形式。对流方程描述的是物质随流体向下游迁移的过程。两个边界分别位于上游入流处和下游出流处,二者起到的作用截然不同。上游入流位置的物质输入量决定了计算域内的物质浓度,而下游出流处浓度对上游区域内的物质浓度没有影响(因为下游出流处的物质接下来会流出计算区域,无法影响位于上游的计算区域)。因此,对于对流型偏微分方程我们只需在上游入流处给出污染物浓度的时间分布函数即可,在下游边界不需要边界条件。

例如,以下即为对流方程的一个定解问题:

$$\begin{cases} \dfrac{\partial c}{\partial t} + \dfrac{\partial uc}{\partial x} = 0, & 0 < x < l, t > 0, u > 0 \\ c \mid_{t=0} = c_0 \sin\left(\dfrac{\pi x}{l}\right) \\ c \mid_{x=0} = 0 \end{cases} \qquad (3.1.3)$$

可以得到其解为

$$\begin{cases} c(x,t) = c_0 \sin[\pi(x - ut)/l], & x \geqslant ut \\ c(x,t) = 0, & x < ut \end{cases} \qquad (3.1.4)$$

取 $u = 1.0 \text{ m/s}$, $c_0 = 100 \text{ kg/m}^3$, $l = 100 \text{ m}$,不同时刻的浓度分布如图3.1.2所示。

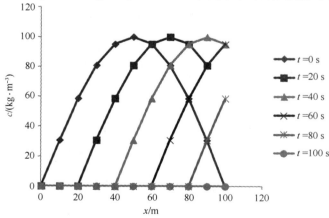

图3.1.2　污染物浓度分布

由图 3.1.2 可知,在水流作用下污染物向下游进行迁移。由于上游为清洁水体(边界条件:$c|_{x=0} = 0$),随着污染物的迁移,上游逐渐为清水所占据,在第 100 s 时污染物完全迁移出计算区域,区域内充满清洁水体。

3.2　对流方程的离散求解

在对流过程中,输移速度 u 随时间空间发生变化,因此速度和浓度的乘积即单位面积的物质通量是两个未知数相乘的结果,因此对流方程是一个非线性偏微分方程。我们知道,目前我们对于自然界的认识和研究成果主要集中于线性问题,非线性问题由于其复杂性,相关研究尚有待深入。为了简化问题,本章中均假定速度 u 为已知的常数(对流方程简化为线性偏微分方程),对于非线性问题在以后的章节中再加以论述。

3.2.1　逆风格式

上节在式(3.1.1)中令 Δx、Δt 趋于零得到对流微分方程形式(3.1.2)。因此,式(3.1.1)和式(3.1.2)都为描述对流过程的数学方程式,分别是对流过程的微分形式和差分形式,即

$$\frac{c_i^{n+1} - c_i^n}{\Delta t} + \frac{(uc)_{i+\frac{1}{2}}^n - (uc)_{i-\frac{1}{2}}^n}{\Delta x} = 0 \tag{3.1.1b}$$

$$\frac{\partial c}{\partial t} + \frac{\partial uc}{\partial x} = 0 \tag{3.1.2}$$

由于我们将浓度定义在单元的中心位置,而式(3.1.1b)中的单位面积物质通量 $(uc)_{i-\frac{1}{2}}$ 和 $(uc)_{i+\frac{1}{2}}$ 都位于单元的交界面(interface)处,计算这些通量是对流方程离散最重要的工作。

我们采用最简单的情况,假定浓度值在每一个单元内一致且等于单元中心位置的浓度。对于图 3.2.1 中水流沿正方向流动的问题,则 $(uc)_{i-\frac{1}{2}}^n$ 为物质由单元 $i-1$ 进入下游相邻单元 i 的通量,可以表示为 $(uc)_{i-\frac{1}{2}}^n = (uc)_{i-1}^n$;同理,$(uc)_{i+\frac{1}{2}}^n$ 为物质由单元 i 进入下游相邻单元 $i+1$ 的通量,可以表示为 $(uc)_{i+\frac{1}{2}}^n = (uc)_i^n$,式(3.1.1b)转化为

$$\frac{c_i^{n+1} - c_i^n}{\Delta t} + \frac{(uc)_i^n - (uc)_{i-1}^n}{\Delta x} = 0 \qquad (u \geqslant 0) \tag{3.2.1}$$

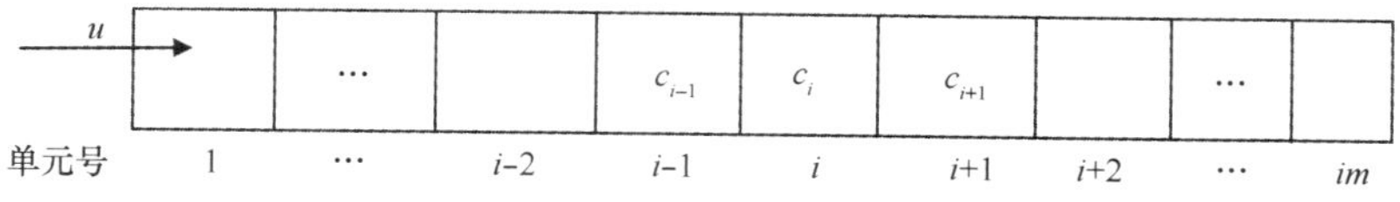

图 3.2.1　顺直河道示意

我们再考虑流速方向为负向时,则上游至下游的单元依次为 $i+1$,i,$i-1$。$(uc)_{i-\frac{1}{2}}^n$

为物质由单元 i 进入下游单元 $i-1$ 的通量,可以表示为 $(uc)_{i-\frac{1}{2}}^{n} = (uc)_{i}^{n}$;同理,$(uc)_{i+\frac{1}{2}}^{n}$ 为物质由单元 $i+1$ 进入单元 i 的通量,可以表示为 $(uc)_{i+\frac{1}{2}}^{n} = (uc)_{i+1}^{n}$,式(3.1.1)转化为

$$\frac{c_i^{n+1} - c_i^n}{\Delta t} + \frac{(uc)_{i+1}^n - (uc)_i^n}{\Delta x} = 0 \qquad (u < 0) \qquad (3.2.2)$$

容易验证上述格式的空间和时间精度均为一阶。

利用如上差分格式解决一个实际问题。假定如图3.2.1所示水域,初始时刻全场污染物浓度值为 $0\ \mathrm{kg/m^3}$,流速为常数 $u \geqslant 0$,上游源源不断地输入浓度为 c_0 的污染物,下游为自由出流。因此,我们可以采用如下定解条件:

$$\begin{cases} c_i^1 = 0, \quad i = 1, \cdots, im \\ c_1^{n+1} = c_0 \end{cases} \qquad (3.2.3)$$

根据初始条件,利用式(3.2.1)结合定解条件(3.2.3),就可以通过迭代得到此后任意时刻的浓度分布。计算程序如下。

```
#        PARAMETER(IM = 100)
#        REAL C(IM),CN(IM),DT,DX,U,R
#        INTEGER I,J,IN
#        DX = 100
#        DT = 50
#        U = 1.0
#        R = U * DT/DX

#        DO I = 1,IM
#          C(I) = 0
#        ENDDO
#
#        DO 20    IT = 1,300

#        DO I = 2,IM
#          CN(I) = C(I)
#        $           - R * (C(I) - C(I-1))
#        ENDDO
#        CN(1) = 100

#        DO I = 1,IM
#        C(I) = CN(I)
#        ENDDO
```

```
#20      CONTINUE

#        OPEN(4,FILE = ' UPWIND. DAT' )
#        DO I = 1,IM
#        WRITE(4, * ) I,C(I)
#        ENDDO
#        CLOSE(4)


#        END
```

程序中,河段分为 100 个单元,单元长度为 100 m,速度 $u = 1.0$ m/s,浓度 $C_0 =$ 100 kg/m³,时间步长为 50 s(即 $r = 0.5$)时计算结果如图 3.2.2(a)所示。我们可以看到,污染物前锋在 500 s、2 000 s、5 000 s 时前进的距离分别为 500 m、2 000 m、5 000 m,和理论值基本一致。但是,污染物前锋理论上应该是强烈的间断,浓度值从 100 kg/m³ 直接变化至 0,而差分解的浓度曲线在污染物前锋出现了一定的坡度,从 100 kg/m³ 经过一定的距离过渡至 0。为什么差分解会出现这一现象呢? 我们回顾前节的推导过程,当速度 $u \geq 0$ 时,第 i 单元在 $n + 1$ 时刻的物质质量由两部分组成,一部分为第 $i - 1$ 单元的物质通过交界面进入第 i 单元的质量,另一部分为第 i 单元通过交界面流出部分质量后的剩余部分。因此,第 i 单元在 $n + 1$ 时刻的物质浓度为第 $i - 1$ 单元和第 i 单元的加权平均值。

令 $r = u \dfrac{\Delta t}{\Delta x}$,整理式(3.2.1)得:

$$c_i^{n+1} = (1 - r)c_i^n + rc_{i-1}^n \quad (u \geq 0) \tag{3.2.4}$$

该式正是这一物理意义的数学表达形式。因此,当 $0 < r < 1$ 时,差分解会在函数值间断处出现虚拟的平滑作用。

我们考虑另一种情况,每个时间步长内流体移动的距离恰为单元的长度(即 $r = 1.0$),则水体每一时间步长向前平移一个单元。因此,每一个单元的浓度恰为上游相邻单元在上一时刻的浓度,$c_i^{n+1} = c_{i-1}^n (i > 1)$,污染物前锋的浓度将不会得到平滑。差分计算结果也证明了这一结论,如图 3.2.2(b)所示。

我们再进行一个数值实验,令时间步长为 120s(即 $r = 1.2$)。采用差分格式进行计算,结果如图 3.2.2(c)所示。我们发现计算结果出乎我们的想象,竟然出现了浓度值的振荡,完全和理论值相悖。我们分析一下,当时间步长为 120 s 时,每一个时间步长内,流体移动的距离为 120 m。对于第 i 单元而言,经过一个时间步长后其中的流体完全移出该单元,该单元在 $n + 1$ 时刻,充满的是 n 时刻第 $i - 1$ 单元和第 $i - 2$ 单元的物质。但是,式(3.2.1)显示第 i 单元在 $n + 1$ 时刻的浓度由 n 时刻第 $i - 1$ 单元和第 i 单元的浓度计算得到。此时($r > 1.0$),式(3.2.1)不能反映这一对流过程,因此差分格式的解是错误的。

我们将时间步长改回至 50 s，令速度 $u = -1.0$ m/s，计算对流过程。我们同样发现差分解出现明显的振荡，和真实解出现本质的区别。这又是为什么？对流过程的本质是，第 i 单元在 $n+1$ 时刻的物质是由 n 时刻第 i 单元的物质及其上游的物质向下游输移所形成的。哪些单元在第 i 单元的上游呢？当速度 $u < 0$ 时，上游当然为单元号大于 i 的单元。因此，第 i 单元在 $n+1$ 时刻的浓度由 n 时刻第 i 单元和单元号大于 i 的单元的浓度决定。这与前述程序在求解中采用的式(3.2.1)相矛盾，计算结果出现错误就在情理之中了。请读者思考，当速度 $u < 0$ 时该如何求解，程序应做何修改。

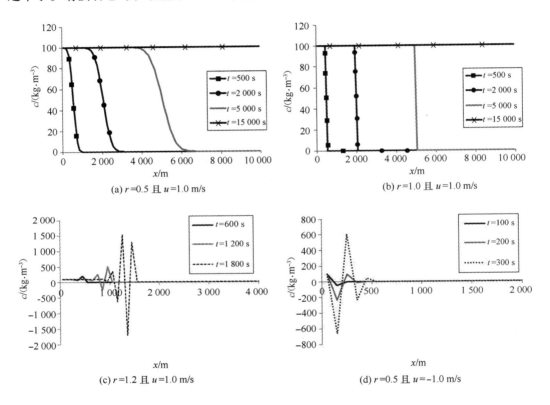

图 3.2.2　污染物沿程分布

其实，式(3.2.1)和式(3.2.2)的意义就是第 i 单元在 $n+1$ 时刻的物质是由 n 时刻第 i 单元浓度及其上游相邻单元浓度决定的。这种差分形式最先应用于大气运动的求解中，上游等同于上风向或逆风向，因此，气象学者将其命名为逆风格式(upwind scheme)。

我们再从数学角度利用傅里叶方法分析一下逆风格式的稳定性。将正弦波分量代入式(3.2.1)和式(3.2.2)得到其增长因子分别为

$$G_1 = 1 - r(1 - e^{-I\theta}) = 1 - r(1 - \cos\theta) - Ir\sin\theta \quad (u \geq 0)$$

$$G_2 = 1 + r(1 - e^{-I\theta}) = 1 + r(1 - \cos\theta) - Ir\sin\theta \quad (u \leq 0)$$

可得其稳定性条件为

$$|r| \leqslant 1 \tag{3.2.5}$$

这与前面我们通过数值试验分析的结果相一致,这也说明一切数学规律都是有深刻物理背景做基础的。

3.2.2 欧拉前差格式和 Lax – Friedrichs 格式(L – F 格式)

在逆风格式中,我们在处理 $\dfrac{c_i^{n+1} - c_i^n}{\Delta t} + \dfrac{(uc)_{i+\frac{1}{2}}^n - (uc)_{i-\frac{1}{2}}^n}{\Delta x} = 0$ 中,均假定上游单元浓度为均匀分布,界面通量均由界面上游单元的浓度确定。现在,我们采用界面两侧单元的浓度平均值,即令 $(uc)_{i-\frac{1}{2}}^n = \dfrac{1}{2}(c_{i-1}^n + c_i^n)u$,$(uc)_{i+\frac{1}{2}}^n = \dfrac{1}{2}(c_i^n + c_{i+1}^n)u$,得到:

$$\frac{c_i^{n+1} - c_i^n}{\Delta t} + u\frac{c_{i+1}^n - c_{i-1}^n}{2\Delta x} = 0 \tag{3.2.6}$$

该格式采用时间前差空间中心差,根据时间差分类型称为欧拉前差格式,容易看出该格式为时间一阶空间二阶精度。我们利用和上节同样的算例进行计算,单元长度为 100 m,速度 $u = 1.0$ m/s,时间步长为 50 s(即 $r = 0.5$)。不过由于该格式为空间中心差分格式,我们需在上下游均设置边界条件,由于理论上对流过程的下游单元性质对上游无影响,我们不妨设定为 $c_{im}^{n+1} = c_{im-1}^{n+1}$。但是计算结果并没有如我们预计的那样计算精度有所提高,反而在污染物前锋位置出现振荡(图 3.2.3)。

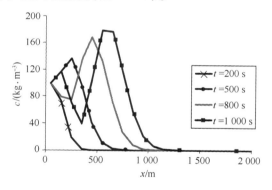

图 3.2.3 欧拉前差格式污染物沿程分布

让我们分析一下欧拉前差格式出现振荡的原因。污染物前锋的传播过程假定在 n 时刻第 $i-1$ 单元、第 i 单元和第 $i+1$ 单元的浓度分别为 100、100、0,则在一个时间步长内依欧拉前差格式流入第 i 单元单位面积通量为 5 000,流出第 i 单元单位面积通量为 2 500,在 $n+1$ 时刻第 i 单元的浓度为 125,这种使计算区域内的最大值增加(或最小值减小)的现象对数值计算是极为危险的,因为其累积效应将使计算解发生发散。对于守恒型差分格式,某单元的值出现不合理的增加,必将伴随其他单元浓度值的不合理减小。

我们再观察在 $n+1$ 时刻和第 $i-2$ 单元、第 $i-1$ 单元、第 i 单元的浓度分别为 100、100、125,在 $n+2$ 时刻,第 $i-1$ 单元的浓度值必定小于 100。在空间范围的数值振荡由此产生,随着振荡幅度的增加,计算逐步趋于发散。我们深究一下对流过程的本质,由于对流过程是上游信息向下游传播并影响下游的过程。因此,两个单元的界面通量应该主要取决于上游单元的性质,而在欧拉前差格式中上下游单元性质对界面通量同等重要,这与对流物理现象的本质相悖(在有限元求解对流过程中,迎风有限元方法为解决该问题特意根据流向采用不对称权函数实现上、下游的影响不对称问题)。

读者可能存在疑问,为什么对流过程的偏微分方程本身并没有体现上、下游的差异性,无论速度为何种方向方程形式都一样呢? 这是因为微分是在时间步长空间步长都趋于零且存在导数的情况下得到的。对于存在导数的光滑函数,由下游某点 x_0 推测其上游微小邻域 $(x_0-\varepsilon, x_0)$ 内的函数值是没有问题的。事实上,如果初始浓度场呈线性分布,浓度空间分布曲线非常光滑,即存在一致的空间导数,采用欧拉前差格式也能得到正确解。但是,在差分格式求解中空间步长并不是无限小的,浓度空间分布曲线不够光滑时,微分存在的条件不成立,就必须考虑上、下游影响的差别。

同样,我们利用傅里叶方法分析一下欧拉前差格式的稳定性。将正弦波分量代入式(3.2.6)得到其增长因子分别为

$$G = 1 + \frac{r}{2}(e^{-I\theta} - e^{I\theta}) = 1 - Ir\sin\theta$$

由于 $|G| = (1 + r^2\sin^2\theta)^{\frac{1}{2}} > 1$,该格式为绝对不稳定格式。

为了解决欧拉前差格式不稳定的问题,Lax 和 Friedrichs 对其进行改进,以 $\frac{1}{2}(c_{i+1}^n + c_{i-1}^n)$ 代替 c_i^n,得:

$$\frac{c_i^{n+1} - \frac{1}{2}(c_{i+1}^n + c_{i-1}^n)}{\Delta t} + u\frac{c_{i+1}^n - c_{i-1}^n}{2\Delta x} = 0 \tag{3.2.7}$$

利用傅里叶方法分析以上格式的稳定性,得到其增长因子:

$$G = \frac{1}{2}(e^{I\theta} + e^{-I\theta}) - \frac{r}{2}(e^{I\theta} - e^{-I\theta}) = \cos\theta - Ir\sin\theta$$

其稳定性条件为 $|r| \leqslant 1$。差分格式(3.2.7)称为 Lax - Friedrichs 格式(L - F 格式)。

为什么欧拉前差格式在计算中会产生振荡从而失稳,而进行改进得到的 L - F 格式却为条件稳定格式呢? 这种改进为什么会提高格式的稳定性呢? 我们将式(3.2.7)重新改写为

$$\frac{c_i^{n+1} - c_i^n}{\Delta t} + u\frac{c_{i+1}^n - c_{i-1}^n}{2\Delta x} = \frac{\Delta x^2}{2\Delta t}\frac{c_{i+1}^n + c_{i-1}^n - 2c_i^n}{\Delta x^2} \tag{3.2.7a}$$

比较式（3.2.7a）和式（3.2.6），我们发现 L-F 右侧增加了一项 $\dfrac{\Delta x^2}{2\Delta t}$ $\dfrac{c_{i+1}^n + c_{i-1}^n - 2c_i^n}{\Delta x^2}$，而该项正是扩散效应的离散格式。如第 2 章所论述，扩散效应使得浓度分布趋于平均化，正是这一作用抑制了欧拉前差格式的振荡，提高了格式的稳定性（图 3.2.4）。在实际应用中，L-F 格式无须像逆风格式根据流向采用不同的差分格式，使用起来相对方便，但是其误差大于逆风格式（通过对比二者的计算结果也可以看出，L-F 对真实解的虚拟平滑作用更强）。

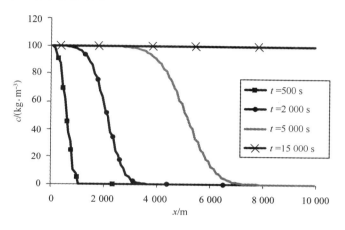

图 3.2.4 L-F 格式污染物沿程分布

其实我们还可以从另一个角度理解 L-F 格式稳定性提高的原因，L-F 可以改写为

$$c_i^{n+1} = \frac{1}{2}(1-r)c_{i+1}^n + \frac{1}{2}(1+r)c_{i-1}^n \tag{3.2.7b}$$

当 $|r| \leqslant 1$ 时，虽然 c_i^{n+1} 受到上游和下游单元浓度的影响，但是上游单元所占的权重大[权重系数为 $\frac{1}{2}(1+|r|)$]，下游单元所占的权重小[权重系数为 $\frac{1}{2}(1-|r|)$]，且当 $|r| \to 1$ 时，下游影响逐渐消失，这和对流过程物理意义具有一致性。

我们来总结一下逆风格式和 L-F 格式的共性。逆风格式可以转化为

$$\begin{cases} c_i^{n+1} = (1-r)c_i^n + rc_{i-1}^n, & u \geqslant 0 \\ c_i^{n+1} = (1+r)c_i^n - rc_{i+1}^n, & u \leqslant 0 \end{cases}$$

L-F 格式：$c_i^{n+1} = \dfrac{1}{2}(1-r)c_{i+1}^n + \dfrac{1}{2}(1+r)c_{i-1}^n$

因此，二者都可以写成更一般的形式：

$$c_i^{n+1} = \sum_{l=-p}^{p} w_l c_{i+l}^n \tag{3.2.8}$$

由于差分格式稳定时满足权重系数 $w_l \geq 0$，这类格式也称作正型格式。正型格式具有以下特点：

1）正型格式的相容性条件为 $\sum\limits_{l=-p}^{p} w_l = 1$。因为如果将上式视为加权平均，各单元浓度的权重之和为1。

2）因为加权平均效果使函数空间分布逐步趋于平均化，在时间积分过程中计算域内的极大值（或极小值）不会进一步增大（或减小），数值解不会发散。

3）相容的正型格式在无穷范数下是稳定的。

4）相容的正型格式的截断误差为一阶。

3.2.3 时间后差空间中心差格式

在欧拉前差格式中，界面通量采用 n 时刻的物理量得到，如果采用 $n+1$ 时刻的物理量进行计算，将得到时间后差空间中心差的格式，该格式称为后差格式。

$$\frac{c_i^{n+1} - c_i^n}{\Delta t} + u \frac{c_{i+1}^{n+1} - c_{i-1}^{n+1}}{2\Delta x} = 0 \qquad (3.2.9)$$

该式也可以改写为

$$-\frac{r}{2}c_{i-1}^{n+1} + c_i^{n+1} + \frac{r}{2}c_{i+1}^{n+1} = c_i^n \qquad (3.2.10)$$

后差格式具有时间一阶空间二阶精度，但由于是隐格式，需要联立方程组进行求解。

同样，采用前述案例进行计算，边界条件设定为

$$c_{im}^{n+1} = c_{im-1}^{n+1}; c_1^{n+1} = c_{set}$$

可得如下方程组：

$$\begin{bmatrix} 1 & 0 & & & & & \\ -\dfrac{r}{2} & 1 & \dfrac{r}{2} & & & & \\ \cdots & \cdots & \cdots & & & & \\ & & -\dfrac{r}{2} & 1 & \dfrac{r}{2} & & \\ & & & \cdots & \cdots & \cdots & \\ & & & & -\dfrac{r}{2} & 1 & \dfrac{r}{2} \\ & & & & & -1 & 1 \end{bmatrix} \begin{bmatrix} c_1^{n+1} \\ c_2^{n+1} \\ \vdots \\ c_i^{n+1} \\ \vdots \\ c_{im-1}^{n+1} \\ c_{im}^{n+1} \end{bmatrix} = \begin{bmatrix} b_1 \\ b_2 \\ \vdots \\ b_i \\ \vdots \\ b_{im-1} \\ b_{im} \end{bmatrix} \qquad (3.2.11)$$

其中，右端项 $\boldsymbol{b} = \begin{bmatrix} b_1 & b_2 & \cdots & b_{im} \end{bmatrix}^T = \begin{bmatrix} c_{set} & c_2^n & \cdots & c_{im-1}^n & 0 \end{bmatrix}^T$。

根据线性代数知识，系数矩阵可以分解为一个上三角矩阵和一个下三角矩阵的乘积，即

$$
\begin{bmatrix}
1 & 0 & & & \\
-\dfrac{r}{2} & 1 & \dfrac{r}{2} & & \\
& \ddots & \ddots & \ddots & \\
& & -\dfrac{r}{2} & 1 & \dfrac{r}{2} \\
& & & -1 & 1
\end{bmatrix}
=
\begin{bmatrix}
1 & & & & \\
l_2 & 1 & & & \\
& \ddots & \ddots & & \\
& & l_{im-1} & 1 & \\
& & & l_{im} & 1
\end{bmatrix}
\begin{bmatrix}
u_1 & 0 & & & \\
& u_2 & \dfrac{r}{2} & & \\
& & \ddots & \ddots & \\
& & & u_{im-1} & \dfrac{r}{2} \\
& & & & u_{im}
\end{bmatrix}
= \boldsymbol{LU}
$$

$$（3.2.12）$$

其中：

$$
\begin{cases}
u_1 = 1 \\
l_2 = -\dfrac{1}{2}r/u_1, u_2 = 1 \\
l_i = -\dfrac{1}{2}r/u_{i-1}, u_i = 1 - \dfrac{1}{2}l_i r, i = 3, \cdots, im-1 \\
l_{im} = -1/u_{im-1}, u_{im} = 1 - \dfrac{1}{2}rl_{im}
\end{cases}
$$

$$（3.2.13）$$

再求解 $\boldsymbol{Ly} = \boldsymbol{b}$ 和 $\boldsymbol{U}\begin{bmatrix} c_1^{n+1} & c_2^{n+1} & \cdots & c_{im}^{n+1} \end{bmatrix}^{\mathrm{T}} = \boldsymbol{y}$ ，得到：

$$
\begin{cases}
y_1 = b_1 \\
y_i = b_i - l_i y_{i-1}, i = 2,3,\cdots,im
\end{cases}
$$

$$（3.2.14）$$

$$
\begin{cases}
c_{im}^{n+1} = y_{im}/u_{im} \\
c_i^{n+1} = \left(y_i - \dfrac{1}{2}rc_{i+1}^{n+1} \right)\Big/ u_i, i = im-1, im-2, \cdots, 2 \\
c_1^{n+1} = c_2^{n+1}
\end{cases}
$$

$$（3.2.15）$$

　　上述将三对角系数矩阵分解为上三角矩阵和下三角矩阵求解方程,经历了式(3.2.14)和(3.2.15)两个过程,先从 $1,2,\cdots,im$ 依次求解(追的过程),再从 $im, im-1,$ $\cdots,1$ 依次求解(赶的过程),亦即前章所提到的追赶法。程序如下:

```
#       PARAMETER(IM = 100)
#       REAL C(IM),CN(IM),L(IM),U(IM),K,DT,DX,Y(IM),B(IM),V
#       INTEGER I,J,IT
#       DX = 100
#       DT = 150
#       V = 1.0
#       R = V * DT/DX

#       DO  I = 1,100
#          C(I) = 0
```

```
#        ENDDO

#        DO 20   IT = 1 , 100
#        U( 1 ) = 1
#        L( 2 ) = - 0. 5 * R/U( 1 )
#        U( 2 ) = 1
#        DO I = 3 , IM - 1
#          L( I ) = - 0. 5 * R/U( I - 1 )
#          U( I ) = 1 - 0. 5 * R * L( I )
#        ENDDO
#        L( IM ) = - 1/U( IM - 1 )
#        U( IM ) = 1 - 0. 5 * R * L( IM )

#        DO I = 2 , IM - 1
#          B( I ) = C( I )
#        ENDDO
#        B( 1 ) = 100
#        B( IM ) = 0

#        Y( 1 ) = B( 1 )
#        DO I = 2 , IM
#          Y( I ) = B( I ) - L( I ) * Y( I - 1 )
#        ENDDO

#        CN( IM ) = Y( IM )/U( IM )
#        DO I = IM - 1 , 2 , - 1
#          CN( I ) = ( Y( I ) - 0. 5 * R * CN( I + 1 ) )/U( I )
#        ENDDO
#        CN( 1 ) = Y( 1 )

#        DO I = 1 , IM
#          C( I ) = CN( I )
#        ENDDO
#20   CONTINUE

#        OPEN( 4 , file = 'L - F. dat' )
#        DO I = 1 , IM
```

52

```
#        WRITE(4, * ) C( I )
#        ENDDO
#        CLOSE(4)

#        END
```

图 3.2.5 为时间步长分别采用 15 s、150 s 时计算得到的浓度分布。如图 3.2.5 所示,当时间步长为 15 s 时,计算结果和理论结果基本一致,不过在污染物前锋出现明显的振荡现象。振荡现象的产生源于该格式空间差分采用二阶精度的中心差分所致。因为空间差分的精度越高对浓度分布函数的光滑性要求越高,而在污染物前锋函数值出现间断导致的虚拟数值振荡。和前述显格式不同,当时间步长为 150 s 时,计算结果和理论结果仍然基本一致,没有出现数值发散,但是对于前锋的平滑作用强于时间步长为 15 s 时的计算值。

因为后差格式在求解中采用方程联立求解,整个区域的求解同时进行,能够充分体现上游对下游区域的影响。因此,和欧拉前差格式相比,后差格式具有较好的稳定性,时间步长可以取得非常大,理论证明后差格式为绝对稳定格式。利用傅里叶方法将正弦波分量代入后差格式得到其增长因子分别为

$$G = \frac{1}{1 + r(\mathrm{e}^{I\theta} - \mathrm{e}^{-I\theta})} = \frac{1}{1 + Ir\sin\theta} \tag{3.2.16}$$

由于 $|G| = (1 + r^2\sin^2\theta)^{-\frac{1}{2}} \leqslant 1$,后差格式为绝对稳定格式。

尽管如此,当时间步长非常大时,求解的三对角矩阵容易出现病态,因此,不推荐将时间步长取得过大。

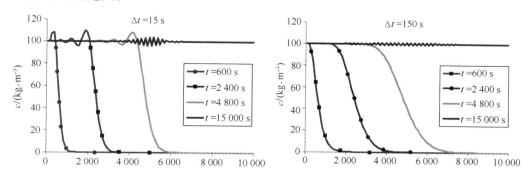

图 3.2.5 欧拉后差格式计算结果

在欧拉前差格式和后差格式中,界面通量分别采用 n 时刻和 $n+1$ 时刻的物理量得到,如果采用 n 时刻和 $n+1$ 时刻的界面通量进行平均,则得到梯形格式:

$$\frac{c_i^{n+1} - c_i^n}{\Delta t} + u\frac{c_{i+1}^n - c_{i-1}^n}{4\Delta x} + u\frac{c_{i+1}^{n+1} - c_{i-1}^{n+1}}{4\Delta x} = 0 \tag{3.2.17}$$

这是时间空间皆为二阶精度的隐格式,绝对稳定。

欧拉前差格式、后差格式和梯形格式可以统一为如下形式:

$$\frac{c_i^{n+1} - c_i^n}{\Delta t} + \theta u \frac{c_{i+1}^n - c_{i-1}^n}{2\Delta x} + (1 - \theta)u \frac{c_{i+1}^{n+1} - c_{i-1}^{n+1}}{2\Delta x} = 0 \qquad (3.2.18)$$

当 $\theta = 1$ 时,为前差格式;当 $\theta = 0$ 时,为后差格式;当 $\theta = \frac{1}{2}$ 时,为梯形格式。

3.2.4 欧拉后差格式(松野迭代格式)

空间中心差时,如果采用时间前差格式将会产生不稳定,如果采用时间后差在求解方程组时计算量较大。欧拉后差格式将二者加以结合,解决了二者各自的问题。首先,采用前差分作为第一近似值,然后再代入后差分进行计算。

前差步:

$$\frac{\tilde{c}_i^{n+1} - c_i^n}{\Delta t} + u \frac{c_{i+1}^n - c_{i-1}^n}{2\Delta x} = 0 \qquad (3.2.19)$$

后差步:

$$\frac{c_i^{n+1} - c_i^n}{\Delta t} + u \frac{\tilde{c}_{i+1}^{n+1} - \tilde{c}_{i-1}^{n+1}}{2\Delta x} = 0 \qquad (3.2.20)$$

由于其分为两步进行迭代求解,也称为松野迭代格式。为了分析该格式的特性,我们将以上两式合并,得到:

$$\frac{c_i^{n+1} - c_i^n}{\Delta t} + u \frac{c_{i+1}^n - c_{i-1}^n}{2\Delta x} = u^2 \Delta t \frac{c_{i+2}^n - 2c_i^n + c_{i-2}^n}{4\Delta x^2} \qquad (3.2.21)$$

可见,欧拉后差格式和 L-F 格式相似,在欧拉前差的基础上加入了扩散效应,提高了格式的稳定性。

利用傅里叶方法将正弦波分量代入后差格式得到:

$$A^{n+1} = A^n \left[1 - \frac{r}{2}(e^{I\theta} - e^{-I\theta}) + \frac{r^2}{4}(e^{I2\theta} - 2 + e^{-I2\theta}) \right] = A^n(1 - Ir\sin\theta - r^2\sin^2\theta)$$

$$G = 1 - r^2\sin^2\theta - Ir\sin\theta$$

$$|G| = 1 + r^2\sin^2\theta(r^2\sin^2\theta - 1) \qquad (3.2.22)$$

稳定性条件为 $|r| \leqslant 1$。

我们还可以从物理意义方面观察欧拉后差格式,该格式可以整理为

$$c_i^{n+1} = \left(1 - \frac{r^2}{2}\right)c_i^n - \frac{r}{2}c_{i+1}^n + \frac{r^2}{4}c_{i+2}^n + \frac{r}{2}c_{i-1}^n + \frac{r^2}{4}c_{i-2}^n \qquad (3.2.23)$$

在计算中,除了本身单元的浓度之外,还分别用到了上、下游各两个单元的浓度值,且上游两个浓度值的系数保持同号,下游两个浓度值的系数保持异号,保证上游单元浓度的影响大于下游,这和对流传输过程物理意义相一致。

3.2.5 Lax - Wendroff 格式(L-W 格式)

以上格式的时间精度均为一阶,Lax - Wendroff 格式是一个时间、空间均为二阶精度

的格式。其构造方式如下：

$$c(x_i, t_{n+1}) = c(x_i, t_n) + \Delta t \left(\frac{\partial c}{\partial t}\right)_i^n + \frac{\Delta t^2}{2}\left(\frac{\partial^2 c}{\partial t^2}\right)_i^n + O(\Delta t^3)$$

根据微分方程有：

$$\frac{\partial c}{\partial t} = -u \frac{\partial c}{\partial x}$$

$$\frac{\partial^2 c}{\partial t^2} = \frac{\partial}{\partial t}\left(\frac{\partial c}{\partial t}\right) = \frac{\partial}{\partial t}\left(-u \frac{\partial c}{\partial x}\right) = -u \frac{\partial}{\partial x}\left(\frac{\partial c}{\partial t}\right) = -u \frac{\partial}{\partial x}\left(-u \frac{\partial c}{\partial x}\right) = u^2 \frac{\partial^2 c}{\partial x^2}$$

因此，$c(x_i, t_{n+1}) = c(x_i, t_n) - \Delta t u \left(\frac{\partial c}{\partial x}\right)_i^n + \frac{\Delta t^2 u^2}{2}\left(\frac{\partial^2 c}{\partial x^2}\right)_i^n + O(\Delta t^3)$

采用一阶中心差商和二阶中心差商逼近上式的导数项，得：

$$c(x_i, t_{n+1}) = c(x_i, t_n) - \Delta t u \frac{c_{i+1}^n - c_{i-1}^n}{\Delta x} + O(\Delta t \Delta x^3) + \frac{\Delta t^2 u^2}{2} \frac{c_{i+1}^n + c_{i-1}^n - 2c_i^n}{\Delta x^2}$$
$$+ O(\Delta t^2 \Delta x^2) + O(\Delta t^3)$$

因此，得到二阶精度的差分格式：

$$c_i^{n+1} = c_i^n - \frac{r}{2}(c_{i+1}^n - c_{i-1}^n) + \frac{r^2}{2}(c_{i+1}^n + c_{i-1}^n - 2c_i^n) \tag{3.2.24}$$

利用傅里叶方法，得到其增长因子为

$$G = 1 + r^2(\cos\theta - 1) - Ir\sin\theta = 1 - 2r^2\sin^2\frac{\theta}{2} - Ir\sin\theta \tag{3.2.25}$$

当且仅当 $|r| \leqslant 1$ 时，L-W 格式保持稳定。

为了分析 L-W 格式的特性，我们将其改写为

$$c_i^{n+1} = (1 - r^2)c_i^n - \left(\frac{r}{2} - \frac{r^2}{2}\right)c_{i+1}^n + \left(\frac{r}{2} + \frac{r^2}{2}\right)c_{i-1}^n \tag{3.2.26}$$

在计算中，除了本身单元的浓度之外，还分别用到了上、下游相邻单元的浓度值，但是上、下游的影响并不对称，上游单元浓度的影响始终大于下游，且当 $|r| \to 1$ 时，下游影响逐渐消失，这和对流过程物理意义具有一致性。

3.2.6　蛙跳格式及多层时间格式的稳定性判别

前差格式：

$$\frac{c_i^{n+1} - c_i^n}{\Delta t} + u \frac{c_{i+1}^n - c_{i-1}^n}{2\Delta x} = 0 \tag{3.2.6}$$

后差格式：

$$\frac{c_i^n - c_i^{n-1}}{\Delta t} + u \frac{c_{i+1}^n - c_{i-1}^n}{2\Delta x} = 0 \tag{3.2.9a}$$

将以上两式相加可得：

$$\frac{c_i^{n+1} - c_i^{n-1}}{\Delta t} + u \frac{c_{i+1}^n - c_{i-1}^n}{\Delta x} = 0 \tag{3.2.27}$$

即

$$c_i^{n+1} = c_i^{n-1} - r(c_{i+1}^n - c_{i-1}^n) \tag{3.2.28}$$

那么,该格式稳定性如何呢?对于三层(或多层)时间格式,我们可以将其化为等价的两层时间格式方程组进行研究:

$$\begin{cases} c_i^{n+1} = \tilde{c}_i^n - r(c_{i+1}^n - c_{i-1}^n) \\ \tilde{c}_i^{n+1} = c_i^n \end{cases}$$

不妨设 $c_i^n = \sum\limits_{p=-\infty}^{+\infty} A_p^n e^{\frac{2p\pi}{l}(i\Delta x)}$,$\tilde{c}_i^n = \sum\limits_{p=-\infty}^{+\infty} \tilde{A}_p^n e^{\frac{2p\pi}{l}(i\Delta x)}$ 其中:$I = \sqrt{-1}$,$p = 0, \pm 1, \cdots$ 其物理意义为将方程组的解表示为若干正弦(或余弦)波的叠加,其中 $\dfrac{2p\pi}{l}$ 为波数,A_p^n、$\tilde{A}_p^n$ 为该波数相应的振幅(Amplitude),最大波长为计算区间长度 l。如果记 $\theta = \dfrac{2p\pi\Delta x}{l}$,则每一正弦波为 $c_i^n = \sum\limits_{\theta=-\infty}^{+\infty} A_p^n e^{Ii\theta}$,$\tilde{c}_i^n = \sum\limits_{\theta=-\infty}^{+\infty} \tilde{A}_p^n e^{Ii\theta}$。任意一个正弦波分量也应该满足差分方程,从而有:

$$\begin{cases} A^{n+1} = \tilde{A}^n - A^n(2Ir\sin\theta) \\ \tilde{A}^{n+1} = A^n \end{cases} \tag{3.2.29}$$

$$\begin{bmatrix} A^{n+1} \\ \tilde{A}^{n+1} \end{bmatrix} = \begin{bmatrix} -I(2r\sin\theta) & 1 \\ 1 & 0 \end{bmatrix}\begin{bmatrix} A^n \\ \tilde{A}^n \end{bmatrix} \tag{3.2.30}$$

差分格式稳定的条件是振幅向量 $\begin{bmatrix} A^n \\ \tilde{A}^n \end{bmatrix}$ 的增长矩阵 $\boldsymbol{G} = \begin{bmatrix} -I(2r\sin\theta) & 1 \\ 1 & 0 \end{bmatrix}$ 的特征值的绝对值小于等于1,求得其特征值为

$$\lambda_{1,2} = -Ir\sin\theta \pm \sqrt{1 - r^2\sin^2\theta} \tag{3.2.31}$$

当 $|r| > 1$ 时,必有一特征值大于1,差分格式不稳定;

当 $|r| \leqslant 1$ 时,$\lambda_{1,2} = -Ir\sin\theta \pm \sqrt{1 - r^2\sin^2\theta}$,令 $\sin\alpha = r\sin\theta$,则 $\lambda_1 = e^{-I\alpha}$,$\lambda_2 = e^{-I(\alpha+\pi)}$,$|\lambda_{1,2}| = 1$,数值格式稳定。

我们进一步研究蛙跳格式的性质,由于在 $|r| \leqslant 1$ 时,增长矩阵特征值为1,因此,在时间积分过程中各个谐波的振幅将不会减小(即无阻尼效应,类比物理阻尼对波动的作用)。这是因为蛙跳格式由前差和后差合并而成,前差导致振幅放大而后差导致振幅减小,二者的振幅因子抵消所致。蛙跳格式的最大优点就是在时间和空间上都具有二阶精度且为显格式,综合了计算量小、精度高的特点。

由于蛙跳格式在时间上是三层格式,也带来一些缺点。①由于前差和后差逼近导数时所舍弃的高阶项符号相反且所用的两个时间层也不一致,二者对于物质传播的速度也发生差异,因此,蛙跳格式会形成两种不同的传播速度,尤其是当 $|r| = 1$ 时,易出现空间

和时间数值振荡。②在计算中需要提供最初两个时刻的初始场资料,并且两个初始场之间存在微分方程的约束,如果第二时间层包含误差,其误差将会传递到其后的数值解中。③在时间层求解中,由于每一奇数时间层都是由奇数时间层的单元浓度增加通量影响得到,而每一偶数时间层都是由偶数时间层的单元浓度增加通量影响得到,随着时间积分,容易形成奇偶步数值解的分离,导致两个互不相关和互不混合的解交替出现,当逼近稳态解时最为明显。④由于差分格式采用了三个相邻的空间单元,因此,上、下游都需要给定边界条件。而蛙跳格式上、下游相邻单元对计算单元的影响完全一致,因此下游的误差能够不断地向上游传递,导致数值解可能出现错误。

我们仍然采用前面的案例,首先设定 $\Delta t = 100\ \text{s}$,此时 $r = u\dfrac{\Delta t}{\Delta x} = 1$,每个时间步长信息传播的距离为一个网格的长度,$c_i^{n-1} = c_{i+1}^n$,在蛙跳格式中恰好可以将下游的影响抵消掉,得到 $c_i^{n+1} = c_{i-1}^n$,计算值将会得到完全准确的解,如图 3.2.6(a)所示。当 $\Delta t = 50\ \text{s}$,此时 $r = u\dfrac{\Delta t}{\Delta x} = 0.5$,由于下游的影响,在污染前锋位置仍然出现了小幅的振荡,如图 3.2.6(b)所示。

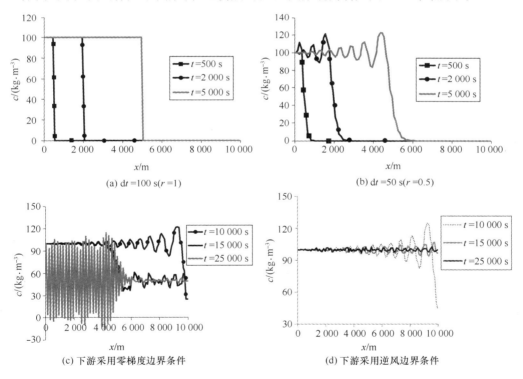

图 3.2.6 时间步长及下游边界条件对于蛙跳格式计算结果的影响

另外,时间步长取为 50 s,研究不同下游边界条件的影响。当下游边界条件取 $c_{im}^{n+1} = c_{im-1}^{n+1}$,污染物前锋传播至下游边界时,下游边界处的误差开始产生影响。由于蛙跳格式上下游对计算的影响同等重要且没有阻尼效应,导致下游零梯度条件($c_{im+1}^{n+1} = c_{im-1}^{n+1}$)的误差不断向上游传播。当传递至最上游时,因上游边界的原因无法进一步传播至区域外,在区域内随着时间的累积最终导致计算失稳,如图3.2.6(c)所示。当下游边界条件取逆风格式给定:$c_{im}^{n+1} = c_{im}^{n} - r(c_{im}^{n} - c_{im-1}^{n})$,误差较小,区域内误差可以传递出下游边界。当上游信息传递至下游时,污染物前锋引发的振荡逐步减小,并趋于稳定,如图3.2.6(d)所示。

3.3 TVD 格式

3.3.1 TVD 差分格式的概念和性质

我们已经列出了对流方程求解的典型离散格式,为了比较它们之间的区别,按照前述条件计算了时间步长 $\Delta t = 50$ s 第500 s的浓度分布结果。结果显示,L-F格式对污染物前锋间断位置的平滑效应最显著,欧拉后差格式、逆风、后差的平滑效应次之,L-W格式和蛙跳格式对污染物前锋间断性的保持最好。从另一个角度看,L-W格式和蛙跳格式在污染物前锋出现了明显的振荡,而其他格式却能有效地避免振荡。换言之,一阶精度的格式虽然精度低,但能够在强间断处有效地避免数值振荡;二阶格式虽然精度提高,但是在强间断处易出现数值振荡。图3.3.1 为其中3种格式的比较。

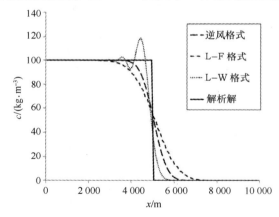

图 3.3.1 对流方程不同差分格式计算结果比较

避免虚假数值振荡对于数值格式的差分稳定性具有重要意义,如何避免差分格式在强间断处出现假振成为数值离散研究的重要内容。但是,由于计算中出现的数值振荡一部分可能源于数值格式本身,也有一部分源于初始场,而源于初始场的波动为真实的物理波动。在处理中,如何将物理波动和虚拟的数值振荡分开,并不是一个简单的问题。Harton 于1981 年采用全变差的概念提出了无虚拟数值振荡(假振)要求。

将函数 $c(x)$ 分为 c 单调变化的一系列区间,每一单调区间上 c 极大极小值之差称为

变差,所有单调区间的变差之和称为全变差。理论分析,方程 $\frac{\partial c}{\partial t} + \frac{\partial cu}{\partial x} = 0$ 的柯西问题 [即计算区域为 $(-\infty, +\infty)$,边界对计算结果无影响]在初值中的间断满足熵条件的前提下,解的全变差 $\int_{-\infty}^{+\infty} \left| \frac{\partial u}{\partial x} \right| \mathrm{d}x$ 不随时间增加。对于数值解,其对应的意义可以表述为 $c^n = \{c_i^n\}$ 的总变差

$$TV(\boldsymbol{c}^n) = \sum_{i=-\infty}^{i=+\infty} |c_{i+1}^n - c_i^n| \tag{3.3.1}$$

满足

$$TV(\boldsymbol{c}^{n+1}) \leqslant TV(\boldsymbol{c}^n) \tag{3.3.2}$$

符合该条件的差分格式称为 TVD(Total Variation Diminishing)格式。

对于三点的格式可以采用如下条件判断其是否具有 TVD 特性。

对于差分格式

$$c_i^{n+1} = c_i^n - p_{i-\frac{1}{2}} \Delta c_{i-\frac{1}{2}}^n + q_{i+\frac{1}{2}} \Delta c_{i+\frac{1}{2}}^n$$
$$(\Delta c_{i-\frac{1}{2}} = c_i - c_{i-1}, \Delta c_{i+\frac{1}{2}} = c_{i+1} - c_i) \tag{3.3.3}$$

如果满足 $p_{i+\frac{1}{2}} \geqslant 0$,$q_{i+\frac{1}{2}} \geqslant 0$,$p_{i+\frac{1}{2}} + q_{i+\frac{1}{2}} \leqslant 1$ $\qquad$ (3.3.4)

则格式为 TVD 格式。

证明:由于 $c_i^{n+1} = c_i^n - p_{i-\frac{1}{2}} \Delta c_{i-\frac{1}{2}}^n + q_{i+\frac{1}{2}} \Delta c_{i+\frac{1}{2}}^n$

$\qquad\qquad c_{i+1}^{n+1} = c_{i+1}^n - p_{i+\frac{1}{2}} \Delta c_{i+\frac{1}{2}}^n + q_{i+\frac{3}{2}} \Delta c_{i+\frac{3}{2}}^n$

所以,$c_{i+1}^{n+1} - c_i^{n+1} = (1 - p_{i+\frac{1}{2}} - q_{i+\frac{1}{2}}) \Delta c_{i+\frac{1}{2}}^n + p_{i-\frac{1}{2}} \Delta c_{i-\frac{1}{2}}^n + q_{i+\frac{3}{2}} \Delta c_{i+\frac{3}{2}}^n$

所以,$|c_{i+1}^{n+1} - c_i^{n+1}| \leqslant |1 - p_{i+\frac{1}{2}} - q_{i+\frac{1}{2}}| \cdot |\Delta c_{i+\frac{1}{2}}^n| + |p_{i-\frac{1}{2}}| \cdot |\Delta c_{i-\frac{1}{2}}^n| + |q_{i+\frac{3}{2}}| \cdot |\Delta c_{i+\frac{3}{2}}^n|$

由于 $p_{i+\frac{1}{2}} \geqslant 0$,$q_{i+\frac{1}{2}} \geqslant 0$,$p_{i+\frac{1}{2}} + q_{i+\frac{1}{2}} \leqslant 1$,得:

$|c_{i+1}^{n+1} - c_i^{n+1}| \leqslant |(1 - p_{i+\frac{1}{2}} - q_{i+\frac{1}{2}}) \Delta c_{i+\frac{1}{2}}^n| + |p_{i-\frac{1}{2}} \Delta c_{i-\frac{1}{2}}^n| + |q_{i+\frac{3}{2}} \Delta c_{i+\frac{3}{2}}^n|$

即 $|c_{i+1}^{n+1} - c_i^{n+1}| \leqslant |\Delta c_{i+\frac{1}{2}}^n| - p_{i+\frac{1}{2}} |\Delta c_{i+\frac{1}{2}}^n| - q_{i+\frac{1}{2}} |\Delta c_{i+\frac{1}{2}}^n| + p_{i-\frac{1}{2}} |\Delta c_{i-\frac{1}{2}}^n| + q_{i+\frac{3}{2}} |\Delta c_{i+\frac{3}{2}}^n|$

所以:

$$\sum_i |c_{i+1}^{n+1} - c_i^{n+1}| \leqslant \sum_i |\Delta c_{i+\frac{1}{2}}^n| - \sum_i p_{i+\frac{1}{2}} |\Delta c_{i+\frac{1}{2}}^n| - \sum_i q_{i+\frac{1}{2}} |\Delta c_{i+\frac{1}{2}}^n| + \sum_i p_{i-\frac{1}{2}} |\Delta c_{i-\frac{1}{2}}^n|$$
$$+ \sum_i q_{i+\frac{3}{2}} |\Delta c_{i+\frac{3}{2}}^n| = \sum_i |\Delta c_{i+\frac{1}{2}}^n| = \sum_i |c_{i+1}^n - c_i^n|$$

所以有 $TV(c^{n+1}) \leqslant TV(c^n)$,格式为 TVD 格式。

例:判断 L－F 格式是否为 TVD 格式。

根据以上结论,将 L－F 格式整理为

$$c_i^{n+1} = c_i^n - \left(\frac{1}{2} - \frac{r}{2} \right) (c_i^n - c_{i-1}^n) + \left(\frac{1}{2} - \frac{r}{2} \right) (c_{i+1}^n - c_i^n)$$

则 $p_{i-\frac{1}{2}} = \frac{1}{2} - \frac{r}{2}$,$q_{i-\frac{1}{2}} = \frac{1}{2} - \frac{r}{2}$,在稳定性条件 $r \leqslant 1$ 时,满足 $p_{i+\frac{1}{2}} \geqslant 0$,$q_{i+\frac{1}{2}} \geqslant$

0，$p_{i+\frac{1}{2}} + q_{i+\frac{1}{2}} \leqslant 1$，为 TVD 格式，不会引起假振。

同样，L－W 格式整理为

$$c_i^{n+1} = c_i^n - \frac{r}{2}(c_{i+1}^n - c_{i-1}^n) + \frac{r^2 \Delta x^2}{2} \frac{c_{i+1}^n - 2c_i^n + c_{i-1}^n}{\Delta x^2}$$

$$c_i^{n+1} = c_i^n - \left(\frac{r^2}{2} - \frac{r}{2}\right)(c_i^n - c_{i-1}^n) + \left(\frac{r^2}{2} - \frac{r}{2}\right)(c_{i+1}^n - c_i^n)$$

则 $p_{i-\frac{1}{2}} = \frac{r^2}{2} - \frac{r}{2}$，$q_{i-\frac{1}{2}} = \frac{r^2}{2} - \frac{r}{2}$，在稳定性条件 $r \leqslant 1$ 时，不满足 $p_{i+\frac{1}{2}} \geqslant 0$，$q_{i+\frac{1}{2}} \geqslant 0$，非 TVD 格式，在数值求解中可能引起假振。

3.3.2　二阶 TVD 差分格式的构造方法

在前节格式中，从计算求解的角度看，蛙跳格式为三层时间格式，需要提供相协调的两个时间层数据作为初始场，对实测资料的要求较高；后差格式需要联立方程组求解，计算量大；欧拉后差格式需要进行迭代计算；逆风格式、L－F 格式、L－W 格式都为二层显式格式计算，最为方便。但是，高阶精度格式在光滑区计算很好但是在间断区易出现振荡，而低阶格式在间断处无虚拟振荡但在光滑区精度较低。

我们的问题是能否构造一种集合二者优点的数值格式，即在强间断位置可以有效抑制数值振荡，精度可以降为一阶，在非强间断位置达到二阶精度。为此，将前述二层时间显格式，即逆风格式、L－F 格式、欧拉后差格式、L－W 格式分别改写为如下形式：

$$c_i^{n+1} = c_i^n - \frac{r}{2}(c_{i+1}^n - c_{i-1}^n) + \frac{\Delta x^2}{2} \frac{c_{i+1}^n - 2c_i^n + c_{i-1}^n}{\Delta x^2} \quad (\text{L－F 格式})$$

$$c_i^{n+1} = c_i^n - \frac{r}{2}(c_{i+1}^n - c_{i-1}^n) + \frac{r \Delta x^2}{2} \frac{c_{i+1}^n - 2c_i^n + c_{i-1}^n}{\Delta x^2} \quad (\text{逆风格式})$$

$$c_i^{n+1} = c_i^n - \frac{r}{2}(c_{i+1}^n - c_{i-1}^n) + r^2 \Delta x^2 \frac{c_{i+2}^n - 2c_i^n + c_{i-2}^n}{4\Delta x^2} \quad (\text{欧拉后差格式})$$

$$c_i^{n+1} = c_i^n - \frac{r}{2}(c_{i+1}^n - c_{i-1}^n) + \frac{r^2 \Delta x^2}{2} \frac{c_{i+1}^n - 2c_i^n + c_{i-1}^n}{\Delta x^2} \quad (\text{L－W 格式})$$

不难看出，以上格式右端可以分为两部分：一部分为各格式均含有的空间中心差分，重在模拟对流过程；另一部分为大小不同的扩散项，使浓度分布趋于平均化，发挥了抑制虚拟数值振荡提高格式稳定性的作用。扩散项越大，数值平滑作用越强，格式处理强间断的能力越强，但同时精度随之降低；扩散项越小，格式精度提高，但是在强间断处易出现虚拟数值振荡。这提示我们能够根据间断的强弱选择大小不同的扩散项，在强间断的位置采用一阶精度的强扩散格式，在弱间断区域采用高精度的弱扩散格式，这即是 TVD 格式构造的基本思路。

我们以逆风格式和 L－W 格式为基础说明二阶 TVD 格式的构建方法。以速度 $u \geqslant 0$ 为例，首先将二者分别转化为通量形式 $\left(\lambda = \dfrac{\Delta t}{\Delta x}\right)$：

$$c_i^{n+1} = c_i^n - \lambda(uc_i^n - uc_{i-1}^n) = c_i^n - \lambda(fl_{i+\frac{1}{2}}^n - fl_{i-\frac{1}{2}}^n) \tag{3.3.5}$$

$$c_i^{n+1} = c_i^n - \lambda(fh_{i+\frac{1}{2}}^n - fh_{i-\frac{1}{2}}^n) \tag{3.3.6}$$

其中，$fh_{i+\frac{1}{2}}^n$ 表示高阶格式 n 时刻第 i 单元和第 $i+1$ 单元之间界面单位面积的通量，$fl_{i+\frac{1}{2}}^n$ 表示低阶格式 n 时刻第 i 单元和第 $i+1$ 单元之间界面单位面积的通量。

$$fl_{i+\frac{1}{2}}^n = uc_i^n ; fh_{i+\frac{1}{2}}^n = uc_i^n + \frac{1}{2}u(1-\lambda u)(c_{i+1}^n - c_i^n)$$

可以看出，对于 L－W 格式的通量可以认为第一项为逆风格式的通量，第二项为 L－W 格式校正，使逆风格式的虚拟扩散减小，因此第二项也称为反扩散通量。

引入通量限制因子 $\varphi_{i+\frac{1}{2}}^n$，令

$$f_{i+\frac{1}{2}}^n = uc_i^n + \varphi_{i+\frac{1}{2}}^n \frac{1}{2}u(1-\lambda u)(c_{i+1}^n - c_i^n) \tag{3.3.7}$$

可得差分格式：

$$c_i^{n+1} = c_i^n - \lambda(f_{i+\frac{1}{2}}^n - f_{i-\frac{1}{2}}^n) \tag{3.3.8}$$

我们可以通过设置通量限制因子改善格式性能，使之具有 TVD 特性。在光滑区可以令 $\varphi_{i+\frac{1}{2}}^n \to 1$，增加反扩散通量以抵消逆风格式的虚拟扩散，此时接近 L－W 格式，提高计算精度；在间断区，可以令 $\varphi_{i+\frac{1}{2}}^n \to 0$，以保持足够的虚拟扩散，此时接近逆风格式，提高计算稳定性。基于该原则，我们引入 $\theta_{i+\frac{1}{2}}^n = \dfrac{c_{i+1}^n - c_i^n}{c_i^n - c_{i-1}^n}$ 来衡量离散函数的光滑度，则通量限制因子 $\varphi_{i+\frac{1}{2}}^n$ 可以定义为关于 $\theta_{i+\frac{1}{2}}^n$ 的函数。以下列出能够使差分格式保持 TVD 特性的若干种应用较为广泛的给定方式。

1）二阶精度逆风格式通量限制因子（SOU）：

$$\varphi_{i+\frac{1}{2}}^n = \theta_{i+\frac{1}{2}}^n \tag{3.3.9}$$

2）FROMM 通量限制因子：

$$\varphi_{i+\frac{1}{2}}^n = \frac{1}{2}(1 + \theta_{i+\frac{1}{2}}^n) \tag{3.3.10}$$

3）SUPERBEE 通量限制因子：

$$\varphi_{i+\frac{1}{2}}^n = \max[0, \min(1, 2\theta_{i+\frac{1}{2}}^n), \min(2, \theta_{i+\frac{1}{2}}^n)] \tag{3.3.11}$$

4）MINMOD 通量限制因子：

$$\varphi_{i+\frac{1}{2}}^n = \max[0, \min(1, \theta_{i+\frac{1}{2}}^n)] \tag{3.3.12}$$

5）OSHER 通量限制因子：

$$\varphi_{i+\frac{1}{2}}^n = \max[0, \min(2, \theta_{i+\frac{1}{2}}^n)] \tag{3.3.13}$$

6）MUSCLE 通量限制因子：

$$\varphi_{i+\frac{1}{2}}^n = \frac{\theta_{i+\frac{1}{2}}^n + |\theta_{i+\frac{1}{2}}^n|}{1 + \theta_{i+\frac{1}{2}}^n} \tag{3.3.14}$$

计算实践表明,SUPERBEE 限制因子的虚拟扩散作用最弱,MUSCLE 限制因子次之,MINMOD 限制因子最强。但是,SUPERBEE 限制因子在输移速度方面的误差最大,而 MINMOD 在输移速度方面的误差最小。

3.4 欧拉-拉格朗日(Euler-Lagrange)格式

对流过程是流体质点在随流移动过程中,将所含的浓度信息传递至下游所致。不难想象,如果我们能够得到质点的运动轨迹,就能够掌握相应浓度信息向下游的传播过程。

根据拉格朗日方法,我们知道质点的运动轨迹可以由下式得到:

$$\boldsymbol{r}(x,y,z) = \boldsymbol{r}_0(x_0,y_0,z_0) + \int_{t_0}^{t} \boldsymbol{u}(u,v,w)\,\mathrm{d}t \tag{3.4.1}$$

对于一维问题,上式可以简化为

$$x = x_0 + \int_{t_0}^{t} u\mathrm{d}t \tag{3.4.2}$$

上式微分得:

$$\frac{\mathrm{d}x}{\mathrm{d}t} = u \tag{3.4.3}$$

对流方程 $\frac{\partial c}{\partial t} + u\frac{\partial c}{\partial x} = 0$ 可以转化为

$$\frac{\partial c}{\partial t} + \frac{\mathrm{d}x}{\mathrm{d}t}\frac{\partial c}{\partial x} = 0 \Rightarrow \frac{\mathrm{d}c}{\mathrm{d}t} = 0 \tag{3.4.4}$$

该式的物理意义可以从三个方面理解:①在 $x = x_0 + \int_{t_0}^{t} u\mathrm{d}t$ 曲线上$\left(\text{或}\frac{\mathrm{d}x}{\mathrm{d}t} = u \text{ 时}\right)$,浓度不随时间变化;②在质点的运动轨迹上,物质浓度不发生变化;③同一质点不同时刻所包含的浓度信息不发生变化。

欧拉-拉格朗日格式正是根据对流过程中同一质点的运动轨迹上污染物浓度保持不变这一核心本质构造的。此处仍然采用3.1节中的例子进行分析。不妨假定流体质点的运动速度为恒定值 u ,任一单元 i 的中心点位置 $x_i = \left(i - \frac{1}{2}\right)\Delta x$ 。根据物理意义知,该点 $n+1$ 时刻的浓度值 c_i^{n+1} 应该等于该位置的质点在 n 时刻对应位置的浓度值(图3.2.1)。该质点在 n 时刻的位置为

$$x_p = x_i - u\Delta t \tag{3.4.5}$$

x_p 可能出现三种情况,我们分别予以讨论:

第一种情况:$x_p < x_1$ 。此时 $u > 0$,该点已经位于第1个单元中心点的上游。该点的值由上游边界条件确定,可以将其设定为上游污染物浓度值,并赋予 c_i^{n+1} ,即

$$c_i^{n+1} = c(x = x_p, t = t_n) = \text{set} \tag{3.4.6}$$

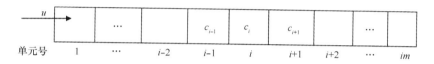

图 3.2.1　顺直河道示意

第二种情况：$x_p > x_{im}$。此时，$u < 0$，该点已经位于上游第 im 个单元中心点之外。同样，该点的浓度值由上游边界条件确定，可以将其设定为上游污染物浓度值，并赋予 c_i^{n+1}：

$$c_i^{n+1} = c(x = x_p, t = t_n) = \text{set} \tag{3.4.7}$$

第三种情况：$x_{ip} < x_p < x_{ip+1}$，该点位于 ip 单元和 $ip + 1$ 单元中心点之间，因此，我们可以采用线性插值的方法得到 x_p 点在 n 时刻的浓度值，并赋予 c_i^{n+1}：

$$c_i^{n+1} = c(x = x_p, t = t_n) = c_{ip}^n + \frac{x_p - x_{ip}}{\Delta x}(c_{ip+1}^n - c_{ip}^n) \tag{3.4.8}$$

当然，除了线性插值外，当 x_p 位于计算区域内时，我们还可以运用高阶插值方法，内插出 n 时刻 x_p 位置的浓度值，并赋予 c_i^{n+1}。如二次插值公式，利用 x_{ip}、x_{ip+1}、x_{ip+2} 的浓度值进行插值：

$$c_i^{n+1} = c(x = x_p, t = t_n) = c_{ip+1}^n + \frac{c_{ip+2}^n - c_{ip}^n}{2\Delta x}(x_p - x_{ip+1})$$
$$+ \frac{c_{ip+2}^n + c_{ip}^n - 2c_{ip+1}^n}{\Delta x^2} \frac{(x_p - x_{ip+1})^2}{2} \tag{3.4.9}$$

综合以上三种情况，可以利用初始值和边界条件，经过逐次迭代，得到其后时刻的浓度分布。

最后，我们讨论当式(3.4.5)中的 $0 < u\Delta t < \Delta x$ 时的特例，此时：

$$ip = i - 1$$
$$x_p - x_{ip} = (x_i - u\Delta t) - x_{i-1} = \Delta x - u\Delta t$$
$$x_p - x_{ip+1} = (x_i - u\Delta t) - x_i = -u\Delta t$$

式(3.4.8)转化为

$$c_i^{n+1} = c_{i-1}^n + \frac{\Delta x - u\Delta t}{\Delta x}(c_i^n - c_{i-1}^n) = c_i^n - \frac{u\Delta t}{\Delta x}(c_i^n - c_{i-1}^n) \tag{3.4.8a}$$

式(3.4.9)转化为

$$c_i^{n+1} = c_i^n + \frac{c_{i+1}^n - c_{i-1}^n}{2\Delta x}(-u\Delta t) + \frac{c_{i+1}^n + c_{i-1}^n - 2c_i^n}{\Delta x^2} \frac{(-u\Delta t)^2}{2} \tag{3.4.9a}$$

以上两式恰为逆风格式和 L－W 格式，因此逆风格式和 L－W 格式均可以认为是欧拉—拉格朗日格式在 $|u\Delta t| < \Delta x$ 情况下分别采用线性插值和二次插值的特例(请自行证明 $0 < -u\Delta t < \Delta x$ 也成立)。

欧拉—拉格朗日格式具有物理意义明确的优点,同时又是无条件稳定的。以下为欧拉－拉格朗日格式求解对流方程的程序实例,其中包含了线性插值和二次插值两种方法。应用案例仍和前节相同。不难看出,该方法不受时间步长的限制,为绝对稳定格式。同时,在采用二次插值时,其出现了和 L－W 格式类似的数值振荡,这是由于在污染前锋采用二次函数进行概化所引发的误差所致。

计算结果如图 3.4.2 所示。程序如下:

```
#        PARAMETER( IM = 100)
#        REAL C(IM),CN(IM),DT,DX,U,R,X(IM),XP
#        INTEGER I,J,IT,IP
#        DX = 100
#        DT = 250
#        U = 1.0
#        DO I = 1,IM
#        X(I) = DX * (I - 0.5)
#        ENDDO

#        DO I = 1,IM
#        C(I) = 0
#        ENDDO

#        DO 20 IT = 1,60
#          DO I = 1,IM
#            XP = X(I) - U * DT
#            IP = (XP + 0.5 * DX)/DX
#C        linear interpolation
#            IF( IP. GE. 1. AND. IP. LE. IM - 1)
#     $          CN(I) = C(IP) + (C(IP + 1) - C(IP)) * (XP - X(IP))/DX
#C        quadratic interpolation
#C            IF( IP. GE. 1. AND. IP. LE. IM - 2)
#C     $          CN(I) = C(IP + 1) + 0.5 * (C(IP + 2) - C(IP))/DX * (XP - X(IP + 1))
#C     $              + (C(IP + 2) + C(IP) - 2 * C(IP + 1))/DX * *2 * (XP - X(IP + 1)) * *2/2

#            IF( IP. LT. 1) CN(I) = 100
#          ENDDO

#          DO I = 1,IM
```

```
#              C(I) = CN(I)
#            ENDDO
#20       CONTINUE

#          OPEN(4,FILE = 'E - L. DAT')
#          DO I = 1,IM
#          WRITE(4, * ) C(I)
#          ENDDO
#          CLOSE(4)

#          END
```

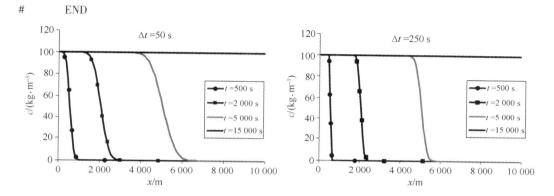

图 3.4.1　欧拉 – 拉格朗日格式线性插值不同时间步长下的计算结果

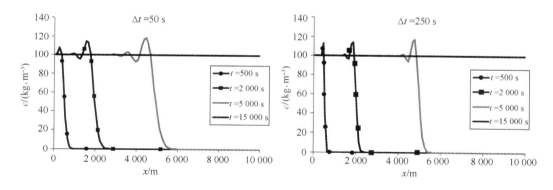

图 3.4.2　欧拉 – 拉格朗日格式二次插值不同时间步长下的计算结果

最后,我们采用拉格朗日观点重新审视一下前面所提到的显格式及其稳定性条件。前面提到的逆风格式、蛙跳格式、欧拉后差格式、L – F 格式在求解第 i 单元 $n + 1$ 时刻的浓度时,用到的皆为 n 时刻该单元及其两侧的一个单元或两个单元浓度值。从物理意义上而言,$n + 1$ 时刻第 i 单元中心点对应的质点在 n 时刻的位置介于所用到的单元中心点覆盖的区间才可以,即 n 时刻该质点的位置不能小于 $i-1$ 单元中心点的坐标且不大于 $i+1$ 单元中心点的坐标,相当于两个时刻之间质点的运动距离小于网格步长。以数学表达式表示,则为

$$|u\Delta t| \leqslant \Delta x \quad \text{或} \quad \frac{|u\Delta t|}{\Delta x} \leqslant 1 \tag{3.4.10}$$

该条件称为 Courant - Friedriches - Lewy(C. F. L) 条件,有时也称为柯朗条件(Courant condition)。其物理意义为,在一个时间步长内质点运动的距离小于等于单元的长度或空间步长。

定义柯朗数(Courant number) $c = \dfrac{u\Delta t}{\Delta x}$,C. F. L 条件也可以表示为 $|c| \leqslant 1$。

根据以上物理意义,不难理解柯朗条件会成为前面提到的各种显格式稳定的必要条件。

3.5 有限差分的频散和耗散效应

在上一章中,我们已经讨论了差分方程的精度、相容性、收敛性和稳定性等性质,在应用差分方程逼近微分方程方面掌握了基本的方法。由于差分方程无法完全准确地描述微分方程,二者之间总存在一定的差异性,且不同的差分格式对于微分方程的逼近程度也不相同,那么这些差异性究竟将使物理现象出现何种扭曲?这些都是数值模型研究和使用者关心的问题。

3.5.1 物理方程

我们前面所讲到的扩散方程和对流方程可以统一为如下形式的特例:

$$\frac{\partial c}{\partial t} = a_m \frac{\partial^m c}{\partial x^m} \tag{3.5.1}$$

其中: m 为正整数。当 $m = 1$ 时,为对流方程;当 $m = 2$ 时,为扩散方程。

如果我们将函数 $c(x,t)$ 分解为一系列波长和圆频率不同的正弦波,我们不妨将任一正弦波分量表示为 $Ae^{I(kx-\omega t)}$,其中 $I^2 = -1$,$k \geqslant 0$ 为实数,表示波数,即在 2π 长度内所含有的波长倍数;复数 $\omega = \omega_r + I\omega_i$ 为圆频率。因此,该分波也可以写为

$$c_l = Ae^{I(kx-\omega t)} = (Ae^{\omega_i t}) e^{I(kx-\omega_r t)} \tag{3.5.2}$$

当 $\omega_r \geqslant 0$ 时,该分波的传播方向为 x 正方向;当 $\omega_r \leqslant 0$ 时,该分波的传播方向为 x 负方向。ω_i 将对该谐波的振幅产生影响或者对波动能量产生影响,因此也称为耗散因子。当 $\omega_i < 0$ 时,波幅将随时间呈指数式衰减,这和自然中无外加机械能时波动能量不断衰减的现象一致,也称为正耗散;当 $\omega_i = 0$,波幅不变,为无耗散波;当 $\omega_i > 0$ 时,则波幅将随时间呈现指数式增长,也称为负耗散。

将式(3.5.2)代入式(3.5.1),可得到:

$$- I\omega c_l = a_m (Ik)^m c_l \qquad (3.5.3)$$

即 $\omega = a_m k^m I^{m+1}$

上式可以分为两种情况:

1) m 为奇数。

当 m 为奇数时, ω 必为实数,即 $\omega_i = 0$,此时为无耗散波,且

$$c_l = A\mathrm{e}^{I(kx-\omega t)} = A\mathrm{e}^{I(kx-\omega_r t)} = A\exp\left\{ I\left[k\left(x + \frac{\omega_r}{k}\Delta t \right) - \omega_r (t + \Delta t) \right] \right\}$$

可见,波动在 Δt 时段内传播 $\frac{\omega_r}{k}\Delta t$ 距离,因此,波速为

$$C = \frac{\omega_r}{k} = (- 1)^{\frac{m+1}{2}} a_m k^{m-1} \qquad (3.5.4)$$

当 $m = 1$ 时,若 $a_m > 0$,波速小于零,分波向负方向传播;若 $a_m < 0$,波速大于零,分波向正方向传播。由于此时波速与波长(或波数)无关系,即不同波长的波其传播速度相同。在物理上也将这种波速与波长无关的波称为无频散波,反之,则称为频散波。

当 $m = 3$ 时,若 $a_m > 0$,波速大于零,分波向正方向传播;若 $a_m < 0$,波速小于零,分波向负方向传播。此时为频散波,波速的绝对值和波数的平方成正比。

2) m 为偶数。

当 m 为偶数时, ω 必为虚数,即 $\omega_r = 0$,此时描述的仅为一种耗散运动。

$$\omega_i = a_m k^m (- 1)^{\frac{m}{2}} \qquad (3.5.5)$$

当 $m = 0$ 时,若 $a_m < 0$,则为正耗散;若 $a_m > 0$,则为负耗散,与物理现象不符。

当 $m = 2$ 时,若 $a_m < 0$,则为负耗散,与物理现象不符;若 $a_m > 0$,则为正耗散。

当 $m = 4$ 时,若 $a_m < 0$,则为正耗散;若 $a_m > 0$,则为负耗散,与物理现象不符。

表 3.5.1 为常见的几种类型。

表 3.5.1 式(3.5.1)的频散特性和耗散特性

	$m = 0$	$m = 1$	$m = 2$	$m = 3$	$m = 4$
$a_m < 0$	正耗散	正向波,无频散	负耗散	负向波,频散	正耗散
$a_m > 0$	负耗散	负向波,无频散	正耗散	正向波,频散	负耗散

采用更通俗的语言讲,式(3.5.1)在 m 为奇数时描述的是一种信息(或物理量)向上游或下游的传递过程;而在 m 为偶数时描述的是一种信息的不均匀性(波动)逐渐衰减或逐渐发展的过程。

3.5.2 差分方程的误差及对原物理方程的扭曲

我们知道,差分方程是偏微分方程的离散化表达式,在离散过程中会舍掉一些小项,因此,差分方程和微分方程之间总存在一定的误差。这些误差究竟意味着什么? 其导致

的物理效应和原方程相比会有何不同?

(1)扩散方程典型离散格式的特性分析

古典显格式:$\dfrac{c_i^{n+1} - c_i^n}{\Delta t} = k\dfrac{(c_{i+1}^n + c_{i-1}^n - 2c_i^n)}{\Delta x^2}$

利用泰勒公式,将物理量在$(x = x_i, t = t_n)$处展开,上式等价于:

$$\frac{\partial c}{\partial t} + \frac{1}{2}\frac{\partial^2 c}{\partial t^2}\Delta t + O(\Delta t) = k\frac{\partial^2 c}{\partial x^2} + \frac{1}{12}k\frac{\partial^4 c}{\partial x^4}\Delta x^2 + O(\Delta x^4)$$

利用原方程$\dfrac{\partial c}{\partial t} = k\dfrac{\partial^2 c}{\partial x^2}$,$\dfrac{\partial^2 c}{\partial t^2} = \dfrac{\partial}{\partial t}\left(k\dfrac{\partial^2 c}{\partial x^2}\right) = k\dfrac{\partial^2}{\partial x^2}\left(\dfrac{\partial c}{\partial t}\right) = k^2\dfrac{\partial^4 c}{\partial x^4}$,代入上式并忽略高阶项:

$$\frac{\partial c}{\partial t} = k\frac{\partial^2 c}{\partial x^2} + \left(\frac{1}{12}k\Delta x^2 - \frac{1}{2}k^2\Delta t\right)\frac{\partial^4 c}{\partial x^4} \tag{3.5.6}$$

可见当$\Delta t \to 0$且$\Delta x \to 0$时,上式逼近原方程。但是,在离散过程中由于Δt、Δx均为一定的小值,因此,差分方程对应的修正方程比原方程多出关于空间的4阶微分项。

当满足稳定性条件$k\dfrac{\Delta t}{\Delta x^2} \geq 1/6$时,4阶微分项前的系数为负值。该项相当于附加了一正耗散项,使物理量的分布比真实值更趋于均匀化;否则为负耗散。

当采用古典隐格式:$\dfrac{c_i^{n+1} - c_i^n}{\Delta t} = k\dfrac{(c_{i+1}^{n+1} + c_{i-1}^{n+1} - 2c_i^{n+1})}{\Delta x^2}$,利用泰勒公式,将物理量在$(x = x_i, t = t_{n+1})$处展开,舍掉高阶项后,差分方程对应的微分方程为

$$\frac{\partial c}{\partial t} = k\frac{\partial^2 c}{\partial x^2} + \left(\frac{1}{12}k\Delta x^2 + \frac{1}{2}k^2\Delta t\right)\frac{\partial^4 c}{\partial x^4} \tag{3.5.7}$$

因此,古典隐格式和原方程相比,增加负耗散作用,其描述的物理量分布不如真实值分布均匀。

(2)对流方程典型离散格式的特性分析

根据上节分析,对流方程描述的是一种既无耗散又无频散的物理过程。我们分析一下离散格式是否具备这些性质。

逆风格式:$\dfrac{c_i^{n+1} - c_i^n}{\Delta t} + u\dfrac{c_i^n - c_{i-1}^n}{\Delta x} = 0$ ($u > 0$)

利用泰勒公式,将物理量在$(x = x_i, t = t_n)$处展开,上式等价于:

$$\frac{\partial c}{\partial t} + \frac{1}{2}\frac{\partial^2 c}{\partial t^2}\Delta t + O(\Delta t^2) + u\frac{\partial c}{\partial x} - \frac{1}{2}u\frac{\partial^2 c}{\partial x^2}\Delta x + O(\Delta x^2) = 0$$

利用原方程$\dfrac{\partial c}{\partial t} = -u\dfrac{\partial c}{\partial x}$,$\dfrac{\partial^2 c}{\partial t^2} = \dfrac{\partial}{\partial t}\left(-u\dfrac{\partial c}{\partial x}\right) = -u\dfrac{\partial}{\partial x}\left(\dfrac{\partial c}{\partial t}\right) = u^2\dfrac{\partial^2 c}{\partial x^2}$,代入上式并忽略高阶项:

$$\frac{\partial c}{\partial t} + u\,\frac{\partial c}{\partial x} = \frac{1}{2}\left(u\Delta x - u^2\Delta t\right)\frac{\partial^2 c}{\partial x^2} \tag{3.5.8}$$

当满足稳定性条件 $u\Delta t < \Delta x$，上式右端的二阶空间导数系数为正值，因此该格式描述的物理过程将会出现正耗散，其中的波动将会越来越弱，这正是逆风格式使函数值间断区域趋于平滑的原因。

欧拉前差格式：$\dfrac{c_i^{n+1} - c_i^n}{\Delta t} + u\,\dfrac{c_{i+1}^n - c_{i-1}^n}{2\Delta x} = 0$

利用泰勒公式，将物理量在（$x = x_i, t = t_n$）处展开，上式等价于：

$$\frac{\partial c}{\partial t} + \frac{1}{2}\,\frac{\partial^2 c}{\partial t^2}\Delta t + O(\Delta t^2) + u\,\frac{\partial c}{\partial x} + \frac{1}{6}u\,\frac{\partial^3 c}{\partial x^3}\Delta x^2 + O(\Delta x^4) = 0$$

利用原方程 $\dfrac{\partial c}{\partial t} = -u\,\dfrac{\partial c}{\partial x}$，$\dfrac{\partial^2 c}{\partial t^2} = \dfrac{\partial}{\partial t}\left(-u\,\dfrac{\partial c}{\partial x}\right) = -u\,\dfrac{\partial}{\partial x}\left(\dfrac{\partial c}{\partial t}\right) = u^2\,\dfrac{\partial^2 c}{\partial x^2}$，代入上式并忽略高阶项：

$$\frac{\partial c}{\partial t} + u\,\frac{\partial c}{\partial x} = -\frac{1}{2}u^2\,\frac{\partial^2 c}{\partial x^2}\Delta t - \frac{1}{6}u\,\frac{\partial^3 c}{\partial x^3}\Delta x^2 \tag{3.5.9}$$

由于上式右端的二阶空间导数系数为负值，因此该格式描述的物理过程将会出现负耗散，其中的波动将会越来越剧烈，导致计算发散；另外，右端第二项为三阶空间导数，使方程附加向上游方向传播波动且具有频散特性。

蛙跳格式：$\dfrac{c_i^{n+1} - c_i^{n-1}}{\Delta t} + u\,\dfrac{c_{i+1}^n - c_{i-1}^n}{\Delta x} = 0$

利用泰勒公式，将物理量在（$x = x_i, t = t_n$）处展开，上式等价于：

$$\frac{\partial c}{\partial t} + \frac{1}{6}\,\frac{\partial^3 c}{\partial t^3}\Delta t^2 + O(\Delta t^3) + u\,\frac{\partial c}{\partial x} + u\,\frac{1}{6}\,\frac{\partial^3 c}{\partial x^3}\Delta x^2 + O(\Delta x^3) = 0$$

利用原方程 $\dfrac{\partial c}{\partial t} = -u\,\dfrac{\partial c}{\partial x}$，$\dfrac{\partial^3 c}{\partial t^3} = -u^3\,\dfrac{\partial^3 c}{\partial x^3}$，代入上式并忽略高阶项：

$$\frac{\partial c}{\partial t} + u\,\frac{\partial c}{\partial x} = \frac{1}{6}\left(u^3\Delta t^2 - u\Delta x^2\right)\frac{\partial^3 c}{\partial x^3} \tag{3.5.10}$$

上式右端出现了空间的三阶微分项，差分方程和原方程相比增加了频散效应，当然这是二阶小量。

L－W 格式：$c_i^{n+1} = c_i^n - \dfrac{r}{2}\left(c_{i+1}^n - c_{i-1}^n\right) + \dfrac{r^2}{2}\left(c_{i+1}^n + c_{i-1}^n - 2c_i^n\right)$

利用泰勒公式，将物理量在（$x = x_i, t = t_n$）处展开，上式等价于：

$$\frac{\partial c}{\partial t} + u\,\frac{\partial c}{\partial x} = \frac{1}{6}\left(u^3\Delta t^2 + u\Delta x^2\right)\frac{\partial^3 c}{\partial x^3} \tag{3.5.11}$$

上式右端出现了空间的三阶微分项，差分方程和原方程相比增加了频散效应，当然这是二阶小量。

我们再来研究隐格式的特性：$\dfrac{c_i^{n+1} - c_i^n}{\Delta t} + u\dfrac{c_{i+1}^{n+1} - c_{i-1}^{n+1}}{2\Delta x} = 0$

利用泰勒公式，将物理量在（ $x = x_i , t = t_n$ ）处展开，上式等价于：

$$\frac{\partial c}{\partial t} - \frac{1}{2}\frac{\partial^2 c}{\partial t^2}\Delta t + O(\Delta t^2) + u\frac{\partial c}{\partial x} + \frac{1}{6}u\frac{\partial^3 c}{\partial x^3}\Delta x^2 + O(\Delta x^4) = 0$$

利用原方程 $\dfrac{\partial c}{\partial t} = -u\dfrac{\partial c}{\partial x}$ ， $\dfrac{\partial^2 c}{\partial t^2} = \dfrac{\partial}{\partial t}\left(-u\dfrac{\partial c}{\partial x}\right) = -u\dfrac{\partial}{\partial x}\left(\dfrac{\partial c}{\partial t}\right) = u^2\dfrac{\partial^2 c}{\partial x^2}$ ，代入上式并忽略高阶项：

$$\frac{\partial c}{\partial t} + u\frac{\partial c}{\partial x} = \frac{1}{2}u^2\frac{\partial^2 c}{\partial x^2}\Delta t - \frac{1}{6}u\frac{\partial^3 c}{\partial x^3}\Delta x^2 \qquad (3.5.12)$$

和欧拉前差格式相比，频散性质相同，但是由于时间后差耗散在隐格式中为正耗散，因此增强了格式的稳定性。一般而言，隐格式形成正耗散，显格式导致负耗散，对流方程的隐格式比显格式稳定性好。

3.5.3　差分方程的频散关系和位相漂移

所谓频散关系是指物理量随时间的变化周期和随空间的变化周期之间的关系，或者说是波动周期和波长（或波数）之间的关系。3.5.2 节中已经给出结论，差分方程误差中的奇数阶空间微分会导致附加的频散效应。差分方程的频散关系和原方程相比，其定量关系式有何变化，物理量在其差分方程中的传播速度变快还是变慢，我们可以采用两种方法来进行研究。

（1）采用差分方程的修正方程分析频散关系

所谓差分方程的修正方程即根据差分方程中变量的泰勒展开式得到的比原方程增加了高阶小项的方程。例如：对于对流方程 $\dfrac{\partial c}{\partial t} + u\dfrac{\partial c}{\partial x} = 0$ ，令任意正弦波分量 $c_l = Ae^{I(kx-\omega t)}$ ，其频散关系为 $\omega = ku$ ，波速 $C_0 = \dfrac{\omega}{k} = u$ 。

1）为了研究蛙跳格式的频散关系，根据修正方程：

$$\frac{\partial c}{\partial t} + u\frac{\partial c}{\partial x} = \frac{1}{6}(u^3\Delta t^2 - u\Delta x^2)\frac{\partial^3 c}{\partial x^3} \qquad (3.5.13)$$

令任意正弦波分量 $c_l = Ae^{I(kx-\omega t)}$ ，其频散关系为

$$\omega = ku + \frac{1}{6}k^3(u^3\Delta t^2 - u\Delta x^2),$$

波速

$$C = \frac{\omega}{k} = u + \frac{1}{6}uk^2(u^2\Delta t^2 - \Delta x^2) = C_0\left[1 + \frac{1}{6}k^2(u^2\Delta t^2 - \Delta x^2)\right]$$

可见，在稳定性条件下波速将比原物理波速减小。当然，由于附加的频散效应为二阶小量，一般不会改变物理波的传播方向。

2）L - W 格式的频散关系。

修正方程：

$$\frac{\partial c}{\partial t} + u\frac{\partial c}{\partial x} = \frac{1}{6}(u^3\Delta t^2 + u\Delta x^2)\frac{\partial^3 c}{\partial x^3} \tag{3.5.11}$$

令任意正弦波分量 $c_l = A\mathrm{e}^{I(kx-\omega t)}$，其频散关系为

$$\omega = ku + \frac{1}{6}k^3(u^3\Delta t^2 + u\Delta x^2)$$

波速

$$C = \frac{\omega}{k} = u + \frac{1}{6}uk^2(u^2\Delta t^2 + \Delta x^2) = C_0\left[1 + \frac{1}{6}k^2(u^2\Delta t^2 + \Delta x^2)\right] \tag{3.5.14}$$

可见，在稳定性条件下波速将比原物理波速增加。

（2）采用傅里叶级数展开直接分析差分方程

1）首先，观察蛙跳格式：

$$\frac{c_i^{n+1} - c_i^{n-1}}{\Delta t} + u\frac{c_{i+1}^n - c_{i-1}^n}{\Delta x} = 0$$

将傅里叶级数展开式 $c_i^n = \sum A\mathrm{e}^{I(ki\Delta x - \omega n\Delta t)}$ 代入上式：

$$\mathrm{e}^{-I\omega\Delta t} - \mathrm{e}^{I\omega\Delta t} + r(\mathrm{e}^{Ik\Delta x} - \mathrm{e}^{-Ik\Delta x}) = 0$$

根据泰勒级数展开式：$\mathrm{e}^x = 1 + x + \frac{x^2}{2} + \cdots + \frac{x^n}{n!} + \cdots$，将上式展开，取至一阶小量，

$$-2I\omega_0\Delta t + 2rIk\Delta x = 0 \tag{3.5.15}$$

频散关系为 $\omega_0 = ku$，波速 $C_0 = \frac{\omega_0}{k} = u$。此时，和原方程的频散关系相同。

取至三阶小量，

$$-2\left[I\omega\Delta t + \frac{1}{6}(I\omega\Delta t)^3\right] + 2r\left[Ik\Delta x + \frac{1}{6}(Ik\Delta x)^3\right] = 0 \tag{3.5.16}$$

即

$$\omega - \frac{1}{6}\omega^3\Delta t^2 = u\left(k - \frac{1}{6}k^3\Delta x^2\right) \tag{3.5.17}$$

取 $\omega = \omega_0 + \Delta\omega_R + I\Delta\omega_I$，代入上式并忽略三阶小量，取实部得：

$$\omega_0 + \Delta\omega_R - \frac{1}{6}\omega_0^3\Delta t^2 = u\left(k - \frac{1}{6}k^3\Delta x^2\right) \tag{3.5.18a}$$

$$\omega_0 + \Delta\omega_R = \omega_0\left(1 - \frac{1}{6}k^2\Delta x^2 + \frac{1}{6}k^2u^2\Delta t^2\right) \tag{3.5.18b}$$

波速

$$C = \frac{\omega_0 + \Delta\omega_R}{k} = C_0\left[1 + \frac{1}{6}k^2(u^2\Delta t^2 - \Delta x^2)\right] \tag{3.5.19}$$

附加波速：

$$\Delta C = \frac{\omega_0 + \Delta\omega_R}{k} = \frac{1}{6}k^2(u^2\Delta t^2 - \Delta x^2)C_0 \tag{3.5.20}$$

这与采用差分方程的修正方程得到的频散关系相同，当满足稳定性条件时，波速将小于实际波速，且波长越小（波数越大），频散效应越明显。

2）其次，我们再来分析逆风格式：

$$\frac{c_i^{n+1} - c_i^n}{\Delta t} + u\frac{c_i^n - c_{i-1}^n}{\Delta x} = 0(u > 0)$$

将傅里叶级数展开式 $c_i^n = \sum Ae^{I(ki\Delta x - \omega n\Delta t)}$ 代入上式：

$$\frac{e^{-I\omega\Delta t} - 1}{\Delta t} = u\frac{e^{-Ik\Delta x} - 1}{\Delta x}$$

根据泰勒级数展开式：$e^x = 1 + x + \frac{x^2}{2} + \cdots + \frac{x^n}{n!} + \cdots$ 代入上式：

取至一阶小量，$-I\omega_0 = -Iuk$ 得到：$\omega_0 = uk$

取至二阶小量，$-I\omega - \frac{1}{2}\omega^2\Delta t = -Iuk - \frac{1}{2}uk^2\Delta x$

取 $\omega = \omega_0 + \omega_1$，$\omega_1 = \omega_{1R} + I\omega_{1I}$，代入上式，忽略二阶小量，

$$I\omega_1 + \frac{1}{2}\omega_0^2\Delta t = \frac{1}{2}uk^2\Delta x。$$

（a）取虚部得：$\omega_{1R} = 0$；

（b）取实部得：

$$\omega_{1I} = \frac{1}{2}\omega_0^2\Delta t - \frac{1}{2}uk^2\Delta x = \frac{1}{2}\omega_0(\omega_0\Delta t - k\Delta x)。$$

所以有：$\omega_{1I} = \frac{1}{2}(\omega_0^2\Delta t - \omega_0 k\Delta x)$。

（c）取至三阶小量，

$$I\omega + \frac{1}{2}\omega^2\Delta t - \frac{1}{6}I\omega^3\Delta t^2 = u\left(Ik + \frac{1}{2}k^2\Delta x - \frac{1}{6}Ik^3\Delta x^2\right)$$

取 $\omega = \omega_0 + \omega_1 + \omega_2 = \omega_0 + i\omega_{1I} + \omega_2$，代入上式

$$I\omega_2 + \omega_1\omega_0\Delta t - \frac{1}{6}I\omega_0^3\Delta t^2 = -\frac{1}{6}Iuk^3\Delta x^2$$

$$\omega_2 = -\frac{1}{3}\omega_0^3\Delta t^2 + \frac{1}{2}k\Delta x\omega_0^2\Delta t - \frac{1}{6}\omega_0 k^2\Delta x^2$$

$$\omega_2 = -\frac{1}{6}\omega_0 k^2(1 - r)(1 - 2r)\Delta x^2，（其中 r = u\Delta t/\Delta x）$$

附加的波速为

$$\Delta C = \omega_2/k = -\frac{1}{6}k^2(1-r)(1-2r)\Delta x C_0$$

当 $0 < r < 1/2$ 时,波速将比实际波速偏小;当 $1/2 < r < 1$ 时,波速将比实际波速偏大。由于频散为二阶小量效应,因此一般不会改变物理波的传播方向。从上式还可以看出,波长越小(波数越大),附加的频散效应越明显。

(3)差分方程导致的位相漂移

由于差分方程存在频散效应,其圆频率和真实的物理频率之间的误差将会导致位相发生变化。

物理波的位相:$\phi_0 = kx - \omega_0 t$

计算波的位相:$\phi = kx - \omega t$

位相漂移:$\Delta\phi = \phi - \phi_0 = -(\omega - \omega_0)t = -\Delta\omega t$

例如:对于逆风格式,位相漂移为 $\Delta\phi = \frac{1}{6}uk^3(1-r)(1-2r)\Delta x^2 t$,当 $r = 0.9$,波长为 $100\Delta x$,经过一个周期位相漂移量为 $\Delta\phi = -0.02°$;其他条件不变,波长为 $10\Delta x$ 时,经过一个周期位相漂移量为 $\Delta\phi = -2°$。

(4)差分方程耗散效应的定量分析

由 3.5.2 节中的分析知道,由于截断误差的存在,差分方程总存在一定的频散和耗散效应。虽然这些效应表现为高阶小量,但是当积分时间段较长时,其误差累积作用仍然需要我们重视。在 3.5.3 节中已经定量分析了频散效应,我们接下来对耗散效应进行定量分析。

1)采用差分方程的修正方程分析频散关系。

所谓差分方程的修正方程即根据差分方程中变量的泰勒展开式得到的比原方程增加了高阶小项的方程。例如:对于对流方程 $\frac{\partial c}{\partial t} + u\frac{\partial c}{\partial x} = 0$,将任意正弦波分量 $c_l = Ae^{I(kx-\omega t)}$ 代入,圆频率 $\omega_0 = ku$ 为实数,原始方程没有耗散效应。

逆风格式的耗散关系:

修正方程为

$$\frac{\partial c}{\partial t} + u\frac{\partial c}{\partial x} = \frac{1}{2}(u\Delta x - u^2\Delta t)\frac{\partial^2 c}{\partial x^2} \quad (u > 0)$$

将任意正弦波分量 $c_l = Ae^{I(kx-\omega t)}$ 代入上式得:

$$-I\omega + Iuk = -\frac{1}{2}k^2(u\Delta x - u^2\Delta t)$$

圆频率的虚部:$\omega_i = -\frac{1}{2}k^2u\Delta x(1-r) = -\frac{1}{2}k\omega_0\Delta x(1-r) \quad (r = u\Delta t/\Delta x)$

因此,振幅的变化为 $A = A_0 e^{\omega_i t} = A_0 e^{-\frac{1}{2}k\omega_0\Delta x(1-r)t}$

当 $r < 1$ 时,波幅将会随时间不断减小,例如:当 $r = 0.5$ 时,波长为 $1\,000\Delta x$,经过一个周期振幅的衰减比例为

$$\frac{A}{A_0} = e^{-\frac{1}{2}k\omega_0\Delta x(1-r)t} = e^{-\frac{1}{1\,000}\pi^2} = 0.99$$

即一个周期后,振幅减小约 1%,只要计算时间段不是特别长,这个结果就是可以接受的。

其他条件不变,当波长为 $10\Delta x$,经过一个周期振幅的衰减比例为

$$\frac{A}{A_0} = e^{-\frac{1}{2}k\omega_0\Delta x(1-r)t} = e^{-\frac{1}{10}\pi^2} = 0.373$$

即一个周期后,振幅减小至初始值的 37.3%,振幅的衰减效应相当明显,这对于抑制短波的发展非常有效,当然也会丢失较短的物理波的信息。

2)采用傅里叶级数展开直接分析差分方程。

首先,观察后差格式:

$$\frac{c_i^n - c_i^{n-1}}{\Delta t} + u\frac{c_{i+1}^n - c_{i-1}^n}{2\Delta x} = 0$$

将傅里叶级数展开式 $c_i^n = \sum Ae^{I(ki\Delta x - \omega n\Delta t)}$ 代入上式:

$$1 - e^{I\omega\Delta t} + \frac{1}{2}r(e^{Ik\Delta x} - e^{-Ik\Delta x}) = 0$$

根据泰勒级数展开式:

$$e^x = 1 + x + \frac{x^2}{2} + \cdots + \frac{x^n}{n!} + \cdots$$

代入上式,取至一阶小量,$-I\omega_0\Delta t + Irk\Delta x = 0$

解得:$\omega_0 = ku$,无耗散,与原始方程一致。

取至二阶小量,$-I\omega_1 + \frac{1}{2}\omega_0^2\Delta t = 0$

得:$\omega_1 = -\frac{1}{2}I\omega_0^2\Delta t$,其虚部为 $\omega_{1I} = -\frac{1}{2}\omega_0^2\Delta t$。

因此,振幅的变化为 $A = A_0e^{\omega_I t} = A_0e^{-\frac{1}{2}\omega_0^2 t\Delta t}$

波幅将会随时间不断减小,当波周期为 $1\,000\Delta t$,经过一个周期振幅的衰减比例为

$$\frac{A}{A_0} = e^{-\frac{1}{2}\omega_0^2 t\Delta t} = e^{-\frac{\pi^2}{500}} = 0.98$$

即一个周期后,振幅减小约 2%,只要计算时间段不是特别长,这个结果就是可以接受的。

其他条件不变,当波周期为 $10\Delta t$,经过一个周期振幅的衰减比例为

$$\frac{A}{A_0} = e^{-\frac{1}{2}\omega_0^2 t\Delta t} = e^{-\frac{\pi^2}{5}} = 0.14$$

即一个周期后,振幅减小至初始值的 14%,振幅的衰减效应相当明显,这对于抑制高频波的发展非常有效,当然也会丢失高频物理波的信息。

本章最后对显格式和隐格式的特点进行总结分析。

对计算量而言,显格式的最大特点是每一个待求未知数可以利用上一个时刻的函数值直接求解得到,计算量小,程序编制简单且调试方便;隐格式的特点是每一个单元的待求函数值和其他单元的待求函数值相关,所有单元的待求函数值必须通过联立方程整体求解,计算量远较显格式大,当线性方程组带宽较大时尤其明显,程序编制较为复杂,调试困难。

从计算稳定性而言,隐格式的最大优点就是计算稳定性好,如扩散方程的古典隐格式和对流方程的时间后差空间中心差格式都是无条件稳定的;而显格式的稳定性较隐格式差,受到稳定性条件的约束,当计算时段非常长时,需要迭代的步数较多。

从物理信息传播的角度而言,隐格式由于未知数在整个区域内联立求解的特性,会产生一个无限大的信息传播速度;而在显格式中,物理信息只传播到差分格式所涉及的周围若干单元内,如迎风格式,一个时间步长内的信息传播距离仅为空间步长 Δx。对于对流方程,其描述的物理现象为以有限速度 u 传播物理信息,因此显格式比隐格式更能体现物理方程的本质;对于扩散方程,其未知数的空间分布特性是整体相关的,隐格式更为合适。因此,如果正确地模拟含有对流扩散两种物理过程的物理现象(如下章所涉及的对流 – 扩散方程),可以考虑对流过程采用显格式求解而扩散过程采用隐格式求解。

第4章　一维水流水质模型

4.1　一维水流水质模型

　　污染物进入水域中,环境水体的流动特性就成为污染物运动的重要影响因素,确定水体的流动特性是准确模拟污染物时空分布特性的前提条件。为了描述水体的运动规律,首先介绍水力学中一些常用术语。

　　深度基准面:为了测量水域中某点垂向位置所设定的基准面,一般为水平面,但海洋上的理论深度基准面或海图基面一般为非水平面。

　　静水深:水域中某空间点自深度基准面至河床、海床或其他固体底部的铅垂距离,记为 h 。当深度基准面较低时,静水深可能出现负值。当不考虑泥沙冲淤等因素导致的底部变化时, h 将不随时间变化,其反映的是底部地形。

　　水体自由表面:水体和大气相接触的界面,一般随时间处于不断变化中。

　　水位:以深度基准面为零点,水体自由表面的高度,记为 η ,其值可正可负。

　　全水深:水体自由表面到底部固体壁面之间的铅垂距离,记为 D 。根据以上概念,易知全水深 $D = h + \eta$,且始终为正值。

　　河流过水断面:河流中垂直于流动方向的河流横断面。由于流动不一定在水平面上,过水断面也不一定是铅垂面,通常和铅垂线成一较小的夹角。为了计算简单,在工程中计算过水断面面积时,常也将其取作河流的铅垂横断面面积(图4.1.1)。

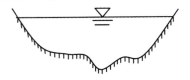

图 4.1.1　河道断面示意

　　湿周:过水断面上,水流与固体壁面相接触的长度,记为 χ 。

　　水力半径:过水断面面积和湿周之比,记为 r_H ,满足关系式 $r_H = \dfrac{A}{\chi}$ 。

　　考虑一矩形断面宽度为常数 B 的顺直河道,为了研究方便我们可以在纵向将其划分为若干单元,每一单元的长度为 Δx ,并从左侧对其进行编号,1,2,3,$\cdots$,IM。在第 i 单元中心处的所有变量均以下标 i 表示其位置,在 i 单元和 $i+1$ 单元交界面处的所有变量均以下标 $i+\dfrac{1}{2}$ 表示其位置(图 4.1.2)。

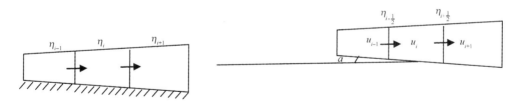

图 4.1.2　河道控制单元示意

(图中 u 表示水流速度)

我们以第 i 单元为例分析其内水体质量变化,在第 n 时刻其质量为 $\rho\Delta x D_i^n B$,在第 n 时刻至第 $n+1$ 时刻从左侧界面流入第 i 单元的质量可以近似表示为 $\rho B u_{i-\frac{1}{2}}^n D_{i-\frac{1}{2}}^n \Delta t$,同理从右侧界面流出的质量可以近似为 $\rho B u_{i+\frac{1}{2}}^n D_{i+\frac{1}{2}}^n \Delta t$ 。在第 $n+1$ 时刻第 i 单元质量变为 $\rho\Delta x D_i^{n+1} B$ 。根据质量守恒关系可以得到:

$$\rho\Delta x D_i^{n+1} B - \rho\Delta x D_i^n B = \rho B u_{i-\frac{1}{2}}^n D_{i-\frac{1}{2}}^n \Delta t - \rho B u_{i+\frac{1}{2}}^n D_{i+\frac{1}{2}}^n \Delta t \tag{4.1.1a}$$

两侧同除以 $\rho\Delta x B\Delta t$:

$$\frac{D_i^{n+1} - D_i^n}{\Delta t} = \frac{u_{i-\frac{1}{2}}^n D_{i-\frac{1}{2}}^n - u_{i+\frac{1}{2}}^n D_{i+\frac{1}{2}}^n}{\Delta x} \tag{4.1.1b}$$

当 $\Delta t \to 0$ 、$\Delta x \to 0$ 时,上式转化为

$$\frac{\partial D}{\partial t} + \frac{\partial u D}{\partial x} = 0 \tag{4.1.2a}$$

当不考虑底部地形随时间的变化时 $\left(\dfrac{\partial h}{\partial t} = 0\right)$,上式等价于:

$$\frac{\partial \eta}{\partial t} + \frac{\partial u D}{\partial x} = 0 \tag{4.1.2b}$$

上式的物理意义为流体微元内体积的变化等于流体流入和流出微元的体积之差,因此也称之为(体积)连续方程。连续方程包含水平速度和水位两个未知量,尚需增加一个方程才能得到水流运动的解。该方程由动量方程得到,影响单元内水体动量变化的因素主要分为两部分:一部分为流入流出该单元的水体由于携带一定动量而引起的单元内动量变化;另一部分为水平外力作用引起的动量变化。

第 n 时刻第 i 单元动量为 $\rho\Delta x D_i^n B u_i^n$,第 $n+1$ 时刻第 i 单元动量变为 $\rho\Delta x D_i^{n+1} B u_i^{n+1}$ 。在第 n 时刻至第 $n+1$ 时刻从左侧界面流入第 i 单元的动量可以近似表示为 $\rho B u_{i-\frac{1}{2}}^n D_{i-\frac{1}{2}}^n u_{i-\frac{1}{2}}^n \Delta t$,同理从右侧界面流出的动量可以近似表示为 $\rho B u_{i+\frac{1}{2}}^n D_{i+\frac{1}{2}}^n u_{i+\frac{1}{2}}^n \Delta t$ 。

假定流体内部的压强等于静水压强,则第 i 单元左侧界面由于水体压强产生的压力

为 $\frac{1}{2}B\left(\rho g D_{i-\frac{1}{2}}^{n}\right)^2$，右侧界面由于水体压强产生的压力为 $-\frac{1}{2}B\left(\rho g D_{i+\frac{1}{2}}^{n}\right)^2$。

底部固壁会对其上的水体产生一个支撑力，该力在水平方向的作用力分量为

$$Gtan\ \alpha = \rho D_i^n B \Delta x g \frac{h_{i+\frac{1}{2}} - h_{i-\frac{1}{2}}}{\Delta x} = \rho D_i^n B g \left(h_{i+\frac{1}{2}} - h_{i-\frac{1}{2}}\right)$$

流体流动过程中由于流体侧面和固壁、大气相接触，会受到摩擦力作用（图4.1.3）。如果考虑风的影响，假定单位接触面积的大气对水体运动产生的推动力为 τ_a，第 i 单元受到的力为 $\tau_a B \Delta x$（B 为水面宽度）；假定单位接触面积的固壁产生的摩擦力为 τ_b，第 i 单元受到的固壁摩擦力为 $-\tau_b \chi \Delta x$。

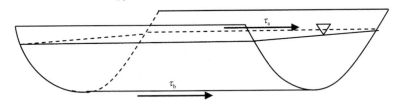

图4.1.3　河道水体所受表面和底部应力示意

水体在运动过程中受到周围水体的作用，第 i 单元的水体在右侧界面会受到第 $i+1$ 单元水体的作用力，该作用力与速度梯度和界面面积成正比：

$$D_{i+\frac{1}{2}}^n \rho A_M \left(\frac{\partial u}{\partial x}\right)_{i+\frac{1}{2}}^n B$$

其中，A_M 为涡黏系数。该作用力可以认为由两部分组成：一部分为水体内部的黏滞力；另一部分为质点掺混碰撞引起的动量交换导致动量趋于均匀化，我们类比摩擦力导致作用对象动量均匀化，质点掺混导致的动量均匀化也相当于一种力的作用，这种力在流体力学上称为雷诺应力。同样道理，第 i 单元的水体在左侧界面会受到第 $i-1$ 单元水体的作用力，其大小为

$$-D_{i-\frac{1}{2}}^n \rho A_M \left(\frac{\partial u}{\partial x}\right)_{i-\frac{1}{2}}^n B$$

单元 i 受到的合外力为

$$\frac{1}{2}B(\rho g D_{i-\frac{1}{2}}^n)^2 - \frac{1}{2}B(\rho g D_{i+\frac{1}{2}}^n)^2 + \rho D_i^n B g (h_{i+\frac{1}{2}} - h_{i-\frac{1}{2}}) + \tau_a B \Delta x - \tau_b \chi \Delta x$$

$$+ D_{i+\frac{1}{2}}^n \rho A_M \left(\frac{\partial u}{\partial x}\right)_{i+\frac{1}{2}}^n B - D_{i-\frac{1}{2}}^n \rho A_M \left(\frac{\partial u}{\partial x}\right)_{i-\frac{1}{2}}^n B = -\rho g B (\eta_{i+\frac{1}{2}} - \eta_{i-\frac{1}{2}}) D_i^n$$

$$+ \tau_a B \Delta x - \tau_b \chi \Delta x + D_{i+\frac{1}{2}}^n \rho A_M \left(\frac{\partial u}{\partial x}\right)_{i+\frac{1}{2}}^n B - D_{i-\frac{1}{2}}^n \rho A_M \left(\frac{\partial u}{\partial x}\right)_{i-\frac{1}{2}}^n B$$

根据动量守恒原理有：

$$\rho \Delta x D_i^{n+1} B u_i^{n+1} - \rho \Delta x D_i^n B u_i^n$$

$$= \rho B u_{i-\frac{1}{2}}^n D_{i-\frac{1}{2}}^n u_{i-\frac{1}{2}}^n \Delta t - \rho B u_{i+\frac{1}{2}}^n D_{i+\frac{1}{2}}^n u_{i+\frac{1}{2}}^n \Delta t - \rho g B (\eta_{i+\frac{1}{2}} - \eta_{i-\frac{1}{2}}) D_i^n \Delta t + \tau_a B \Delta x \Delta t$$

$$- \tau_b \chi \Delta x \Delta t + \rho D_{i+\frac{1}{2}}^n A_M \left(\frac{\partial u}{\partial x}\right)_{i+\frac{1}{2}}^n B \Delta t - \rho D_{i-\frac{1}{2}}^n A_M \left(\frac{\partial u}{\partial x}\right)_{i-\frac{1}{2}}^n B \Delta t$$

上式两侧同除以 $\rho \Delta x B \Delta t$,

$$\frac{D_i^{n+1} u_i^{n+1} - D_i^n u_i^n}{\Delta t} + \frac{D_{i+\frac{1}{2}}^n (u_{i+\frac{1}{2}}^n)^2 - D_{i-\frac{1}{2}}^n (u_{i-\frac{1}{2}}^n)^2}{\Delta x}$$

$$= -\frac{g(\eta_{i+\frac{1}{2}} - \eta_{i-\frac{1}{2}}) D_i^n}{\Delta x} + \frac{\tau_a}{\rho} - \frac{\tau_b \chi}{\rho B} + \frac{D_{i+\frac{1}{2}}^n A_M \left(\frac{\partial u}{\partial x}\right)_{i+\frac{1}{2}}^n - D_{i-\frac{1}{2}}^n A_M \left(\frac{\partial u}{\partial x}\right)_{i-\frac{1}{2}}^n}{\Delta x} \tag{4.1.3a}$$

当 $\Delta t \to 0$ 、$\Delta x \to 0$ 时,上式转化为

$$\frac{\partial Du}{\partial t} + \frac{\partial Du^2}{\partial x} = -gD\frac{\partial \eta}{\partial x} + \frac{\tau_a}{\rho} - \frac{\tau_b \chi}{\rho B} + \frac{\partial}{\partial x}\left(DA_M \frac{\partial u}{\partial x}\right) \tag{4.1.3b}$$

对于宽深河道($B >> H$), $\frac{\chi}{B} \approx 1$,上式进一步转化为

$$\frac{\partial Du}{\partial t} + \frac{\partial Du^2}{\partial x} = -gD\frac{\partial \eta}{\partial x} + \frac{\tau_a - \tau_b}{\rho} + \frac{\partial}{\partial x}\left(DA_M \frac{\partial u}{\partial x}\right) \tag{4.1.3c}$$

利用连续方程,上式还可以转化为

$$\frac{\partial u}{\partial t} + u\frac{\partial u}{\partial x} = -g\frac{\partial \eta}{\partial x} + \frac{\tau_a - \tau_b}{\rho D} + \frac{1}{D}\frac{\partial}{\partial x}\left(DA_M \frac{\partial u}{\partial x}\right) \tag{4.1.4}$$

该方程称为动量方程。

根据连续方程和动量方程,就可以求解得到一维水流的运动特性,即水位(水深)和断面平均流速的时空分布。

接下来,我们推导污染物在河流中迁移变化的方程。

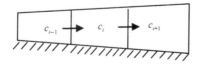

图 4.1.4　河道内污染物输移控制单元示意

以第 i 单元为例分析污染物质量变化,在第 n 时刻其质量为 $c_i^n \Delta x D_i^n B$,在第 $n+1$ 时刻第 i 单元质量变为 $c_i^{n+1} \Delta x D_i^{n+1} B$,如图 4.1.4 所示。在第 n 时刻至第 $n+1$ 时刻引起单元内污染物质量变化的因素主要有以下若干项:

1)迁移作用。从左侧界面流入第 i 单元的质量可以近似为 $c_{i-\frac{1}{2}}^n B u_{i-\frac{1}{2}}^n D_{i-\frac{1}{2}}^n \Delta t$,同理从右侧界面流出的质量可以近似为 $c_{i+\frac{1}{2}}^n B u_{i+\frac{1}{2}}^n D_{i+\frac{1}{2}}^n \Delta t$ 。

2)扩散作用。从左侧界面流入第 i 单元的质量可以近似为 $-BD_{i-\frac{1}{2}}^n A_H \left(\frac{\partial c}{\partial x}\right)_{i-\frac{1}{2}}^n \Delta t$,同

理从右侧界面流出的质量可以近似为 $- BD^n_{i+\frac{1}{2}}A_\text{H}\left(\dfrac{\partial c}{\partial x}\right)^n_{i+\frac{1}{2}}\Delta t$，其中 A_H 为水平扩散系数。

3）源（汇）项。假定单位时间单位体积的污染物增加量为 S（正值时为源，负值时为汇）。单元内源（汇）导致的污染物质量变化为 $S^n_i \Delta x D^n_i B \Delta t$。

综合以上各项，根据质量守恒关系可以得到：

$$c^{n+1}_i \Delta x D^{n+1}_i B - c^n_i \Delta x D^n_i B = c^n_{i-\frac{1}{2}}B u^n_{i-\frac{1}{2}}D^n_{i-\frac{1}{2}}\Delta t - c^n_{i+\frac{1}{2}}B u^n_{i+\frac{1}{2}}D^n_{i+\frac{1}{2}}\Delta t$$

$$- BD^n_{i-\frac{1}{2}}\left(\frac{\partial c}{\partial x}\right)^n_{i-\frac{1}{2}}A_\text{H}\Delta t + BD^n_{i+\frac{1}{2}}\left(\frac{\partial c}{\partial x}\right)^n_{i+\frac{1}{2}}A_\text{H}\Delta t + S^n_i \Delta x D^n_i B \Delta t$$

两侧同时除以 $\Delta x B \Delta t$：

$$\frac{c^{n+1}_i D^{n+1}_i - c^n_i D^n_i}{\Delta t} = \frac{c^n_{i-\frac{1}{2}}u^n_{i-\frac{1}{2}}D^n_{i-\frac{1}{2}} - c^n_{i+\frac{1}{2}}u^n_{i+\frac{1}{2}}D^n_{i+\frac{1}{2}}}{\Delta x} + \frac{D^n_{i+\frac{1}{2}}A_\text{H}\left(\frac{\partial c}{\partial x}\right)^n_{i+\frac{1}{2}} - D^n_{i-\frac{1}{2}}A_\text{H}\left(\frac{\partial c}{\partial x}\right)^n_{i-\frac{1}{2}}}{\Delta x} + D^n_i S^n_i$$

当 $\Delta t \to 0$、$\Delta x \to 0$ 时，上式转化为

$$\frac{\partial cD}{\partial t} + \frac{\partial cuD}{\partial x} = \frac{\partial}{\partial x}\left(DA_\text{H}\frac{\partial c}{\partial x}\right) + DS \tag{4.1.5}$$

利用水体连续方程，上式也可以转化为

$$\frac{\partial c}{\partial t} + u\frac{\partial c}{\partial x} = \frac{1}{D}\frac{\partial}{\partial x}\left(DA_\text{H}\frac{\partial c}{\partial x}\right) + S \tag{4.1.6}$$

左端第一项为浓度的局地变化率，第二项为水体流动引起的浓度变化；右端第一项为扩散项，第二项为源（汇）项。源（汇）项包含了使物质生成和消减的各种过程，如化学反应导致的生成或降解、物理挥发或沉淀、生物降解或生成。对于符合一级反应动力学的物质而言，$S = - Kc$，其中 K 为一级反应动力学参数，代入上式得到：

$$\frac{\partial c}{\partial t} + u\frac{\partial c}{\partial x} = \frac{1}{D}\frac{\partial}{\partial x}\left(DA_\text{H}\frac{\partial c}{\partial x}\right) - Kc \tag{4.1.6a}$$

将水流运动方程得到的水位（水深）和流速代入上式，就可以实现浓度场的一维分布求解。

4.2　一维水流方程的物理意义及定解条件

4.2.1　水流方程的物理意义

对于浓度方程中各项的物理意义在前面章节已经给予了详细的说明，而对于水流运动方程则论述较少，本节对每一项的作用进行简单的说明。

$$\frac{\partial \eta}{\partial t} + \frac{\partial uD}{\partial x} = 0\left(\text{或}\frac{\partial D}{\partial t} + \frac{\partial uD}{\partial x} = 0\right) \tag{4.1.2}$$

$$\frac{\partial u}{\partial t} + u\frac{\partial u}{\partial x} = - g\frac{\partial \eta}{\partial x} + \frac{\tau_\text{a} - \tau_\text{b}}{\rho D} + \frac{1}{D}\frac{\partial}{\partial x}\left(DA_\text{M}\frac{\partial u}{\partial x}\right) \tag{4.1.4}$$

首先看连续方程式(4.1.2),如果将变量 D 替换为浓度 c,连续方程将化为污染物对流方程,类比可知,其物理意义为描述单位面积过水断面的水体体积对流输运的过程。同时,由于水体为均质流体,因此方程中不存在扩散项。

对于动量方程式(4.1.4),物理意义可以从两方面理解,一方面可以理解为力的平衡。每一项都可以看作单位质量流体受到的力。左边第一项为局地(即位置不变)惯性力,第二项为迁移惯性力;右边第一项为水位差导致的表面压强梯度力,第二项为固液(底部)、气液(自由表面)界面的摩擦力,第三项为雷诺应力和黏滞力的合力。

另一方面可以从动量角度理解,左边第一项为单位质量水体动量的局地随时间的变化,第二项为水平流动导致的动量变化,u 为动量输运速度;右边可以认为是动量的源(汇)项,动量的产生和消失来源于力,第一项为压强梯度力,第二项为表面和底部受到的摩擦力,第三项为水体之间的雷诺应力和黏滞力合力。

我们从更深的层次来理解动量方程的意义,左边第二项表示的对流作用,和前面章节一样,该项的作用是使物理信息即动量以速度 u 向下游传播;右边第一、二项为源(汇)项,将会导致区域内的物理信息即动量增加或减少,最后一项二阶空间导数项表示为动量扩散过程,该过程会使动量在空间分布更加均匀。

4.2.2　动量方程中各项对水流的作用

我们将动量方程进行分解,理解每一项的作用。

(1)平流项的作用

我们只考虑对流项,则动量方程简化为

$$\frac{\partial u}{\partial t} + u\frac{\partial u}{\partial x} = 0 \tag{4.2.1}$$

根据对流方程的物理意义,我们知道空间微分 $\frac{\partial u}{\partial x}$ 前的 u 表示物理量的传播速度。在污染物对流方程的讨论中,我们一直假定其传播速度为一恒定量。现在比较一下,当该传播速度为变量 u 和常量 u_0 时,对流方程将会有什么不同。

对于恒定的传播速度而言,物理信息将以速度 u_0 向下游平移,如果初始时刻为一简谐波,则该波不断向下游移动,波形保持不变,其传播过程如图 4.2.1 所示。

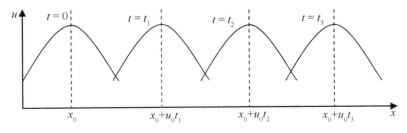

图 4.2.1　恒定传播速度下的物理信息输移

当传播速度为变量 u 时,初始时刻同样的简谐波波形,在传播过程中不同位置的传播速度不同,波峰位置 u 值最大,其传播速度也最大,离波峰位置越远,u 值越小,其传播速度也越小。由于波形中不同位置的传播速度不同,该波将会不断变形(波峰前变陡,波峰后变缓,如图 4.2.2 所示)。当时间 t 足够大时,函数 u 成为多值函数。因此,不论函数在初始时刻如何光滑,其光滑解只存在于刚开始的一段时间或一段传播距离内。在某些点上,特别是当时间非常长或传播距离非常远的位置,解是不连续的,这种解称为弱解,它允许解存在不连续的跳跃。在流体力学中,也称为激波或冲击波。相反,该种情况下的连续光滑解称为强解。

从方程本身看,当传播速度由常数 u_0 变为变量 u 时,方程由原来的线性微分方程转化为复杂的非线性方程$\left(\text{里面包含非线性项 } u\dfrac{\partial u}{\partial x} = \dfrac{1}{2}\dfrac{\partial u^2}{\partial x}\right)$。非线性问题和线性问题有着本质的区别,会发生许多有趣的现象,这也正是流体力学的复杂之处和魅力所在。

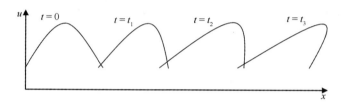

图 4.2.2　非恒定传播速度下的物理信息输移

（2）压强梯度力的作用

动量方程仅考虑水位梯度导致的压强梯度力影响。为了简化问题,我们假定水位的波动远小于水深且地形坡度较小,水流控制方程可以简化为

$$\frac{\partial \eta}{\partial t} + h\frac{\partial u}{\partial x} = 0 \tag{4.2.2}$$

$$\frac{\partial u}{\partial t} + g\frac{\partial \eta}{\partial x} = 0 \tag{4.2.3}$$

两式消去变量 u,可以得到:

$$\frac{\partial^2 \eta}{\partial t^2} = gh\frac{\partial^2 \eta}{\partial x^2} \tag{4.2.4}$$

该方程为波动方程,每一个分波的解为:$\eta = \eta_k\cos[k(x \pm C_0 t)]$,其中,波数 $k = \dfrac{2\pi}{L}$,圆频率 $\omega = \dfrac{2\pi}{T}$,波速 $C_0 = \dfrac{\omega}{k} = \sqrt{gh}$。这种波源于重力产生的压强梯度力,因此也称为表面重力波或重力外波。

将水位的解代入动量方程,可以进一步得到水位波动和流速之间的关系:

$$u = \sqrt{\frac{g}{h}} \eta \tag{4.2.5}$$

（3）表面压强梯度力和平流项的共同作用

在动量方程中仅保持压强梯度力项和平流项，水流运动方程可以整理为

$$\frac{\partial u}{\partial t} + u \frac{\partial u}{\partial x} + g \frac{\partial D}{\partial x} = g \frac{\partial h}{\partial x} \tag{4.2.6}$$

$$\frac{\partial D}{\partial t} + D \frac{\partial u}{\partial x} + u \frac{\partial D}{\partial x} = 0 \tag{4.2.7}$$

若令 $\boldsymbol{w} = \begin{pmatrix} u \\ D \end{pmatrix}$，$\boldsymbol{A} = \begin{bmatrix} u & g \\ D & u \end{bmatrix}$，$\boldsymbol{b} = \begin{pmatrix} g \dfrac{\partial h}{\partial x} \\ 0 \end{pmatrix}$，则有：

$$\frac{\partial \boldsymbol{w}}{\partial t} + \boldsymbol{A} \frac{\partial \boldsymbol{w}}{\partial x} = \boldsymbol{b} \tag{4.2.8}$$

矩阵 $\boldsymbol{A}$ 的特征方程为

$$\begin{vmatrix} u - \lambda & g \\ D & u - \lambda \end{vmatrix} = 0$$

特征值为 $\lambda_{1,2} = u \pm C$，其中 $C = \sqrt{gD}$。

其左特征向量分别为 $\boldsymbol{p}_1 = (C, g)$，$\boldsymbol{p}_2 = (C, -g)$。

$\boldsymbol{p}_1 = (C, g)$ 左乘矩阵形式的控制方程：

$$C \left[\frac{\partial u}{\partial t} + (u + C) \frac{\partial u}{\partial x} \right] + g \left[\frac{\partial D}{\partial t} + (u + C) \frac{\partial D}{\partial x} \right] = Cg \frac{\partial h}{\partial x}$$

$\boldsymbol{p}_2 = (C, -g)$ 左乘矩阵形式的控制方程：

$$C \left[\frac{\partial u}{\partial t} + (u - C) \frac{\partial u}{\partial x} \right] - g \left[\frac{\partial D}{\partial t} + (u - C) \frac{\partial D}{\partial x} \right] = Cg \frac{\partial h}{\partial x}$$

代入关系式 $C = \sqrt{gD}$，得：

$$C \left[\frac{\partial u}{\partial t} + (u + C) \frac{\partial u}{\partial x} \right] + C \left[\frac{\partial 2C}{\partial t} + (u + C) \frac{\partial 2C}{\partial x} \right] = Cg \frac{\partial h}{\partial x}$$

$$C \left[\frac{\partial u}{\partial t} + (u - C) \frac{\partial u}{\partial x} \right] - C \left[\frac{\partial 2C}{\partial t} + (u - C) \frac{\partial 2C}{\partial x} \right] = Cg \frac{\partial h}{\partial x}$$

整理为

$$\frac{\partial (u + 2C)}{\partial t} + (u + C) \frac{\partial (u + 2C)}{\partial x} = g \frac{\partial h}{\partial x} \tag{4.2.9}$$

$$\frac{\partial (u - 2C)}{\partial t} + (u - C) \frac{\partial (u - 2C)}{\partial x} = g \frac{\partial h}{\partial x} \tag{4.2.10}$$

当地形为平底即 $\dfrac{\partial h}{\partial x} = 0$ 时，两式简化为

$$\frac{\partial(u + 2C)}{\partial t} + (u + C)\frac{\partial(u + 2C)}{\partial x} = 0 \tag{4.2.11}$$

$$\frac{\partial(u - 2C)}{\partial t} + (u - C)\frac{\partial(u - 2C)}{\partial x} = 0 \tag{4.2.12}$$

可见以上为对流方程,其意义为物理量 $u + 2C$ 以速度 $u + C$ 向下游传播,物理量 $u - 2C$ 以速度 $u - C$ 向下游传播。

(4)表面或底部切应力的作用

$$\frac{\partial u}{\partial t} = -\frac{\tau_b}{\rho D} \tag{4.2.13}$$

首先以底部切应力为例,由于河床底部为固壁介质,因此对其上的水体流动会形成阻碍作用,底部切应力方向和流速方向相反,对水体的动能起到消耗作用。底部切应力在流体力学中一般采用经验公式或半经验半理论公式确定。由于自然条件下流动状态一般为紊流,一般认为底部切应力和流速的平方成正比:

$$\tau_b = \rho C_b |u| u \tag{4.2.14}$$

式中: ρ 为水体的密度; C_b 为拖曳力系数或阻力系数(量纲为1),该系数和固体壁面的粗糙程度有关,壁面越粗糙,该值越大。其取值有如下方法:

1)在海洋的计算中, $C_b = k \times 10^3$ ($k = 1 \sim 3$,在计算风海流时常选用 $k = 2.6$,在潮流计算中常选用 $k = 1.3$)。

2)在河流的计算中,常采用工程水力学中的谢才系数进行换算 $C_b = g / C_z$,其中谢才系数 $C_z = \frac{1}{n} r_H^{1/6}$, n 为糙率,其值取决于壁面的粗糙程度。宽浅型河流也可以表示为 $C_z = \frac{1}{n} h^{1/6}$, h 为水深。

根据底部切应力的表达式可知,流速越大,底部切应力所产生的能量耗散作用越强烈,流体的动能不可能无限增加,因此,在水流方程的离散求解中,底部切应力的存在对于抑制流速计算值的发散具有重要作用。

我们再来观察风应力的影响:

$$\frac{\partial u}{\partial t} = \frac{\tau_a}{\rho D} \tag{4.2.15}$$

与底部切应力类似,自由表面受到的风应力一般采用如下形式计算:

$$\tau_a = \rho_a C_D |U_{10}| U_{10}$$

式中: ρ_a 为空气的密度; C_D 为拖曳力系数或阻力系数(量纲为1),该系数与水面的粗糙程度有关,水面越粗糙,该值越大; U_{10} 为水面以上 10 m 处的风速。当风速和流速方向一致时,将会使流速增加,流体动能增加,反之则会使流速减小,流体动能衰减。

（5）扩散项

$$\frac{\partial u}{\partial t} = \frac{1}{D}\frac{\partial}{\partial x}\left(DA_{\mathrm{M}}\frac{\partial u}{\partial x}\right) \tag{4.2.16}$$

当扩散系数为常数时，上式可以转化为

$$\frac{\partial u}{\partial t} - \frac{A_{\mathrm{M}}}{D}\frac{\partial D}{\partial x}\frac{\partial u}{\partial x} = A_{\mathrm{M}}\frac{\partial^2 u}{\partial x^2} \tag{4.2.17}$$

当水深均匀时，该项会使流速趋于均匀；当 $\frac{\partial D}{\partial x} \neq 0$ 时，左侧第二项为对流项，其信息的传播速度为 $-\frac{A_{\mathrm{M}}}{D}\frac{\partial D}{\partial x}$，即导致流速值由深水向浅水传递。通过量级分析可知，相较于其他项，扩散项对于水流的作用影响较小，在方程求解中可将其忽略。但是在数值求解中，该项的存在对数值稳定性具有积极作用。

4.2.3 水流方程的定解条件

由于微分方程组描述的是随时间演变的物理过程，因此需要给定初始时刻的物理量全场值，即在 $t = 0$ 时，给定：

$$\begin{pmatrix} u \\ \eta \end{pmatrix} = \begin{pmatrix} u_0 \\ \eta_0 \end{pmatrix} \tag{4.2.18}$$

由于水流运动过程中，摩擦力对于能量的耗散作用相当强，初始场只在开始时间积分的短期内对区域内的物理量有影响，之后物理量将主要取决于边界条件的强迫作用。因此，对于长时段的积分，初始场的给定一般不必过于追求精确。

由于水流运动方程描述了物理量在空间的传播过程，边界上必须给定物理量的取值方式。目前，常用的方法有两种，一种是给定流速值，同时设水位值为零梯度条件，即 $x = 0$ 或 l 时，给定：

$$\begin{cases} u = u(t) \\ \dfrac{\partial \eta}{\partial x} = 0 \end{cases} \tag{4.2.19}$$

另一种是给定水位值，同时设流速值为零梯度条件，即 $x = 0$ 或 l 时，给定：

$$\begin{cases} \eta = \eta(t) \\ \dfrac{\partial u}{\partial x} = 0 \end{cases} \tag{4.2.20}$$

需要注意两点，一是在边界上不能同时将流速和水位设为给定值，流速和水位并不是相互独立的，皆为定值会导致二者之间的不协调问题。上面一种变量为定值，而另一变量为零梯度是基于长波运动过程中物理量空间梯度较小的假定，对于短波运动需要进一步细化边界条件。另一点是，在计算中不建议两侧开边界均给定流速值。因为边界流速值的监测资料存在一定的误差,当两侧边界均给定流速值时,流速引起的流量误差无法传播出计算区域,长时间的积分可能使区域内水体总体积持续增加或减少,降低计算结果的精度甚至引起数值发散。

4.3 水流水质方程的离散求解

在水流水质控制方程中,水位浓度的变化决定于两侧流速引起的体积通量,而流速的变化受到两侧水位差引起的压强梯度力的影响。这一规律对于方程的求解具有重要影响。

如果我们将所有待求变量均布置于单元的中心位置,在求解影响流速 u_i 的压强梯度力时,水位空间梯度采用中心差分格式则有:

$$\frac{\partial \eta}{\partial x} \approx \frac{(\eta_i + \eta_{i+1}) - (\eta_{i-1} + \eta_i)}{2\Delta x} = \frac{\eta_{i+1} - \eta_{i-1}}{2\Delta x}$$

上式表明水位的梯度转化为间隔为 $2\Delta x$ 的水位之差,无法体现 Δx 距离内水位变化的影响。在计算过程中,对于图 4.3.1 所示波长为 $2\Delta x$ 的表面重力波所产生的压强梯度力将为 0,即无法模拟波长小于等于 $2\Delta x$ 的表面重力波。同理,在求解其他变量时也会出现类似的现象。

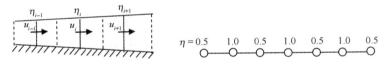

图 4.3.1　变量布置位置及影响

为了避免以上现象,在单元划分中将水位、浓度等标量和流速矢量采用如图 4.3.2 所示的交错布置,将会提高数值离散精度并带来极大的方便。

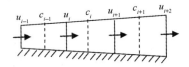

图 4.3.2　变量交错布置方式示意

综合前面所学的数值离散方式,对于污染物控制方程采用时间前差,对流项采用逆风格式,扩散项采用二阶中心差分;对于水流控制方程,采用时间前差、空间中心差。同时为了增强差分格式的稳定性,在求解 $n+1$ 时刻的流速值时,采用已经得到的 $n+1$ 时刻的水位和全水深进行计算。基于以上思路得到的差分格式如下:

$$c_i^{n+1} = c_i^n - \frac{1}{2}\frac{\Delta t}{\Delta x}(u_{i+1}^n + |u_{i+1}^n|)(c_i^n - c_{i-1}^n) - \frac{1}{2}\frac{\Delta t}{\Delta x}(u_{i+1}^n - |u_{i+1}^n|)(c_{i+1}^n - c_i^n)$$

$$+ \frac{1}{2D_i^n} \frac{\Delta t}{\Delta x^2} [(D_i^n + D_{i+1}^n) A_H (c_{i+1}^n - c_i^n) - (D_{i-1}^n + D_i^n) A_H (c_i^n - c_{i-1}^n)] - K c_i^n \Delta t$$

$$(4.3.1)$$

$$D_i^{n+1} = D_i^n - \frac{1}{2} \frac{\Delta t}{\Delta x} u_{i+1}^n (D_i^n + D_{i+1}^n) + \frac{1}{2} \frac{\Delta t}{\Delta x} u_i^n (D_{i-1}^n + D_i^n) \qquad (4.3.2)$$

$$u_i^{n+1} = u_i^n - \frac{1}{2} \frac{\Delta t}{\Delta x} u_i^n (u_{i+1}^n - u_{i-1}^n) - g \frac{\Delta t}{\Delta x} (\eta_i^{n+1} - \eta_{i-1}^{n+1}) - \frac{2C_b}{D_{i-1}^{n+1} + D_i^{n+1}} | u_i^n | u_i^n \Delta t$$

$$+ \frac{2}{D_{i-1}^{n+1} + D_i^{n+1}} \frac{\Delta t}{\Delta x^2} [D_i^{n+1} A_M (u_{i+1}^n - u_i^n) - D_{i-1}^{n+1} A_M (u_i^n - u_{i-1}^n)] \qquad (4.3.3)$$

当然,动量方程的求解中对流项的离散也可以采用其他方式,如:

$$u \frac{\partial u}{\partial x} = \frac{1}{2} \frac{\partial u^2}{\partial x} \approx \frac{(u_i^n + u_{i+1}^n)^2 - (u_{i-1}^n + u_i^n)^2}{8 \Delta x} \qquad (4.3.4)$$

$$u \frac{\partial u}{\partial x} \approx \frac{(u_i^n + | u_i^n |)(u_i^n - u_{i-1}^n) + (u_i^n - | u_i^n |)(u_{i+1}^n - u_i^n)}{2 \Delta x} \qquad (4.3.5)$$

由于扩散项的稳定性控制条件较弱,对稳定性起主要约束作用的是对流项,根据式 (4.2.11)和式(4.2.12)可知稳定性条件为 $(u + \sqrt{gD}) \frac{\Delta t}{\Delta x} < 1$ 。程序如下:

```
#      PROGRAM HYDRODYNAMICS
#      PARAMETER(IM = 500)
#      REAL UN(IM),U(IM),D(IM),DN(IM),ETN(IM),ET(IM),C(IM),CN(IM),H(IM),
#   $      DT,DX,R,R1,G,PI,CB,AM,AH,TIME,K
#      INTEGER I,J,IN

#      G = 9.8
#      PI = 3.14
#      DX = 500.
#      DT = 5.
#      CB = 1.e - 3
#      R = DT/DX
#      R1 = DT/DX * * 2
#      AM = 0.
#      AH = 0
#      K = 1.E - 6

#      DO I = 1,IM
#      H(I) = 10.
#      ET(I) = 0.
```

```
#        D(I) = H(I) + ET(I)

#        U(I) = 0

#        C(I) = 0

#        ENDDO


#        open(1,file = 'time. dat')

#

#        DO 20   IT = 1,25000

#            TIME = DT * IT


#            DO I = 2,IM - 1
#        CN(I) = C(I) - 0.5 * R * (U(I + 1) + ABS(U(I + 1))) * (C(I) - C(I - 1))
#        $                - 0.5 * R * (U(I + 1) - ABS(U(I + 1))) * (C(I + 1) - C(I))
#        $             + 0.5 * R1/D(I) * AH *
#        $            ((D(I) + D(I + 1)) * (C(I + 1) - C(I)) - (D(I - 1) + D(I)) * (C(I) - C(I - 1)))
#        $             - K * C(I) * DT
#            ENDDO
#        CN(1) = CN(2)
#        CN(IM) = CN(IM - 1)
#        IF(U(2). GT. 0) CN(1) = 100
#        IF(U(IM). LT. 0) CN(IM) = 0


#            DO I = 2,IM - 1
#        ETN(I) = ET(I) - 0.5 * R * U(I + 1) * (D(I) + D(I + 1))
#        $                + 0.5 * R * U(I) * (D(I - 1) + D(I))
#        ENDDO
#CASE 1   THE BOUNDARIES IS CONTROLLED BY THE DEFINED ELEVATION
#C            ETN(1) = 0.2
#C            ETN(IM - 1) = 0.
#C            ETN(IM) = ETN(IM - 1)


#CASE 2   THE UPSTREAM BOUNDARY IS CONTROLLED BY THE LONG WAVE
#C            THE DOWN STREAM IS THE FREE OVERFLOW
#        ETN(1) = 0.2 * SIN(2 * PI * TIME/4000)
#        ETN(IM) = ETN(IM - 1)


#            DO I = 1,IM
```

```
#           DN(I) = H(I) + ETN(I)
#              ENDDO


#              DO I = 2, IM − 1
#        UN(I) = U(I)
#C1      $        − 0.5 * R * U(I) * (U(I + 1) − U(I − 1))
#        $        − 0.5 * R * (U(I) + abs(u(i))) * (U(I) − U(I − 1))
#        $        − 0.5 * R * (U(I) − abs(u(i))) * (U(I + 1) − U(I))
#C3      $        − 0.125 * R * ((U(I + 1) + U(I)) * *2 − (U(I − 1) + U(I)) * *2)
#        $        − G * R * (ETN(I) − ETN(I − 1))
#C       $        − 2. * CB/(DN(I) + DN(I − 1)) * ABS(U(I)) * U(I) * dt
#C       $        + 2./(DN(I) + DN(I − 1)) * R1 * AM *
#C       $        (DN(I) * (U(I + 1) − U(I)) − DN(I − 1) * (U(I) − U(I − 1)))
#              ENDDO
#CASE 1    THE BOUNDARIES IS CONTROLLED BY THE DEFINED ELEVATION
#C              UN(1) = UN(2)
#C              UN(IM) = UN(IM − 1)


#CASE 2    THE UPSTREAM BOUNDARY IS CONTROLLED BY THE LONG WAVE
#C              THE DOWN STREAM IS THE FREE OVERFLOW
#        UN(1) = UN(2)
#        UN(IM) = SQRT(G/DN(IM − 1)) * ETN(IM − 1)


#              DO I = 1, IM
#        U(I) = UN(I)
#        ET(I) = ETN(I)
#C              D(I) = DN(I)
#        C(I) = CN(I)
#              ENDDO
#              write(1, *) it, ET(1), ET(100), et(400), C(100)


#20     CONTINUE
#        close(1)


#        open(4, file = 'outcome. dat')
#        DO I = 1, IM
#        WRITE(4, *)   I, ET(I), U(I), C(I)
```

89

```
#C                    WRITE( * , * ) I, U( I )
#       ENDDO
#       close( 4 )

#       END
```

其中:数组 UN(IM)、U(IM)分别表示在 n 和 $n+1$ 时刻的流速值;数组 ETN(IM)、ET(IM)分别表示在 n 和 $n+1$ 时刻的水位值;数组 DN(IM)、D(IM)分别表示在 n 和 $n+1$ 时刻的全水深;H(IM)表示静水深;CB 表示底部拖曳力系数;K 表示降解系数;AM、AH 分别为水流和污染物的纵向扩散系数;其他参数和前述程序相同。

为了进一步了解水流的运动特性,运用以上程序计算长波在河道中传播的案例。在上游入流位置给定一正弦波,上游水位 $\eta = A\sin(2\pi t/T)$,振幅 A 取为 0.2 m,周期 T 取为 4 000 s,根据前述知识,其波长近似为 $L = cT = \sqrt{gh}T = 40$ km。对于长波,流速、水位的空间梯度较小,在上游边界,流速可以设置为 $\frac{\partial u}{\partial x} = 0$(即程序中 UN(1) = UN(2))。在下游采用自由出流边界,假定区域内的任何波动都能通过边界传播出去,因此将下游边界流速设置为 $u = \sqrt{\frac{g}{D}}\eta$,由于入射波为长波,同样将水位设定为 $\frac{\partial \eta}{\partial x} = 0$(即程序中 ETN(IM) = ETN(IM − 1))。

为了分析非线性效应的影响,计算三种工况:第一种在速度求解中仅考虑压强梯度力的影响,且将连续方程和动量方程中的全水深以静水深代替;第二种,在速度求解中仅考虑压强梯度力的影响,连续方程和动量方程中的水深采用全水深;第三种,在速度求解中仅考虑压强梯度力和对流项的影响,连续方程和动量方程中的水深采用全水深。

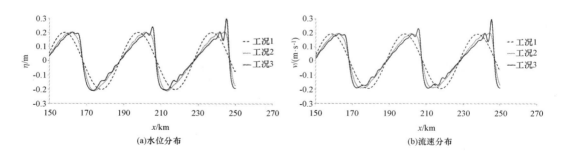

(a)水位分布 (b)流速分布

图 4.3.3 非线性效应对于水位、流速分布的影响

由图 4.3.3 可知,在第 1 种工况下,由于不存在非线性效应,波速为常数,波形在传播过程中不发生任何变形,始终保持为正弦波;在第 2 种工况下,由于波速和水深的平方根

成正比,波峰位置水深大波速大,波谷位置水深小波速小,导致波形在传播过程中发生变化,传播距离越远变形越明显;在第 3 种工况下,由于附加了平流项的影响,波形的变形更加明显,由于波峰前方的水位变化过于剧烈,该区域数值计算出现了一定的振荡。

思考:比较水位分布和流速分布可知,二者的相位变化基本一致,而且数值差别也较小,请分析其内在原因。

在计算所有各项的作用时,取 $A_m = 100 \text{ m}^2/\text{s}$,$C_b = 1 \times 10^{-3}$ 时,计算结果如图 4.3.4 所示。由于增加了底部摩擦阻力,波浪在传播过程中能量不断衰减,振幅沿程减小;同时由于纵向扩散作用,相对于上面的第 3 种工况波形也更加平滑。

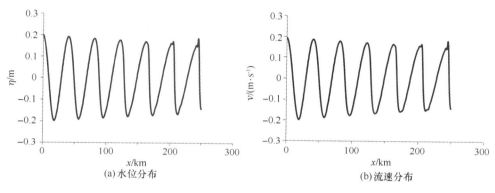

图 4.3.4　各项因素综合作用下水位、流速分布

我们利用该程序计算另外一个包含污染物输移扩散的案例。上游水位设定为 0.2 m,下游水位设定为 0 m,在上、下游边界流速均采用零梯度条件。在水位差的驱动作用下,河道内存在沿正 x 方向的流动,上游的浓度设为 100 kg/m^3。在 25×10^6 s 时的水位、流速、浓度分布如图 4.3.5 所示。

由于以上计算过程采用时间前差格式,其精度为一阶。为了提高精度,在计算流体力学中,还经常采用蛙跳格式构造二阶精度格式。具体差分格式如下:

$$c_i^{n+1} = c_i^{n-1} - \frac{\Delta t}{\Delta x} u_{i+1}^n (c_{i+1}^n + c_i^n) + \frac{\Delta t}{\Delta x} u_i^n (c_{i-1}^n + c_i^n)$$

$$+ \frac{1}{D_i^n} \frac{\Delta t}{\Delta x^2} [(D_i^{n-1} + D_{i+1}^{n-1}) A_H (c_{i+1}^{n-1} - c_i^{n-1}) - (D_{i-1}^{n-1} + D_i^{n-1}) A_H (c_i^{n-1} - c_{i-1}^{n-1})] - 2Kc_i^n \Delta t$$

$$(4.3.6)$$

$$D_i^{n+1} = D_i^{n-1} - \frac{\Delta t}{\Delta x} u_{i+1}^n (D_i^n + D_{i+1}^n) + \frac{\Delta t}{\Delta x} u_i^n (D_{i-1}^n + D_i^n) \quad (4.3.7)$$

$$u_i^{n+1} = u_i^{n-1} - \frac{1}{4} \frac{\Delta t}{\Delta x} [(u_i^n + u_{i+1}^n)^2 - (u_{i-1}^n + u_i^n)^2] - g \frac{2\Delta t}{\Delta x} (\eta_i^n - \eta_{i-1}^n)$$

$$- \frac{4C_b}{D_{i-1}^{n+1} + D_i^{n+1}} |u_i^n| u_i^n \Delta t + \frac{4}{D_{i-1}^{n+1} + D_i^{n+1}}$$

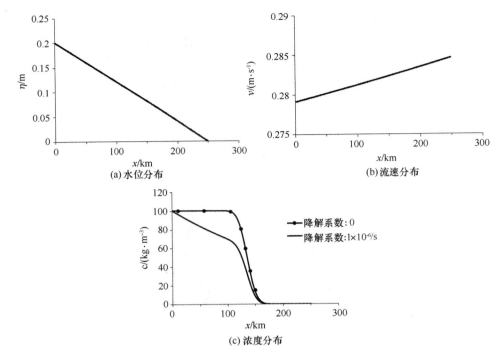

图 4.3.5　定常边界条件下水位、流速、浓度分布

$$\frac{\Delta t}{\Delta x^2}[D_i^{n+1}A_{\mathrm{M}}(u_{i+1}^n - u_i^n) - D_{i-1}^{n+1}A_{\mathrm{M}}(u_i^n - u_{i-1}^n)] \qquad (4.3.8)$$

根据以上算法,可以得到如下程序,请读者自己进行计算并和前一程序计算的结果进行比较。

```
#        PROGRAM HYDRODYNAMICS
#       PARAMETER( IM = 500)
#       REAL UB( IM) ,U( IM) ,UF( IM) ,DB( IM) ,D( IM) ,DF( IM) ,
#    $     ETB( IM) ,ET( IM) ,ETF( IM) ,CB( IM) ,C( IM) ,CF( IM) ,H( IM) ,
#    $     DT,DX,R,R1,G,PI,CBB,AM,AH,TIME,K
#       INTEGER I,J,IN

#       G = 9. 8
#       PI = 3. 14
#       DX = 500.
#       DT = 10.
#       CBB = 1. e - 3
#       R = DT/DX
#       R1 = 2 * DT/DX * * 2
```

```
#          AM = 100.
#          AH = 100
#          K = 1. E - 6


# C        THE INITIAL FIELD
#          DO I = 1 , IM
#            H = 10.
#          ENDDO
#          ETB = 0.
#           ET = 0
#           DB = H + ETB
#            D = H + ET
#           UB = 0
#           CB = 0
#            C = 0


#          OPEN( 1 , FILE = ' TIME. DAT' )
#
#          DO 20    IT = 1 , 40000
#             TIME = DT * IT.


#             DO I = 2 , IM - 1
#        CF( I ) = CB( I )
#        $                  - R * U( I + 1 ) * ( C( I + 1 ) + C( I ) )
#        $                  + R * U( I ) * ( C( I - 1 ) + C( I ) )
#        $        + 0. 5 * R1/DB( I ) * AH *
#        $ ( ( DB( I ) + DB( I + 1 ) ) * ( CB( I + 1 ) - CB( I ) ) - ( DB( I - 1 ) + DB( I ) ) * ( CB( I ) - CB( I - 1 ) ) )
#        $         - 2 * K * C( I ) * DT
#             ENDDO
#        CF( 1 ) = CF( 2 )
#        CF( IM ) = CF( IM - 1 )
#        IF( UF( 2 ). GT. 0 ) CF( 1 ) = 100
#        IF( UF( IM ). LT. 0 ) CF( IM ) = 0


#             DO I = 2 , IM - 1
#        ETF( I ) = ETB( I ) - R * U( I + 1 ) * ( D( I ) + D( I + 1 ) )
#        $                     + R * U( I ) * ( D( I - 1 ) + D( I ) )
```

```
#              ENDDO
# CASE 1    THE BOUNDARIES IS CONTROLLED BY THE DEFINED ELEVATION
#       ETF(1) = 0.2
#       ETF(IM - 1) = 0.
#       ETF(IM) = ETF(IM - 1)


# CASE 2    THE UPSTREAM BOUNDARY IS CONTROLLED BY THE LONG WAVE
# C          THE DOWN STREAM IS THE FREE OVERFLOW
# C             ETF(1) = 0.2 * SIN(2 * PI * TIME/4000. )
# C             ETF(IM) = ETF(IM - 1)


# CASE 3    THE UPSTREAM BOUNDARY IS CONTROLLED BY THE LONG WAVE
# C          THE DOWN STREAM IS THE SOLID WALL
# C    ETWF1 = 0.2 * SIN(PI * TIME)
# C    ETW1 = 0.2 * SIN(PI * (TIME - DT/2000. ))
# C    ETWF2 = 0.2 * SIN(PI * TIME - DX/SQRT(G * H(2))/2000. )
# C    ETW2 = 0.2 * SIN(PI * (TIME - DT/2000. - DX/SQRT(G * H(2))/2000. ))


# C    ETF(1) = ETWF1 + ET(1) - ETW1
# C     $ + SQRT(G * H(2)) * (ET(2) - ETW2 - ET(1) + ETW1) * DT/DX
# C          ETF(IM) = ETF(IM - 1)


#              DO I = 1, IM
#      DF(I) = H(I) + ETF(I)
#              ENDDO


#              DO I = 2, IM - 1
#      UF(I) = UB(I)
# C1        $    - R * U(I) * (U(I + 1) - U(I - 1))
# C2        $    - 0.5 * R * (U(I) + abs(u(i))) * (U(I) - U(I - 1))
# C2        $    - 0.5 * R * (U(I) - abs(u(i))) * (U(I + 1) - U(I))
# C3
#      $    - 0.25 * R * ((U(I + 1) + U(I)) * *2 - (U(I - 1) + U(I)) * *2)
#      $    - 2 * G * R * (ET(I) - ET(I - 1))
#      $    - 2. * CBB/(D(I) + D(I - 1)) * ABS(U(I)) * U(I) * (2 * DT)
#      $      + 2./(DB(I) + DB(I - 1)) * R1 * AM *
#      $            (DB(I) * (UB(I + 1) - UB(I)) - DB(I - 1) * (U(I) - U(I - 1)))
```

94

```
#              ENDDO
#          WRITE( * , * )IT, UF(2),ETF(2)
#C      PAUSE
# CASE 1    THE BOUNDARIES IS CONTROLLED BY THE DEFINED ELEVATION
#          UF(1) = UF(2)
#          UF(IM) = UF(IM - 1)


# CASE 2    THE UPSTREAM BOUNDARY IS CONTROLLED BY THE LONG WAVE
# C          THE DOWN STREAM IS THE FREE OVERFLOW
# C              UF(1) = UF(2)
# C              UF(IM) = SQRT( G/DF(IM - 1) ) * ETF(IM - 1)


# CASE 3    THE UPSTREAM BOUNDARY IS CONTROLLED BY THE LONG WAVE
# C          THE DOWN STREAM IS THE SOLID WALL
# C      UF(1) = UF(2)
# C          UF(IM) = 0


#          DO I = 1 , IM
#          U(I) = U(I) + 0.02 * ( UF(I) + UB(I) - 2 * U(I) )
#          ET(I) = ET(I) + 0.02 * ( ETF(I) + ETB(I) - 2 * ET(I) )
#          C(I) = C(I) + 0.02 * ( CF(I) + CB(I) - 2 * C(I) )
#          ENDDO
#              UB = U
#                U = UF
#              ETB = ET
#                ET = ETF
#          D = H + ET
#                DB = H + ETB
#          CB = C
#          C = CF


#              WRITE(1,200) IT, ET(1),ET(200),ET(300),ET(400),ET(IM - 1)

#20      CONTINUE
#      CLOSE(1)

#      OPEN(4,FILE = 'OUTCOMEL. DAT')
```

```
#          DO I = 1,IM
#          WRITE(4,*)  I,ET(I),U(I),C(I)
# C                   WRITE(*,*) I, U(I)
#          ENDDO
#          CLOSE(4)
#200       FORMAT(I5,10E15.7)

#          END
```

4.4 非线性差分格式稳定性分析

4.4.1 次网格短波的折叠与混淆

根据高等数学知识,对于 $x \in (0,L)$ 的任意空间分布的连续的周期函数 $f(x)$ 均可以进行傅里叶分解,得到

$$f(x) = a_0 + \sum_{n=1}^{\infty} \left[a_n \cos\left(\frac{n\pi x}{L}\right) + b_n \sin\left(\frac{n\pi x}{L}\right) \right] \tag{4.4.1a}$$

其物理意义为,该函数可以看作由一系列简谐波叠加得到。a_0 对应一个常数项(当然也可以看作是波长为无限长的分波的振幅);a_n、b_n 对应波长为 $\frac{2L}{n}$ 的正弦分波和余弦分波波幅,波长覆盖了 $0 \sim 2L$ 整个区间。

在进行数值离散时,若区间剖分为 N 段,即 $L = N\Delta x$,整个区间上 $N+1$ 个离散点的坐标分别为 $x_j = j\Delta x$,($j = 0,1,2,\cdots,N$)。各点的函数值表示为离散傅里叶级数:

$$f(x_j) = a_0 + \sum_{n=1}^{N} \left[a_n \cos\left(\frac{n\pi j}{N}\right) + b_n \sin\left(\frac{n\pi j}{N}\right) \right] \tag{4.4.1b}$$

对应的分波波长转化为 $\lambda_n = 2N\Delta x/n$($n = 1,2,\cdots,N$)。$f(x_j)$ 所含分波的最小波长为 $2\Delta x$。对于函数 $f(x)$ 所含的更小波长的余弦分波,即波长为 $\lambda = 2N\Delta x/(2mN + l)$($m$ 为自然数,l 为小于 N 的非负整数),则有:

$$\cos\left[\frac{2\pi j\Delta x}{2N\Delta x/(2mN+l)}\right] = \cos\left(\frac{l\pi j}{N}\right) \tag{4.4.2}$$

该式表明波长为 $\lambda = 2N\Delta x/(2mN + l)$ 的短波在离散化后,表现为 $\lambda = 2N\Delta x/l > 2\Delta x$ 的分波,即 $\lambda = 2N\Delta x/(2mN + l)$ 和 $\lambda = 2N\Delta x/l$ 的分波将会混淆在一起,离散后的傅里叶级数将无法正确表达波长小于 $2\Delta x$ 的分波的特性。

例如:波长为 $\Delta x/2$ 的分波在离散点上取值后,变为 $\cos\left(\frac{2\pi j\Delta x}{\Delta x/2}\right) = \cos(4\pi j) = 1$,成为波长为无限大的波;波长为 $2\Delta x/3$ 的分波在离散点上取值后,变为 $\cos\left(\frac{2\pi j\Delta x}{2\Delta x/3}\right) =$

$\cos\left(2\pi\dfrac{j\Delta x}{2\Delta x}\right)$，成为波长为 $2\Delta x$ 的分波；波长为 $3\Delta x/4$ 的分波在离散点上取值后，变为 $\cos\left(\dfrac{2\pi j\Delta x}{3\Delta x/4}\right)=\cos\left(2\pi\dfrac{j\Delta x}{3\Delta x}\right)$，成为波长为 $3\Delta x$ 的分波。同样，对于正弦分波也有相同的结论。

我们再从直观的角度解释以上理论，设 x 轴上均匀分布 $N+1$ 个点，其坐标分别为 $x_j=j\Delta x$（$j=0,1,2,\cdots,N$）。容易看出三个点最多能表示一个简谐波，5 个点最多能表示两个简谐波（图 4.4.1），以此类推，$N+1$ 个点最多能表示 $N/2$ 个简谐波。相应地，$N+1$ 个点所能分辨的简谐波波长最小为 $2\Delta x$。对于波长小于 $2\Delta x$ 的超短波，其变化性质无法用离散点上的值来完全描述，部分信息丢失，因而会将其叠加到网格所能分辨的简谐波上，从而产生混淆现象，即图 4.4.2 中连续实线的短波将被视为断续线的长波。

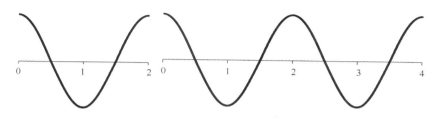

图 4.4.1　网格所能分辨的最短分波

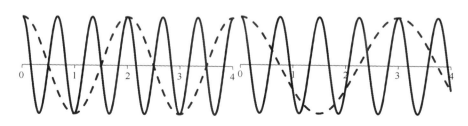

图 4.4.2　次网格分波的混淆$\left(\text{左侧：}\lambda=\dfrac{2}{3}\Delta x；\text{右侧：}\lambda=\dfrac{3}{4}\Delta x\right)$

4.4.2　非线性耦合短波和非线性计算不稳定

在水流方程中最为明显的非线性效应为对流项，现以对流项为例说明非线性作用所具有的一些特定现象。考虑非线性对流方程：

$$\frac{\partial u}{\partial t}+u\frac{\partial u}{\partial x}=0 \tag{4.2.1}$$

对于分波 $u=\sin(kx)$ 经过平流作用，即

$$u\frac{\partial u}{\partial x}=k\sin(kx)\cos(kx)=\frac{1}{2}k\sin(2kx) \tag{4.4.3}$$

此时出现了波数为原始波二倍或波长为原始波 $1/2$ 的新简谐波，这是线性方程所不具有的特殊现象。

如前所述，对于离散的傅里叶级数有：

$$u_j = a_0 + \sum_{n=1}^{N} \left[a_n \cos\left(\frac{n\pi j}{N}\right) + b_n \sin\left(\frac{n\pi j}{N}\right) \right]$$

为讨论方便，不妨假设其中只含 $\frac{2L}{n_1}$ 和 $\frac{2L}{n_2}$ 两种波长的波，则对流作用 $u_j \frac{\partial u_j}{\partial x}$ 包含正余弦函数乘积的系列项，如：

$$\cos\left(\frac{n_1 \pi j}{N}\right) \sin\left(\frac{n_1 \pi j}{N}\right) = \frac{1}{2} \sin\left(\frac{2n_1 \pi j}{N}\right)$$

$$\cos\left(\frac{n_1 \pi j}{N}\right) \cos\left(\frac{n_1 \pi j}{N}\right) = \frac{1}{2} \left[\cos\left(\frac{2n_1 \pi j}{N}\right) + 1 \right]$$

$$\sin\left(\frac{n_1 \pi j}{N}\right) \sin\left(\frac{n_1 \pi j}{N}\right) = -\frac{1}{2} \left[\cos\left(\frac{2n_1 \pi j}{N}\right) - 1 \right]$$

$$\cos\left(\frac{n_1 \pi j}{N}\right) \sin\left(\frac{n_2 \pi j}{N}\right) = \frac{1}{2} \left[\sin\left(\frac{n_1 + n_2}{N} \pi j\right) - \sin\left(\frac{n_1 - n_2}{N} \pi j\right) \right]$$

$$\cdots\cdots$$

由此不难看出，经过平流作用出现了波长更短的新波，如波长分别为 $\frac{2L}{n_1 + n_2}$，$\frac{L}{n_1}$，$\frac{L}{n_2}$。即使原有的两种波长的波都大于 $2\Delta x$，经过平流作用后仍然可能出现波长小于 $2\Delta x$ 的波。在数值计算过程中，由于网格系统无法分辨波长小于 $2\Delta x$ 的波，从而产生混淆现象，将这些超短波叠加至网格所能分辨的波长大于 $2\Delta x$ 的波上。对于非线性方程，产生超短波然后折叠混淆的过程会不断进行，容易构成短波能量的虚假增长导致计算的不稳定。

4.4.3 非线性计算不稳定实例

非线性计算不稳定实例取自季仲贞的相关研究。

对于非线性平流方程：

$$\frac{\partial u}{\partial t} + \frac{1}{2} \frac{\partial u^2}{\partial x} = 0, 0 \leqslant x \leqslant 1$$

采用时间中心差和空间中心差格式，得到差分方程：

$$u_i^{n+1} = u_i^{n-1} - \frac{\Delta t}{4\Delta x} \left[(u_{i+1}^n + u_i^n)^2 - (u_{i-1}^n + u_i^n)^2 \right] \tag{4.4.4}$$

定解条件 1：

$$u(x,0) = \sin 2\pi x; u(0,t) = u(1,t) = 0 \tag{4.4.5}$$

定解条件 2：

$$u(x,0) = 1.5 + \sin 2\pi x ; u(0,t) = u(1,t) = 1.5 \qquad (4.4.6)$$

取时间步长 $\Delta t = 0.001$,空间步长 $\Delta x = 0.01$ 。初值满足 CFL 线性稳定条件: $\left| u \dfrac{\Delta t}{\Delta x} \right| < 1$ 。

为了检验计算的稳定性,计算了每一时间步的所有格点的单位质量流体的总动能 $\dfrac{1}{2} \sum_i (u_i^n)^2$,其变化如图 4.4.3 所示。

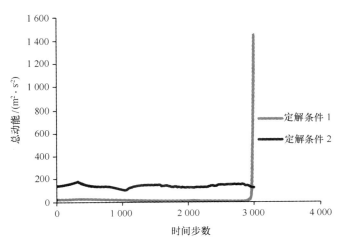

图 4.4.3 区域内总动能随时间变化

对于定解条件 1 ,差分格式在开始阶段动能在一定范围内变化,但是在一段时间之后,动能突然急剧增加,出现指数增长趋势,计算格式出现突变型非线性不稳定;而在定解条件 2 下,差分格式是稳定的。

在定解条件 1 下,格式出现的不稳定现象也可以通过微分方程本身的性质理解。

在 $x = 0$ 、$x = \dfrac{1}{2}$ 、$x = 1$ 三个点上,初始时刻函数 $u = 0$,从而 $u \dfrac{\partial u}{\partial x} = \dfrac{1}{2} \dfrac{\partial u^2}{\partial x} = 0$,利用微分方程得到 $\dfrac{\partial u}{\partial t} = -\dfrac{1}{2} \dfrac{\partial u^2}{\partial x} = 0$,因此在这三个空间点恒有 $u \equiv 0$ 。在空间点位于区间 $\left(0, \dfrac{1}{4} \right)$ 时,初始时刻由于 $u > 0$, $\dfrac{\partial u}{\partial x} > 0$,得到 $u \dfrac{\partial u}{\partial x} = \dfrac{1}{2} \dfrac{\partial u^2}{\partial x} > 0$,故 $\dfrac{\partial u}{\partial t} = -\dfrac{1}{2} \dfrac{\partial u^2}{\partial x} < 0$,函数 u 值减小,而在 $\left(\dfrac{1}{4}, \dfrac{1}{2} \right)$ 区间内初始时刻由于 $u > 0$, $\dfrac{\partial u}{\partial x} < 0$,得到 $u \dfrac{\partial u}{\partial x} = \dfrac{1}{2} \dfrac{\partial u^2}{\partial x} <$ 0 ,故 $\dfrac{\partial u}{\partial t} = -\dfrac{1}{2} \dfrac{\partial u^2}{\partial x} > 0$,函数 u 值增加。从而,函数的极大值位置随时间将由点 $x = \dfrac{1}{4}$ 向点 $x = \dfrac{1}{2}$ 移动。但是由于 $x = \dfrac{1}{2}$ 处, $u \equiv 0$ 。最大值只能从左侧不断逼近 $x = \dfrac{1}{2}$,而无法到达该点。同理,我们还可以知道,函数 u 最小值会从右侧不断逼近 $x = \dfrac{1}{2}$,而无法

到达该点。

为了分析函数极大值的变化,我们在 $\left(0,\frac{1}{2}\right)$ 对方程积分:

$$\int_0^{\frac{1}{2}} \frac{\partial u}{\partial t}\mathrm{d}x = -\frac{1}{2}\int_0^{\frac{1}{2}} \frac{\partial u^2}{\partial x}\mathrm{d}x = -\frac{1}{2}u^2\mid_0^{\frac{1}{2}} = 0$$

所以 $\dfrac{\mathrm{d}}{\mathrm{d}t}\displaystyle\int_0^{\frac{1}{2}}u\mathrm{d}x = 0$ 。

该式表明函数 u 和 x 轴在 $\left(0,\frac{1}{2}\right)$ 区间围成的面积为一恒定值。在函数最大值逼近 $x = \frac{1}{2}$ 时,在极大值位置左侧由于 $\frac{\partial u}{\partial x} < 0$,函数 u 值减小,而在极大值位置右侧由于 $\frac{\partial u}{\partial x} > 0$,函数 u 值增加。但是移动过程中,极大值位置右侧在 $\left(0,\frac{1}{2}\right)$ 内所占的距离将逼近零,为了保证面积恒定,极大值必定趋于无穷大。同样道理,在 $\left(\frac{1}{2},0\right)$ 内,极小值逼近 $x = \frac{1}{2}$ 时,必定趋于负无穷大。最后,在 $x = \frac{1}{2}$ 处形成强间断,如图4.4.4所示。

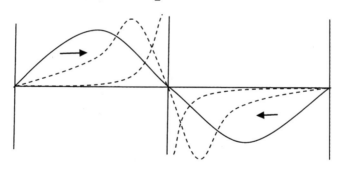

图4.4.4 一维非线性对流方程对应的解

4.4.4 非线性不稳定的特点、形成机制和解决办法

非线性问题是目前困扰科学界的重要难题。对于非线性计算,尽管国内外做过大量的研究,但是目前对该问题的认识尚不够深入,只有一些比较初步的结论和共识,现罗列于下。

非线性不稳定问题具有如下特点:

1)方程的非线性特性和非线性作用可能产生计算不稳定,这种计算不稳定无法采用缩小时间步长的手段解决。

2)非线性计算不稳定具有突变性。当双曲形方程满足 CFL 条件时,非线性差分方程一般能够稳定地计算一段时间,然后总能量出现突变或指数型增长,表现出强烈的不稳定性。

3）非线性计算不稳定的出现不仅与差分格式有关,还和初始条件有关。

4）非线性计算不稳定与方程的类型和解的性质有关。非线性微分方程的解可能本身具有不光滑特性,并且容易存在分叉、混沌等非线性现象。

对于非线性不稳定的发生原因和形成机制,有观点认为,差分方程和微分方程相比,其实质是用有限自由度的系统近似代替连续介质系统(即用有限个离散点来代替无限个点组成的函数曲线),这种近似在一定程度上破坏了原有微分方程的局部或整体性质,从而产生计算的紊乱(如折叠和混淆现象)而导致不稳定现象。从物理角度而言,时间空间的离散将连续介质系统化为有限个自由度系统,改变了原有微分方程的频散性质、能谱的非线性转移特性,甚至破坏了能量守恒。需要说明的是差分格式的混淆误差可能造成不稳定,但不是形成不稳定的充分必要条件。有学者认为,混淆现象也可能仅表现为位相的漂移或能谱的改变而不引发总能量的无限增长。

对于非线性不稳定性问题的解决办法,目前主要有以下几种:

1）进行时间或空间平滑。由于非线性不稳定问题一般表现为高频短波能量的急剧增加,采用时间或空间平滑会起到使高频短波能量快速衰减的作用。利用滤波方式对函数 u 进行空间平滑: $\bar{u}_i = u_i + \alpha(u_{i+1} + u_{i-1} - 2u_i)$,其中 α 为平滑系数。

将任意正弦波分量 Ae^{Ikx} 代入上式得:

$$\bar{A}e^{Ikx_i} = Ae^{Ikx_i} + \alpha(Ae^{Ikx_{i+1}} + Ae^{Ikx_{i-1}} - 2Ae^{Ikx_i})$$

$$\frac{\bar{A}}{A} = 1 - 2\alpha[1 - \cos(k\Delta x)]$$

对于长波, $k \to 0$, $\frac{\bar{A}}{A} \to 1$,能量衰减效应比较弱;而对于波长趋于 $2\Delta x$ 的短波, $k\Delta x \to \pi$, $\frac{\bar{A}}{A} \to 1 - 4\alpha$,对短波能量产生比较明显的耗散效应。当 $\alpha = \frac{1}{4}$ 时,会将波长为 $2\Delta x$ 的短波完全过滤掉。

2）在物理方程中增加附加扩散项。由于扩散项的作用和进行平滑滤波作用相同,都具有对高频短波的耗散效应。为了不使原方程的物理性质发生改变,附加扩散项的量级必须低于原方程主要项的量级。由于水流水质方程本身具有扩散项,这对数值计算的稳定性会起到积极作用。

3）采用隐格式平滑或具有短波衰减作用的差分格式。正如前章所述,对流方程的隐格式具有正的耗散作用,有利于消除短波能量的集聚,而欧拉后差格式等对于短波也具有短波的耗散效应。具有正耗散效应的差分格式能够改善数值计算的稳定性。

4）构造具有能量守恒的差分格式。由于非线性不稳定体现在能量不守恒方面,单纯的物理量守恒格式并不能避免非线性不稳定现象的发生。现在,相关学者从能量守恒角度出发构造能量守恒的差分格式,能够有效克服非线性不稳定问题。

4.5 多变量差分格式稳定性分析方法

(1)线性微分方程组的差分格式稳定性分析

由于水流水质方程是多个方程耦合求解的过程,其判断稳定性的方法和单方程单变量有一定的差别。以4.2节仅考虑压强梯度力的水流方程为例,假定水深为常数:

$$\frac{\partial \eta}{\partial t} + h\frac{\partial u}{\partial x} = 0 \qquad (4.2.2)$$

$$\frac{\partial u}{\partial t} + g\frac{\partial \eta}{\partial x} = 0 \qquad (4.2.3)$$

1)时间前差空间中心差离散格式如下(标量 η 布置于单元中心,而矢量 u 布置于单元交界面):

$$\eta_i^{n+1} = \eta_i^n - \frac{\Delta t}{\Delta x}h(u_{i+1}^n - u_i^n) \qquad (4.5.1)$$

$$u_i^{n+1} = u_i^n - g\frac{\Delta t}{\Delta x}(\eta_i^{n+1} - \eta_{i-1}^{n+1}) \qquad (4.5.2)$$

令 $u_i^n = \sum v^n e^{I(i-\frac{1}{2})\alpha}$,$\eta_i^n = \sum w^n e^{Ii\alpha}$, $r = \Delta t/\Delta x$,代入上式,

$$w^{n+1} = w^n - I2hr\sin\frac{\alpha}{2}v^n$$

$$v^{n+1} = v^n - I2gr\sin\frac{\alpha}{2}w^{n+1} = \left(1 - 4ghr^2\sin^2\frac{\alpha}{2}\right)v^n - I2gr\sin\frac{\alpha}{2}w^n$$

写成矩阵形式:

$$\begin{bmatrix} w^{n+1} \\ v^{n+1} \end{bmatrix} = \begin{bmatrix} 1 & -I2hr\sin\frac{\alpha}{2} \\ -I2gr\sin\frac{\alpha}{2} & 1 - 4ghr^2\sin^2\frac{\alpha}{2} \end{bmatrix}\begin{bmatrix} w^n \\ v^n \end{bmatrix};$$

矩阵的特征方程为 $\begin{vmatrix} 1 - \lambda & -I2hr\sin\frac{\alpha}{2} \\ -I2gr\sin\frac{\alpha}{2} & 1 - 4ghr^2\sin^2\frac{\alpha}{2} - \lambda \end{vmatrix} = 0$

即 $(\lambda - 1)^2 + 4\lambda ghr^2\sin^2\frac{\alpha}{2} = 0$

为保证 $|\lambda| \leqslant 1$,必有 $4ghr^2\sin^2\alpha \leqslant 4$,因此 $r \leqslant \dfrac{1}{\sqrt{gh}}$,即 $\Delta t \leqslant \dfrac{\Delta x}{\sqrt{gh}}$。

2)采用时间空间中心差分得到蛙跳格式如下:

$$\eta_i^{n+1} = \eta_i^{n-1} - \frac{2\Delta t}{\Delta x}h(u_{i+1}^n - u_i^n) \qquad (4.5.3)$$

$$u_i^{n+1} = u_i^{n-1} - g \frac{2\Delta t}{\Delta x} (\eta_i^n - \eta_{i-1}^n)$$

（4.5.4）

令 $u_i^n = \sum v^n e^{I(i-\frac{1}{2})\alpha}$, $\eta_i^n = \sum w^n e^{Ii\alpha}$ ，代入上式，

$$w^{n+1} = \tilde{w}^n - I4hr\sin\frac{\alpha}{2}v^n$$

$$v^{n+1} = \tilde{v}^n - I4gr\sin\frac{\alpha}{2}w^n$$

$$\tilde{w}^{n+1} = w^n$$

$$\tilde{v}^{n+1} = v^n$$

写成矩阵形式：

$$
\begin{bmatrix} w^{n+1} \\ v^{n+1} \\ \tilde{w}^{n+1} \\ \tilde{v}^{n+1} \end{bmatrix} =
\begin{bmatrix}
0 & -I4hr\sin\frac{\alpha}{2} & 1 & 0 \\
-I4gr\sin\frac{\alpha}{2} & 0 & 0 & 1 \\
1 & 0 & 0 & 0 \\
0 & 1 & 0 & 0
\end{bmatrix}
\begin{bmatrix} w^n \\ v^n \\ \tilde{w}^n \\ \tilde{v}^n \end{bmatrix} ;
$$

矩阵的特征方程为

$$
\begin{vmatrix}
-\lambda & -I4hr\sin\frac{\alpha}{2} & 1 & 0 \\
-I4gr\sin\frac{\alpha}{2} & -\lambda & 0 & 1 \\
1 & 0 & -\lambda & 0 \\
0 & 1 & 0 & -\lambda
\end{vmatrix} = 0
$$

即 $\lambda^4 - 2\left(1 - 8ghr^2\sin^2\frac{\alpha}{2}\right)\lambda^2 + 1 = 0$

为保证 $|\lambda| \leqslant 1$ ，必有 $4ghr^2\sin^2\alpha \leqslant 1$ ，因此 $r \leqslant \dfrac{1}{2\sqrt{gh}}$ ，即 $\Delta t \leqslant \dfrac{\Delta x}{2\sqrt{gh}}$ 。

（2）非线性差分方程稳定性的判断

由于非线性问题的复杂性，在设计数值格式时，可以先借助线性问题稳定性判断的有关结论，首先将非线性化问题局部线性化（冻结），按照线性化问题的稳定原则，给出时间空间步长作为参考，再在此基础上进行试验予以调整。

例如，对于 4.2 节考虑表面压强梯度力和对流作用的水流方程：

$$\frac{\partial u}{\partial t} + u\frac{\partial u}{\partial x} + g\frac{\partial D}{\partial x} = g\frac{\partial h}{\partial x}$$

（4.2.6）

$$\frac{\partial D}{\partial t} + D\frac{\partial u}{\partial x} + u\frac{\partial D}{\partial x} = 0$$

（4.2.7）

为了将其采用冻结系数法进行线性化，上述方程可以转化为

$$\frac{\partial \eta}{\partial t} + D_0 \frac{\partial u}{\partial x} + u_0 \frac{\partial \eta}{\partial x} = -u \frac{\partial h}{\partial x} \tag{4.5.5}$$

$$\frac{\partial u}{\partial t} + u_0 \frac{\partial u}{\partial x} + g \frac{\partial \eta}{\partial x} = 0 \tag{4.5.6}$$

方程右侧的非零项看作源（汇）项，在研究差分格式稳定性时，为了消除源（汇）项的影响，将其设为零。将微分前面的变量进行冻结，分析中采用线性差分格式稳定性的研究方法，以时间空间中心差格式为例：

$$\eta_i^{n+1} = \eta_i^{n-1} - \frac{2\Delta t}{\Delta x} D_0 (u_{i+1}^n - u_i^n) - \frac{\Delta t}{\Delta x} u_0 (\eta_{i+1}^n - \eta_{i-1}^n) \tag{4.5.7}$$

$$u_i^{n+1} = u_i^{n-1} - g \frac{2\Delta t}{\Delta x} (\eta_i^n - \eta_{i-1}^n) - \frac{\Delta t}{\Delta x} u_0 (u_{i+1}^n - u_{i-1}^n) \tag{4.5.8}$$

令 $u_i^n = \sum v e^{I[(i-\frac{1}{2})\alpha + n\beta]}$, $\eta_i^n = \sum w e^{I(i\alpha + n\beta)}$, $r = \frac{\Delta t}{\Delta x}$ 代入上式,

$$w e^{I\beta} = w e^{-I\beta} - 4r D_0 v I \sin \frac{\alpha}{2} - 2r u_0 w I \sin \alpha$$

$$v e^{I\beta} = v e^{-I\beta} - 4r g w I \sin \frac{\alpha}{2} - 2r u_0 v I \sin \alpha$$

令 $z = e^{I\beta} - e^{-I\beta}$, 则有:

$$v 4r D_0 I \sin \frac{\alpha}{2} + w(z + 2r u_0 I \sin \alpha) = 0$$

$$v(z + 2r u_0 I \sin \alpha) + w 4r g I \sin \frac{\alpha}{2} = 0$$

由于分波的振幅 v 、w 不为零,必须满足:

$$\begin{vmatrix} 4r D_0 I \sin \dfrac{\alpha}{2} & z + 2r u_0 I \sin \alpha \\[2mm] z + 2r u_0 I \sin \alpha & 4r g I \sin \dfrac{\alpha}{2} \end{vmatrix} = 0$$

从而, $z = e^{I\beta} - e^{-I\beta} = 2rI\left(-u_0 \sin \alpha \pm 2\sqrt{gD_0} \sin \frac{\alpha}{2}\right)$, 令幅度因子 $G = e^{I\beta}$, 则有:

$$G^2 - 2rI\left(-u_0 \sin \alpha \pm 2\sqrt{gD_0} \sin \frac{\alpha}{2}\right)G - 1 = 0$$

$$G = Ir\left(-u_0 \sin \alpha \pm 2\sqrt{gD_0} \sin \frac{\alpha}{2}\right) \pm \sqrt{-r^2\left(-u_0 \sin \alpha \pm 2\sqrt{gD_0} \sin \frac{\alpha}{2}\right)^2 + 1} \tag{4.5.9}$$

当 $r^2\left(-u_0 \sin \alpha \pm 2\sqrt{gD_0} \sin \frac{\alpha}{2}\right)^2 \leqslant 1$ 时, $|G| \leqslant 1$, 计算结果将使分波振幅保持不增,该条件即为前章所论述的 CFL 条件。

当 $r^2\left(-u_0 \sin \alpha \pm 2\sqrt{gD_0} \sin \frac{\alpha}{2}\right)^2 \leqslant 1$ 时可近似为 $\Delta t < \dfrac{\Delta x}{|u_0| + 2\sqrt{gD_0}}$ 。

当 $\Delta t > \dfrac{\Delta x}{\mid u_0 \mid + 2 \sqrt{gD_0}}$ 时，易出现 $\mid G \mid > 1$，计算结果将使分波振幅不断增加，差分格式不稳定。

4.6　分子扩散、紊动扩散和离散

4.6.1　层流和紊流

在本书中，对流体及溶解于其中的污染物质的研究都是基于连续介质假定进行的，即将流体视作无数"微观大、宏观小"的质点组成。根据质点在运动中的具体表现，流体流动可以分为层流和紊流。

层流中流体质点的运动轨迹比较规则，质点做互不掺混的有序运动，空间点上的流速、压强等物理量随时间的变化曲线表现为较光滑的曲线（或直线），而在紊流中质点的运动表现为杂乱无章，质点和质点之间存在碰撞掺混等现象，导致流速、压强、浓度等物理量在非常小的时间和空间尺度上表现出小幅脉动现象。在自然界中，绝大多数的流体运动表现为紊流运动，只有在个别流速较小、流体黏度较大等特殊条件下才会发生层流现象。

对于紊流而言，描述其质点掺混碰撞所引起的物理量高频短波脉动，需要非常小的时间步长和空间步长。由于观测条件和计算能力的限制，紊流内部脉动现象的精确监测和模拟是非常困难的。在实际处理中，我们经常采用雷诺时均化的处理方法。该方法将紊流中的物理量瞬时值分解为两项之和，一项为过滤掉脉动值后的时均值，另一项为脉动值。在求解流体及污染物的运动性质时，将时均值作为求解的对象。

时均值和脉动值采用如下方法得到：

$$\bar{f} = \int_{-T/2}^{T/2} f \mathrm{d}t \tag{4.6.1}$$

$$f' = f - \bar{f} \tag{4.6.2}$$

式中：f 为瞬时值；$\bar{f}$ 为雷诺时均值；脉动值 $f' = f - \bar{f}$；T 为所取时段。T 不能取值太小，否则难以过滤掉脉动影响；同时，不能取值太大，否则会掩盖时均值 $\bar{f}$ 随时间的短周期变化。水文上用流速仪测定某点的时均流速值时，在规范中常规定 T 的取值范围。

根据式（4.6.1）和式（4.6.2），得到如下公式：

$$\overline{f'} = 0, \overline{\dfrac{\partial f}{\partial x}} = \dfrac{\partial \bar{f}}{\partial x}, \overline{\dfrac{\partial f}{\partial t}} = \dfrac{\partial \bar{f}}{\partial t}$$

对于两个变量有：$\overline{f+g} = \bar{f} + \bar{g}$，$\overline{f \cdot g} = \bar{f} \cdot \bar{g} + \overline{f' \cdot g'}$。

根据以上公式对水流一维的控制方程进行雷诺时均化，得到：

$$\dfrac{\partial \bar{\eta}}{\partial t} + \dfrac{\partial \overline{uD}}{\partial x} = 0 \tag{4.6.3}$$

$$\frac{\partial \overline{u}}{\partial t} + \overline{u}\frac{\partial \overline{u}}{\partial x} = -g\frac{\partial \overline{\eta}}{\partial x} - \overline{u'\frac{\partial u'}{\partial x}} \tag{4.6.4}$$

与瞬时变量的控制方程相比,动量方程的右侧增加了一项脉动值二次方的时均项。该项源于紊流中质点的速度脉动影响。物理意义如下,相邻的流体微元由于质点速度脉动的影响,二者之间存在一定的质点交换(即部分质点从一个流体微元进入另一个流体微元),由于不同微元内的质点时均动量不一样,这种质点在微元间的交换,引起动量的交换。容易理解,流体质点脉动导致的微元间动量交换将会导致微元间动量趋于均匀化。

需要说明的是,严格说来紊流问题是一个三维问题,此处从一维的角度进行推理,只是为方便理解所做的不严谨的近似。

由于脉动值二次方的时均项方程是描述物理量随时间在空间上趋于平均化的过程,布信涅斯克(J. V. Boussinesq)将其概化为扩散项,即

$$-\overline{u'\frac{\partial u'}{\partial x}} = v_t\frac{\partial^2 \overline{u}}{\partial x^2} \tag{4.6.5}$$

式中: v_t 称为涡黏系数或紊流黏性系数。

和动量方程类似,对一维的污染物输移扩散方程进行雷诺时均化,得到:

$$\frac{\partial \overline{c}}{\partial t} + \overline{u}\frac{\partial \overline{c}}{\partial x} = k\frac{\partial^2 \overline{c}}{\partial x^2} - \overline{u'\frac{\partial c'}{\partial x}} \tag{4.6.6}$$

同样,紊流所具有的质点掺混作用,也会使污染物浓度随时间变化在空间上更趋于平均化,右侧最后脉动项也可以表示扩散项,从而上式转化为

$$\frac{\partial \overline{c}}{\partial t} + \overline{u}\frac{\partial \overline{c}}{\partial x} = k\frac{\partial^2 \overline{c}}{\partial x^2} + k_t\frac{\partial^2 \overline{c}}{\partial x^2} \tag{4.6.7}$$

式中: k_t 为紊动扩散系数,为了和分子扩散系数相区分,将分子扩散系数记为 k_m 。

由于紊流质点脉动的尺度和强度远大于分子布朗运动,紊动扩散系数远大于分子扩散系数。在紊流中,除了壁面附近外,一般可以忽略分子扩散项而仅考虑紊动扩散项。

4.6.2 剪切流动中的离散(dispersion)现象

一维水流水质模型描述的是物理量断面平均值随时间的沿程分布,其物理现象为流速在断面上均匀分布时的理想状态。这种理想状态仅在可忽略边壁影响等情况下近似成立。大多数明渠或管道的流动均为剪切流动,流速在断面上具有明显的差异性,污染物在随流迁移过程中,由于断面不同位置流速大小不同,污染物在断面上不同位置的迁移速度也不相同,从而形成与之相对应的污染物纵向离散(或分散)。我们通过对比以下两种情况来说明,第一种情况假定断面流速均匀一致为 U ,第二种情况假定断面流速呈现抛物性分布,在中心处最大,愈靠近边壁愈小,其平均值为 U 。在初始时刻污染物均匀分布于 $x = 0$ 的断面,浓度为 C ,其他位置的污染物浓度为零。两种情况下均忽略流速紊动和分子运动所形成的扩散效应。在第一种情况下,污染物随流移动,断面不同位置的

污染物向下游推移,由于流速均匀一致,在任意 t 时刻,污染物仅仅分布于 $x = Ut$ 的断面上,其他断面位置污染物浓度为零,如图 4.6.1 所示。在第二种情况下,由于断面流速分布的不均匀性,污染物不仅分布于 $x = Ut$ 的断面,在 $x = Ut$ 断面的上下游断面也分布有污染物,从而污染物的断面平均浓度在 x 轴上不再集中于一个点,而是出现了分散效应,如图 4.6.2 所示。还需要说明的一点是,第二种情况下污染物在纵向出现分散的同时,污染物在同一断面上的分布也更加不均匀。由于扩散通量和污染物的空间梯度成正比,在实际情况下断面上的紊动扩散也将比均匀流动剧烈。

在明渠中,河宽方向流速分布不均匀引发沿河宽方向的物质离散(分散)效应,当流速在垂向分布不均匀时,也会在垂向出现物质分散的现象。例如,当表层流速较大底层流速较小时,物质在输移过程中,表层污染物运动较快,而底层污染物运动较慢,污染物在垂直方向上会出现离散或分散效应。

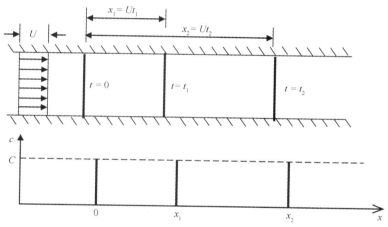

图 4.6.1 均匀流动下线源污染的沿程影响

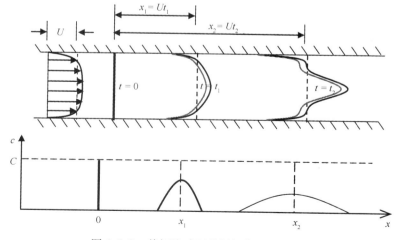

图 4.6.2 剪切流动下线源污染的沿程影响

我们在数学上分析一下物质分散效应产生的原因。假设物质在断面上的污染物浓度为 $c = c(x,y,z)$，污染物的断面平均浓度为 $c = C(x)$，断面上的流速为 $u = u(x,y,z)$，断面平均流速为 $u = U(x)$，同时令 $\hat{c} = c - C$，$\hat{u} = u - U$，采用符号 $\langle f \rangle$ 表示对变量 f 进行断面平均。当仅考虑对流作用时，污染物的浓度分布满足：

$$\frac{\partial c}{\partial t} + u\frac{\partial c}{\partial x} = 0 \qquad (4.6.8)$$

对上式做断面平均，有 $\left\langle \frac{\partial c}{\partial t} \right\rangle = \frac{\partial C}{\partial t}$，$\left\langle u\frac{\partial c}{\partial x} \right\rangle = U\frac{\partial C}{\partial x} + \left\langle \hat{u}\frac{\partial \hat{c}}{\partial x} \right\rangle$，得到：

$$\frac{\partial C}{\partial t} + U\frac{\partial C}{\partial x} = -\left\langle \hat{u}\frac{\partial \hat{c}}{\partial x} \right\rangle \qquad (4.6.9)$$

以上两式相减得到：

$$\frac{\partial \hat{c}}{\partial t} + U\frac{\partial \hat{c}}{\partial x} = -\hat{u}\frac{\partial C}{\partial x} - \hat{u}\frac{\partial \hat{c}}{\partial x} + \left\langle \hat{u}\frac{\partial \hat{c}}{\partial x} \right\rangle \qquad (4.6.10)$$

$\hat{c}$ 描绘了污染物在断面上的不均匀程度。对于图 4.6.2 所示剪切流状态，在初始时刻 $\hat{c} = 0$，由于 $-\hat{u}\frac{\partial C}{\partial x}$ 的影响（该项在右端三项中量级最大），断面的浓度偏差 $\hat{c}$ 会越来越明显，充分体现了剪切流的离散效应。

由于一维问题容易求解，我们重点研究断面平均的一维控制方程式（4.6.9）。当最后一项为零时，描述的即为一维均匀流所对应的情况，当流动为剪切流时，为具有分散效应的物理现象，可见右端项为产生物质分散的原因。由于物质的分散效应，相当于将均匀流对应地集中于 $x = Ut$ 断面的物质向两侧分散开，物质浓度极值减小，沿流向空间分布趋于均匀化，因此该项也可以采用扩散项表示：

$$-\left\langle \hat{u}\frac{\partial \hat{c}}{\partial x} \right\rangle = k_{\mathrm{d}}\frac{\partial^2 C}{\partial x^2} \qquad (4.6.11)$$

式中：k_{d} 为离散系数（dispersion coefficient）。

经过上述处理，一维控制方程式（4.6.9）可以转化为

$$\frac{\partial C}{\partial t} + U\frac{\partial C}{\partial x} = k_{\mathrm{d}}\frac{\partial^2 C}{\partial x^2} \qquad (4.6.12)$$

如果在流动中考虑分子扩散效应和紊动扩散效应，则一维水质方程转化为

$$\frac{\partial C}{\partial t} + U\frac{\partial C}{\partial x} = (k_{\mathrm{m}} + k_{\mathrm{t}} + k_{\mathrm{d}})\frac{\partial^2 C}{\partial x^2} \qquad (4.6.13)$$

当然，也可以将分子扩散系数、紊动扩散系数和离散系数合并为综合扩散系数 k，即

$$\frac{\partial C}{\partial t} + U\frac{\partial C}{\partial x} = k\frac{\partial^2 C}{\partial x^2} \qquad (4.6.14)$$

4.6.3 分子扩散系数、涡黏系数、紊动扩散系数、离散系数的确定

分子扩散系数表示了物质分子扩散能力，受污染物和环境流体的种类和温度、压

强等条件的影响,可以查阅相关文献得到。在水体中物质的分子扩散系数一般在 10^{-5} cm^2/s 量级。

　　涡黏系数采用布辛涅斯克(Boussinesq,1877)假定将紊动对质点动量的混合作用化为扩散作用所引进的,因此涡黏系数 ν_t 取决于紊动的特性,和流动情况有关。由于紊流的复杂性,目前该方面的研究尚不成熟。常用的方法主要有两种:一种是采用简单的经验公式给定;另一种是建立关于紊流的脉动动能方程(或再增加一个紊动能量耗散率或特征长度的方程),然后根据紊动动能(和紊动耗散率或紊动特征长度)与涡黏系数之间的经验关系给定。

　　和涡黏系数类似,污染物的紊动扩散系数是紊动对于物质的混合作用。环境流体力学专家对该系数进行了大量的研究,提出了一系列的经验公式。除此之外,还有一种常用的方法叫做雷诺比拟法。该方法假定紊动导致的动量传递与质量传递之间具有类比关系,从而涡黏系数和紊动扩散系数呈一定的比例关系。二者比值也称为施密特数(Schmidt number):

$$Sc = \frac{\nu_t}{k_t} \tag{4.6.15}$$

　　离散系数是用来描述剪切流动所导致的断面平均浓度的沿程扩散效应,因此其大小直接和流速在断面上的分布有关。受到天然河流的断面形态、平面形态、渠底坡度、渠底粗糙程度等因素的影响,流速分布多具有较明显的不均匀性,离散作用相当明显,一般而言纵向离散系数远远大于紊动扩散系数和分子扩散系数。但是,离散系数 k_d 的确定又是一个非常复杂的问题。目前,离散系数的确定方法主要有:①采用断面流速分布资料进行推算;②采用前人根据大量资料确定的经验公式估算;③采用现场实验方法,通过监测资料率定离散系数。

　　最后,对分子扩散、紊动扩散、离散作用的产生原因进行总结。分子扩散是由流体本身的分子运动所形成的,是真实存在的物理现象;紊动扩散是由我们对瞬时流速值、瞬时浓度值采用雷诺时均化处理所引出的非线性项导致的,并不是真实存在的物理现象,如果采用瞬时变量的控制方程将不会出现紊动扩散项;离散作用是由于真实流体运动具有三维特性,而我们采用断面平均流速、断面平均浓度值或在某一维度进行平均化表述物质运动规律而产生的,空间上的平均化处理是产生离散作用的本质原因,不是真实存在的物理现象,如果在任意空间维度上都不进行空间平均化处理而采用三维模型,则离散项将不会出现。

4.7 拉格朗日粒子追踪技术

　　以上的章节中,我们主要以欧拉方法研究了在不同位置上污染物浓度的时间变化。

但是,有时候,我们更关注污染物进入水体后,挟带污染物的水团是如何迁移变化的。例如,当河流的某个位置出现突发事故,污染物瞬间大量进入水体,此时我们更关注进入水体中的污染物的运动轨迹和不同时刻的影响范围。对于该类问题需要采用拉格朗日方法才能解决,即我们可在污染物发生泄漏的位置,选定大量的质点,利用拉格朗日法跟踪这些质点的运动,我们也称这些质点为拉格朗日粒子。综合分析拉格朗日粒子的运动特性就会得到污染物的运动规律,粒子越密集的位置,污染物的浓度也越大,这种方法也称为拉格朗日粒子追踪技术。拉格朗日粒子在运动中受到三种作用的影响,即随流迁移作用、扩散作用、降解作用。我们将以一维问题为例,一一分析这些过程如何采用数学方法描述。

(1)随流迁移

粒子随流迁移是粒子随水体一起运动的过程,根据流体的动力学方程组得到流速后,我们就可以得到粒子的运动轨迹。假设 t 时刻粒子位置为 x_1,所在网格东西侧面的速度为 u_e、u_w,位置为 x_e、x_w,设该网格内 x 方向的流速满足线性分布,则有:

$$u = u_w + (x - x_w)\frac{\partial u}{\partial x} \tag{4.7.1}$$

则 $t + \Delta t$ 时刻位置 x_2 满足

$$\int_{x_1}^{x_2} \frac{\mathrm{d}x}{u_w + (x - x_w)\partial u/\partial x} = \int_t^{t+\Delta t}\mathrm{d}t \tag{4.7.2}$$

假定在该网格内速度梯度为常数 $\dfrac{\partial u}{\partial x} = (u_e - u_w)/\Delta x$,则对上式积分得到:

$$\ln \frac{u_w + (x_2 - x_w)\partial u/\partial x}{u_w + (x_1 - x_w)\partial u/\partial x} = \Delta t \frac{\partial u}{\partial x} \tag{4.7.3}$$

进而

$$x_2 = x_w + \frac{[u_w + (x_1 - x_w)\partial u/\partial x] \cdot \exp(\Delta t \partial u/\partial x) - u_w}{\partial u/\partial x} \tag{4.7.4}$$

假如在 Δt 时间步长内,粒子运动进入到其他网格中,则将其分解为若干时间步完成,使每一时间步粒子都在同一个网格内运动。例如:在第一网格内运动至边界,速度 $u > 0$ 时所需的时间为

$$\Delta t_1 = \left(\frac{\partial u}{\partial x}\right)^{-1} \ln \frac{u_w + (x_e - x_w)\partial u/\partial x}{u_w + (x_1 - x_w)\partial u/\partial x} \tag{4.7.5}$$

速度 $u < 0$ 时所需的时间为

$$\Delta t_1 = \left(\frac{\partial u}{\partial x}\right)^{-1} \ln \frac{u_w}{u_w + (x_1 - x_w)\partial u/\partial x} \tag{4.7.6}$$

当时间步长大于 Δt_1 时,再计算接下来的时段内进入下一个(或若干个)网格后的运动。

（2）分子扩散的随机运动分析

分子扩散是由分子热运动所产生的,而分子热运动是一种随机运动,因此我们可以利用概率统计的方式来研究分子扩散。下面以气体分子的一维运动为例说明。

假设气体分子在运动中处于不断碰撞中,每发生一次碰撞,分子的运动形式就可能发生一次改变。我们将气体分子两次碰撞之间的运动距离称为分子自由程。在分子自由程内,分子的运动方向是一致的。为叙述方便,我们将分子运动按照分子碰撞的次数分为若干段,每两次相邻碰撞之间的一段运动称为一次运动。假定分子发生碰撞的时间间隔 Δt 固定,两次碰撞之间做速度为 v 的匀速直线运动,分子自由程为固定值 $l = v\Delta t$。在一维问题中,由于分子向正方向和负方向都可能发生位移,因此,每次运动产生的位移为 $\pm l$。如果一共经历 N 次运动,每次运动都有两种可能（即 $\pm l$）,故一共存在 2^N 种取法。在 N 次运动中,有 m 次运动为正方向的取法为 C_N^m。因此, m 次运动为正方向的概率为

$$P = \frac{C_N^m}{2^N} = \frac{N!}{2^N m!(N-m)!} \tag{4.7.7}$$

对于自然数 S,当其值比较大时,根据 Sterling 公式:

$$S! = \sqrt{2\pi S}\left(\frac{S}{e}\right)^S \tag{4.7.8}$$

因此当 N 非常大时,

$$P = \sqrt{\frac{2}{\pi N}}\exp\left[-\frac{(2m-N)^2}{2N}\right] \tag{4.7.9}$$

由于此种条件下,相应分子运动为负方向的次数为 $N-m$, N 次运动的总距离为

$$ml - (N-m)l = (2m-N)l \tag{4.7.10}$$

令 $x = (2m-N)l$, N 次运动的时间为 t,则有 $N = \frac{vt}{l}$,其中 v 为分子运动速度,从而

$$P = \sqrt{\frac{2l}{\pi vt}}\exp\left(-\frac{x^2}{2vtl}\right) \tag{4.7.11}$$

同时前面已经论述,对于初始时刻位于 $x=0$ 位置,质量为 M 的污染物在无限长的一维空间内的扩散引起的浓度分布为

$$c(x,t) = \frac{M}{\sqrt{4\pi k_m t}}\exp\left(-\frac{x^2}{4k_m t}\right)$$

从微观角度讲,该式描述的是质量为 M 的污染物分子在经过时间 t 后,大量分子通过布朗运动到达 x 邻域,在 x 邻域污染物形成一定浓度。因此,分子运动到达 x 位置的概率应该和扩散方程解得的 x 邻域的浓度成正比,对照两式,可得:

$$k_m = \frac{vl}{2} \tag{4.7.12}$$

依此,分子运动到 $x = (2m - N)l$ 位置的概率也可以写为

$$P(x, t) = \frac{l}{\sqrt{\pi k_m t}} \exp\left(-\frac{x^2}{4 k_m t}\right) \tag{4.7.13}$$

上式为按照分子自由程假定推导所得,分子可能所处的位置为一系列离散点$(0, \pm 2l, \pm 4l, \cdots)$。由于在流体力学中采用连续介质模型,可以将其处理为每个质点位置的连续分布的概率,即将上式的密度除以其所占的空间范围 $2l$:

$$p = \frac{P(x, t)}{2l} = \frac{1}{2\sqrt{\pi k_m t}} \exp\left(-\frac{x^2}{4 k_m t}\right) \tag{4.7.14}$$

将上式和正态分布的概率密度函数相对照,可以得到分子位移的标准差 σ 和分子扩散系数的关系为

$$k_m = \frac{\sigma^2}{2t} \tag{4.7.15}$$

$$\sigma = \sqrt{2 k_m t} \tag{4.7.16}$$

上式的重要意义在于将表征分子微观随机运动的位移标准差转化为宏观可以测量的分子扩散系数,使分子随机位移的求解具有了可行性。利用计算机生成 $0 \sim 1$ 之间均匀分布的随机数 γ,则 $\sqrt{3}(2\gamma - 1)$ 为均匀分布且方差为 1 的随机数。因此,当 Δt 时段较小时,分子的随机游动距离为

$$x = \sqrt{3}(2\gamma - 1)\sigma = (2\gamma - 1)\sqrt{6 k_m \Delta t} \tag{4.7.17}$$

当我们的研究对象为紊动或离散形成的扩散现象时,同样我们也可以将其类比为水质点的随机游动所致,随机游动距离为

紊动:

$$\delta x = (2\gamma - 1)\sqrt{6 k_t \Delta t} \tag{4.7.18}$$

离散:

$$\delta x = (2\gamma - 1)\sqrt{6 k_d \Delta t} \tag{4.7.19}$$

我们认为水体中的粒子位移 s 由两部分组成,一部分为随周围水体运动形成的平流输移 $u\Delta t$,另一部分为随机游动导致的位移 $\delta x = (2\gamma - 1)\sqrt{6 k_d \Delta t}$。在一位移流离散运动中,有:

$$x(t + \Delta t) = x_{adv}(t + \Delta t) + (2\gamma - 1)\sqrt{6 k_d \Delta t} \tag{4.7.20}$$

其中 $x_{adv}(t + \Delta t)$ 是在从 t 至 $t + 1$ 时刻,仅考虑移流效应,粒子在 $t + 1$ 时刻到达的位置。

(3)降解效应

对于释放的大量拉格朗日粒子,降解效应在一段时间之后部分粒子由于降解而不复存在。消失的粒子数和初始粒子数目之比为:$1 - e^{-kt}$,其中 k 为降解系数。

综合以上讨论可知,我们可以用粒子追踪技术模拟污染云团的迁移转化作用。首先

将污染云团概化为大量的拉格朗日粒子,然后计算平流作用和随机游动作用下各粒子的运动轨迹。在某一时刻,去掉降解掉的拉格朗日粒子后,统计各网格内的粒子数目,然后根据网格内的粒子数目就可以判断污染物的浓度分布。

采用上一节时间后差的流场计算案例,初始时刻在第 10 000 m 位置投放 5 000 个粒子,在特定时刻各网格内的粒子数目分布如图 4.7.1 所示。

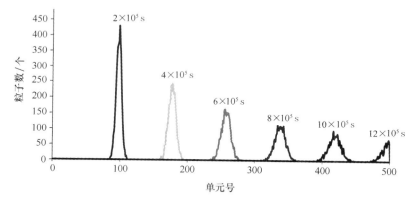

图 4.7.1　不同时刻拉格朗日粒子数量的沿程分布(降解系数为 10^{-6} s^{-1})

第5章 二维水流水质模型

5.1 二维水流水质模型

在自然界中,水体的真实运动表现为三维特性,即水体的运动需要三个空间变量来表示。一维模型一般只能在断面面积较小的河道或管道内近似成立。对于湖泊等水域,在平面上长宽相差不大或流动在平面两个方向上都有显著变化的问题,一维模型不再适用。当水深较小时,我们可以假定流速等物理量在深度方向上基本一致,从而将其简化为平面二维问题。即将计算区域划分为一系列单元,本章以矩形单元为例说明二维模型的特点。

考虑如图 5.1.1 所示任意形状的水域,为了研究方便我们在 x、y 方向将其划分为若干单元,在两个方向上的单元尺度分别为 Δx、Δy,从原点开始沿 x、y 方向进行编号 1, 2,3,$\cdots$,$im(jm)$。将 x、y 方向编号分别为 i,j 的单元记为单元 (i,j)。如图 5.1.2 所示。

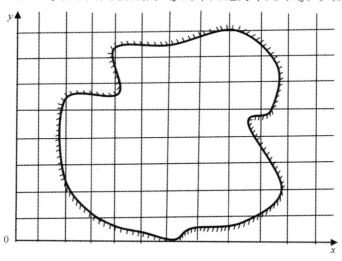

图 5.1.1 水域的平面划分网格

我们以 (i,j) 单元分析其水体质量变化,在第 n 时刻其质量为 $\rho \Delta x \Delta y D_{i,j}^n$,在第 n 时刻至第 $n+1$ 时刻从左侧界面流入第 (i,j) 单元的质量可以近似表示为

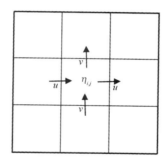

图 5.1.2　二维平面单元示意

$\rho \Delta y u_{i-\frac{1}{2},j}^{n} D_{i-\frac{1}{2},j}^{n} \Delta t$ ；从右侧界面流出的质量可以近似表示为 $\rho \Delta y u_{i+\frac{1}{2},j}^{n} D_{i+\frac{1}{2},j}^{n} \Delta t$ ；从下侧界面流入第 (i,j) 单元的质量可以近似表示为 $\rho \Delta x v_{i,j-\frac{1}{2}}^{n} D_{i,j-\frac{1}{2}}^{n} \Delta t$ ；从上侧界面流出的质量可以近似表示为 $\rho \Delta x v_{i,j+\frac{1}{2}}^{n} D_{i,j+\frac{1}{2}}^{n} \Delta t$ 。在第 $n+1$ 时刻第 (i,j) 单元质量变为 $\rho D_{i,j}^{n+1} \Delta x \Delta y$ 。根据质量守恒关系可以得到：

$$\rho D_{i,j}^{n+1} \Delta x \Delta y - \rho D_{i,j}^{n} \Delta x \Delta y = \rho \Delta y u_{i-\frac{1}{2},j}^{n} D_{i-\frac{1}{2},j}^{n} \Delta t - \rho \Delta y u_{i+\frac{1}{2},j}^{n} D_{i+\frac{1}{2},j}^{n} \Delta t$$
$$+ \rho \Delta x v_{i,j-\frac{1}{2}}^{n} D_{i,j-\frac{1}{2}}^{n} \Delta t - \rho \Delta x v_{i,j+\frac{1}{2}}^{n} D_{i,j+\frac{1}{2}}^{n} \Delta t \qquad (5.1.1)$$

两侧同时除以 $\rho \Delta x \Delta y \Delta t$ ：

$$\frac{D_{i,j}^{n+1} - D_{i,j}^{n}}{\Delta t} = \frac{u_{i-\frac{1}{2},j}^{n} D_{i-\frac{1}{2},j}^{n} - u_{i+\frac{1}{2},j}^{n} D_{i+\frac{1}{2},j}^{n}}{\Delta x} + \frac{v_{i,j-\frac{1}{2}}^{n} D_{i,j-\frac{1}{2}}^{n} - v_{i,j+\frac{1}{2}}^{n} D_{i,j+\frac{1}{2}}^{n}}{\Delta y} \qquad (5.1.2)$$

当 $\Delta t \to 0$ 、$\Delta x \to 0$ 、$\Delta y \to 0$ 时，上式转化为

$$\frac{\partial D}{\partial t} + \frac{\partial uD}{\partial x} + \frac{\partial vD}{\partial y} = 0 \qquad (5.1.3)$$

当不考虑底部地形随时间的变化时，上式等价于：

$$\frac{\partial \eta}{\partial t} + \frac{\partial uD}{\partial x} + \frac{\partial vD}{\partial y} = 0 \qquad (5.1.4)$$

上式的物理意义为流体单元内体积的变化（体现为水位的变化）等于在 x 、y 两个方向上流体流入和流出单元的体积之差，该方程也称为二维体积连续方程。连续方程包含 x 、y 两个方向水平速度分量 u 、v 和水位三个未知量，需要和动量方程联立才能求解。和一维动量方程相类似，单元内水体动量变化的影响因素主要分为两部分：一部分为流入流出该单元的水体由于挟带一定动量而引起的单元内动量变化；另一部分为外力作用引起的动量变化。以下以 (i,j) 单元 x 方向动量变化为例进行分析。

在第 n 时刻 (i,j) 单元 x 方向动量为 $\rho \Delta x \Delta y D_{i,j}^{n} u_{i,j}^{n}$ ，在第 $n+1$ 时刻 (i,j) 单元动量变为 $\rho \Delta x \Delta y D_{i,j}^{n+1} u_{i,j}^{n+1}$ ，如图 5.1.3 所示。在第 n 时刻至第 $n+1$ 时刻从左侧界面流入第 (i,j) 单元的 x 方向动量可以近似表示为 $\rho \Delta y u_{i-\frac{1}{2},j}^{n} D_{i-\frac{1}{2},j}^{n} u_{i-\frac{1}{2},j}^{n} \Delta t$ ；从右侧界面流出的 x 方向动量可以近似表示为 $\rho \Delta y u_{i+\frac{1}{2},j}^{n} D_{i+\frac{1}{2},j}^{n} u_{i+\frac{1}{2},j}^{n} \Delta t$ ；从下侧界面流入第 (i,j) 单元的 x 方向动量可以

近似表示为 $\rho\Delta x v_{i,j-\frac{1}{2}}^{n} D_{i,j-\frac{1}{2}}^{n} u_{i,j-\frac{1}{2}}^{n}\Delta t$；从上侧界面流出的 x 方向动量可以近似表示为 $\rho\Delta x v_{i,j+\frac{1}{2}}^{n} D_{i,j+\frac{1}{2}}^{n} u_{i,j+\frac{1}{2}}^{n}\Delta t$。

第 (i,j) 单元左侧界面由于水体压强在 x 方向产生的压力为 $\frac{1}{2}\Delta y\rho g(D_{i-\frac{1}{2},j}^{n})^{2}$，右侧界面由于水体压强在 x 方向产生的压力为 $-\frac{1}{2}\Delta y\rho g(D_{i+\frac{1}{2},j}^{n})^{2}$，其他两个侧面水体压强在 x 方向产生的压力分量为 0。

底部固壁会对其上的水体产生一个支撑力，该力在 x 方向的作用力分量为

$$G\tan\alpha = \rho D_{i,j}^{n}\Delta x\Delta y g \frac{h_{i+\frac{1}{2},j} - h_{i-\frac{1}{2},j}}{\Delta x} = \rho D_{i,j}^{n}\Delta y g(h_{i+\frac{1}{2},j} - h_{i-\frac{1}{2},j})$$

流体流动过程中由于流体侧面和固壁、大气相接触，会受到摩擦力。如果考虑风的影响，假定单位接触面积的大气对水体运动产生的推动力为 τ_{sx}，第 (i,j) 单元受到的力为 $\tau_{sx}\Delta x\Delta y$；假定单位接触面积的固壁产生的 x 方向摩擦力为 τ_{bx}，第 (i,j) 单元受到的固壁摩擦力为 $-\tau_{bx}\Delta x\Delta y$。

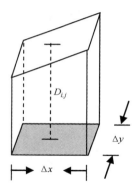

图 5.1.3　水域单元侧视

水体在运动过程中受到周围水体的作用，(i,j) 单元的水体在右侧界面会受到第 $(i+1,j)$ 单元水体的作用力，该作用力与速度梯度和界面面积成正比，可以表示为 $\rho D_{i+\frac{1}{2},j}^{n} A_{M}\left(\frac{\partial u}{\partial x}\right)_{i+\frac{1}{2},j}^{n}\Delta y$。该作用力可以认为由两部分组成，一部分为水体内部的黏滞力，另一部分为质点掺混碰撞引起的动量交换导致动量趋于均匀化，我们类比摩擦力导致作用对象动量均匀化，质点掺混导致的动量均匀化也相当于一种力的作用，这种力在流体力学上称为雷诺应力。同样道理，第 (i,j) 单元的水体在左侧界面会受到第 $(i-1,j)$ 单元水体的作用力，其大小为 $-D_{i-\frac{1}{2},j}^{n}\rho A_{M}\left(\frac{\partial u}{\partial x}\right)_{i-\frac{1}{2},j}^{n}\Delta y$。同样，在上下两侧界面产生的作用力分别为

$$\rho D^n_{i,j+\frac{1}{2}}A_{\mathrm{M}}\left(\frac{\partial u}{\partial y}\right)^n_{i,j+\frac{1}{2}}\Delta x, \ -\rho D^n_{i,j-\frac{1}{2}}A_{\mathrm{M}}\left(\frac{\partial u}{\partial y}\right)^n_{i,j-\frac{1}{2}}\Delta x$$

和一维问题相比,二维情况下水体运动还会受到科里奥利力(以下简称科氏力)作用,该力和水体单元的质量呈正比:$\rho D^n_{i,j}\Delta x\Delta y f v^n_{i,j}$,其中 $f=2\Omega\sin\varphi$ 为科氏力参数,Ω 为地球自转角速度,φ 为地理纬度。

单元 (i,j) 受到的合外力为

$$\frac{1}{2}\Delta y\rho g(D^n_{i-\frac{1}{2},j})^2 - \frac{1}{2}\Delta y\rho g(D^n_{i+\frac{1}{2},j})^2 + \rho g D^n_{i,j}\Delta y(h_{i+\frac{1}{2},j}-h_{i-\frac{1}{2},j}) + \tau_{\mathrm{sx}}\Delta x\Delta y - \tau_{\mathrm{bx}}\Delta x\Delta y$$

$$+ D^n_{i+\frac{1}{2},j}\rho A_{\mathrm{M}}\left(\frac{\partial u}{\partial x}\right)^n_{i+\frac{1}{2},j}\Delta y - D^n_{i-\frac{1}{2},j}\rho A_{\mathrm{M}}\left(\frac{\partial u}{\partial x}\right)^n_{i-\frac{1}{2},j}\Delta y + D^n_{i,j+\frac{1}{2}}\rho A_{\mathrm{M}}\left(\frac{\partial u}{\partial y}\right)^n_{i,j+\frac{1}{2}}\Delta x$$

$$- D^n_{i,j-\frac{1}{2}}\rho A_{\mathrm{M}}\left(\frac{\partial u}{\partial y}\right)^n_{i,j-\frac{1}{2}}\Delta x \approx -\rho g\Delta y(\eta^n_{i+\frac{1}{2},j}-\eta^n_{i-\frac{1}{2},j})D^n_{i,j} + \tau_{\mathrm{sx}}\Delta x\Delta y - \tau_{\mathrm{bx}}\Delta x\Delta y$$

$$+ D^n_{i+\frac{1}{2},j}\rho A_{\mathrm{M}}\left(\frac{\partial u}{\partial x}\right)^n_{i+\frac{1}{2},j}\Delta y - D^n_{i-\frac{1}{2},j}\rho A_{\mathrm{M}}\left(\frac{\partial u}{\partial x}\right)^n_{i-\frac{1}{2},j}\Delta y + D^n_{i,j+\frac{1}{2}}\rho A_{\mathrm{M}}\left(\frac{\partial u}{\partial y}\right)^n_{i,j+\frac{1}{2}}\Delta x$$

$$- D^n_{i,j-\frac{1}{2}}\rho A_{\mathrm{M}}\left(\frac{\partial u}{\partial y}\right)^n_{i,j-\frac{1}{2}}\Delta x + \rho D^n_{i,j}\Delta x\Delta y f v^n_{i,j}$$

根据动量守恒原理有:

$$\rho\Delta x\Delta y D^{n+1}_{i,j}u^{n+1}_{i,j} - \rho\Delta x\Delta y D^n_{i,j}u^n_{i,j}$$

$$= \rho\Delta y u^n_{i-\frac{1}{2},j}D^n_{i-\frac{1}{2},j}u^n_{i-\frac{1}{2},j}\Delta t - \rho\Delta y u^n_{i+\frac{1}{2},j}D^n_{i+\frac{1}{2},j}u^n_{i+\frac{1}{2},j}\Delta t + \rho\Delta x v^n_{i,j-\frac{1}{2}}D^n_{i,j-\frac{1}{2}}u^n_{i,j-\frac{1}{2}}\Delta t$$

$$- \rho\Delta x v^n_{i,j+\frac{1}{2}}D^n_{i,j+\frac{1}{2}}u^n_{i,j+\frac{1}{2}}\Delta t - \rho g\Delta y(\eta^n_{i+\frac{1}{2},j}-\eta^n_{i-\frac{1}{2},j})D^n_{i,j}\Delta t + \tau_{\mathrm{sx}}\Delta x\Delta y\Delta t - \tau_{\mathrm{bx}}\Delta x\Delta y\Delta t$$

$$+ D^n_{i+\frac{1}{2},j}\rho A_{\mathrm{M}}\left(\frac{\partial u}{\partial x}\right)^n_{i+\frac{1}{2},j}\Delta y\Delta t - D^n_{i-\frac{1}{2},j}\rho A_{\mathrm{M}}\left(\frac{\partial u}{\partial x}\right)^n_{i-\frac{1}{2},j}\Delta y\Delta t + D^n_{i,j+\frac{1}{2}}\rho A_{\mathrm{M}}\left(\frac{\partial u}{\partial y}\right)^n_{i,j+\frac{1}{2}}\Delta x\Delta t$$

$$- D^n_{i,j-\frac{1}{2}}\rho A_{\mathrm{M}}\left(\frac{\partial u}{\partial y}\right)^n_{i,j-\frac{1}{2}}\Delta x\Delta t + \rho D^n_{i,j}\Delta x\Delta y f v^n_{i,j}\Delta t \tag{5.1.5}$$

上式两侧同时除以 $\rho\Delta x\Delta y\Delta t$:

$$\frac{D^{n+1}_{i,j}u^{n+1}_{i,j} - D^n_{i,j}u^n_{i,j}}{\Delta t} + \frac{D^n_{i+\frac{1}{2},j}(u^n_{i+\frac{1}{2},j})^2 - D^n_{i-\frac{1}{2},j}(u^n_{i-\frac{1}{2},j})^2}{\Delta x} + \frac{D^n_{i,j+\frac{1}{2}}v^n_{i,j+\frac{1}{2}}u^n_{i,j+\frac{1}{2}} - D^n_{i,j-\frac{1}{2}}v^n_{i,j-\frac{1}{2}}u^n_{i,j-\frac{1}{2}}}{\Delta y}$$

$$= -\frac{g(\eta^n_{i+\frac{1}{2},j}-\eta^n_{i-\frac{1}{2},j})D^n_{i,j}}{\Delta x} + \frac{\tau_{\mathrm{sx}}}{\rho} - \frac{\tau_{\mathrm{bx}}}{\rho} + \frac{D^n_{i+\frac{1}{2},j}A_{\mathrm{M}}\left(\frac{\partial u}{\partial x}\right)^n_{i+\frac{1}{2},j} - D^n_{i-\frac{1}{2},j}A_{\mathrm{M}}\left(\frac{\partial u}{\partial x}\right)^n_{i-\frac{1}{2},j}}{\Delta x}$$

$$+ \frac{D^n_{i,j+\frac{1}{2}}A_{\mathrm{M}}\left(\frac{\partial u}{\partial y}\right)^n_{i,j+\frac{1}{2}} - D^n_{i,j-\frac{1}{2}}A_{\mathrm{M}}\left(\frac{\partial u}{\partial y}\right)^n_{i,j-\frac{1}{2}}}{\Delta y} + D^n_{i,j}f v^n_{i,j} \tag{5.1.6}$$

当 $\Delta t\to 0$、$\Delta x\to 0$、$\Delta y\to 0$ 时,上式简化为

$$\frac{\partial Du}{\partial t} + \frac{\partial Du^2}{\partial x} + \frac{\partial Duv}{\partial y} = -gD\frac{\partial\eta}{\partial x} + \frac{\tau_{\mathrm{sx}}-\tau_{\mathrm{bx}}}{\rho} + \frac{\partial}{\partial x}\left(DA_{\mathrm{M}}\frac{\partial u}{\partial x}\right) + \frac{\partial}{\partial y}\left(DA_{\mathrm{M}}\frac{\partial u}{\partial y}\right) + fvD$$

$$\tag{5.1.7}$$

同理,可得 y 方向的动量方程:

$$\frac{\partial Dv}{\partial t} + \frac{\partial Duv}{\partial x} + \frac{\partial Dv^2}{\partial y} = -gD\frac{\partial \eta}{\partial y} + \frac{\tau_{sy} - \tau_{by}}{\rho} + \frac{\partial}{\partial x}\left(DA_M\frac{\partial v}{\partial x}\right) + \frac{\partial}{\partial y}\left(DA_M\frac{\partial v}{\partial y}\right) - fuD$$

(5.1.8)

利用连续方程(5.1.3),以上两式也可以转化为

$$\frac{\partial u}{\partial t} + u\frac{\partial u}{\partial x} + v\frac{\partial u}{\partial y} = -g\frac{\partial \eta}{\partial x} + \frac{\tau_{sx} - \tau_{bx}}{\rho D} + \frac{1}{D}\frac{\partial}{\partial x}\left(DA_M\frac{\partial u}{\partial x}\right) + \frac{1}{D}\frac{\partial}{\partial y}\left(DA_M\frac{\partial u}{\partial y}\right) + fv$$

(5.1.9)

$$\frac{\partial v}{\partial t} + u\frac{\partial v}{\partial x} + v\frac{\partial v}{\partial y} = -g\frac{\partial \eta}{\partial y} + \frac{\tau_{sy} - \tau_{by}}{\rho D} + \frac{1}{D}\frac{\partial}{\partial x}\left(DA_M\frac{\partial v}{\partial x}\right) + \frac{1}{D}\frac{\partial}{\partial y}\left(DA_M\frac{\partial v}{\partial y}\right) - fu$$

(5.1.10)

根据连续方程和动量方程,可以求解得到二维水流的运动特性,即水位(水深)和断面平均流速的时空分布。

采用同样的方法,我们也可以得到关于污染物浓度的控制方程:

$$\frac{\partial DC}{\partial t} + \frac{\partial DuC}{\partial x} + \frac{\partial DvC}{\partial y} = \frac{\partial}{\partial x}\left(DA_H\frac{\partial C}{\partial x}\right) + \frac{\partial}{\partial y}\left(DA_H\frac{\partial C}{\partial y}\right) + SD \qquad (5.1.11)$$

或

$$\frac{\partial C}{\partial t} + u\frac{\partial C}{\partial x} + v\frac{\partial C}{\partial y} = \frac{1}{D}\frac{\partial}{\partial x}\left(DA_H\frac{\partial C}{\partial x}\right) + \frac{1}{D}\frac{\partial}{\partial y}\left(DA_H\frac{\partial C}{\partial y}\right) + S \qquad (5.1.12)$$

式中:C 为污染物的垂向平均浓度;A_H 为水平混合系数;S 为源(汇)项。

5.2 二维水流方程的物理意义及水体运动性质

5.2.1 水流方程的物理意义

二维水流控制方程可以归纳为如下方程:

$$\frac{\partial \eta}{\partial t} + \frac{\partial uD}{\partial x} + \frac{\partial vD}{\partial y} = 0$$

$$\frac{\partial u}{\partial t} + u\frac{\partial u}{\partial x} + v\frac{\partial u}{\partial y} = -g\frac{\partial \eta}{\partial x} + \frac{\tau_{sx} - \tau_{bx}}{\rho D} + \frac{1}{D}\frac{\partial}{\partial x}\left(DA_M\frac{\partial u}{\partial x}\right) + \frac{1}{D}\frac{\partial}{\partial y}\left(DA_M\frac{\partial u}{\partial y}\right) + fv$$

$$\frac{\partial v}{\partial t} + u\frac{\partial v}{\partial x} + v\frac{\partial v}{\partial y} = -g\frac{\partial \eta}{\partial y} + \frac{\tau_{sy} - \tau_{by}}{\rho D} + \frac{1}{D}\frac{\partial}{\partial x}\left(DA_M\frac{\partial v}{\partial x}\right) + \frac{1}{D}\frac{\partial}{\partial y}\left(DA_M\frac{\partial v}{\partial y}\right) - fu$$

连续方程描述了单元内水位的变化(或单元内水体体积的变化)和该单元的水体体积收支平衡之间的关系,是水体体积守恒的反映,由于采用的是不可压缩假定,在本质上也是水体质量守恒的反映。

和一维问题相类似,动量方程的物理意义可以从两方面理解,一方面可以理解为力

的平衡。每一项都可以看作单位质量流体受到的力。左边第一项为局地(即位置不变)惯性力,第二项、第三项为迁移惯性力。右边第一项为水位差导致的压强梯度力,第二项为固液、气液界面的摩擦力,第三项、第四项为雷诺应力(和黏性力),最后一项为科氏力。

另一方面可以从动量角度理解,左边第一项为单位质量水体动量的局地随时间的变化;第二、第三项为水平流动导致的动量变化。右侧可以认为是动量的源(汇)项,对应于动量产生和消失来源(即外力)。

5.2.2 动量方程中各项对水流的作用

(1)压强梯度力的作用

动量方程仅考虑水位梯度导致的压强梯度力,为了简化问题,我们假定水位的波动远小于水深且地形坡度较小,水流控制方程如下:

$$\frac{\partial \eta}{\partial t} + h \frac{\partial u}{\partial x} + h \frac{\partial v}{\partial y} = 0 \tag{5.2.1}$$

$$\frac{\partial u}{\partial t} + g \frac{\partial \eta}{\partial x} = 0 \tag{5.2.2}$$

$$\frac{\partial v}{\partial t} + g \frac{\partial \eta}{\partial y} = 0 \tag{5.2.3}$$

两式消去变量 u、v,可以得到:

$$\frac{\partial^2 \eta}{\partial t^2} = gh\left(\frac{\partial^2 \eta}{\partial x^2} + \frac{\partial^2 \eta}{\partial y^2}\right) \tag{5.2.4}$$

该方程为波动方程,每一个分波的解为:$\eta = \eta_k \cos(k_x x + k_y y \pm \omega t)$,其中,$x$、$y$ 方向的波数分别为 $k_x = \frac{2\pi}{L_x}$,$k_y = \frac{2\pi}{L_y}$,L_x、L_y 分别为 x、y 方向的波数的波长。波在 x、y 方向的移动速度分别为 $c_x = \pm \frac{\omega}{k_x}$ 和 $c_y = \pm \frac{\omega}{k_y}$。如果引入矢径 $\boldsymbol{r} = (x, y)$,波矢量 $\boldsymbol{k} = (k_x, k_y)$,每一个分波的解也可以表示为 $\eta = \eta_k \cos(\boldsymbol{k} \cdot \boldsymbol{r} \pm \omega t)$,波速矢量 $\boldsymbol{c} = \pm \frac{\omega}{|\boldsymbol{k}|^2} \boldsymbol{k}$。

(2)表面压强梯度力和平流项的共同作用

在动量方程中仅保持压强梯度力项和平流项,水流运动方程可以整理为

$$\frac{\partial u}{\partial t} + u \frac{\partial u}{\partial x} + v \frac{\partial u}{\partial y} = -g \frac{\partial \eta}{\partial x} \tag{5.2.5}$$

$$\frac{\partial v}{\partial t} + u \frac{\partial v}{\partial x} + v \frac{\partial v}{\partial y} + g \frac{\partial D}{\partial y} = -g \frac{\partial \eta}{\partial y} \tag{5.2.6}$$

$$\frac{\partial D}{\partial t} + D \frac{\partial u}{\partial x} + u \frac{\partial D}{\partial x} + D \frac{\partial v}{\partial y} + v \frac{\partial D}{\partial y} = 0 \tag{5.2.7}$$

该式的物理意义和一维情形类似,除此之外,我们还可以了解流体质点旋转的性质。

式(5.2.6)关于 x 的偏微分减去式(5.2.5)关于 y 的偏微分得到:

$$\frac{\partial}{\partial t}\left(\frac{\partial v}{\partial x} - \frac{\partial u}{\partial y}\right) + u\frac{\partial}{\partial x}\left(\frac{\partial v}{\partial x} - \frac{\partial u}{\partial y}\right) + v\frac{\partial}{\partial y}\left(\frac{\partial v}{\partial x} - \frac{\partial u}{\partial y}\right) + \frac{\partial u}{\partial x}\left(\frac{\partial v}{\partial x} - \frac{\partial u}{\partial y}\right) + \frac{\partial v}{\partial y}\left(\frac{\partial v}{\partial x} - \frac{\partial u}{\partial y}\right) = 0$$

$$(5.2.8)$$

引入垂向涡度分量 $\Omega_z = \dfrac{\partial v}{\partial x} - \dfrac{\partial u}{\partial y}$，上式转化为

$$\frac{\partial \Omega_z}{\partial t} + u\frac{\partial \Omega_z}{\partial x} + v\frac{\partial \Omega_z}{\partial y} = -\left(\frac{\partial u}{\partial x} + \frac{\partial v}{\partial y}\right)\Omega_z \qquad (5.2.9)$$

即

$$\frac{\mathrm{d}\ln\Omega_z}{\mathrm{d}t} = -\left(\frac{\partial u}{\partial x} + \frac{\partial v}{\partial y}\right) \qquad (5.2.10)$$

连续方程(5.2.7)可以写作：

$$\frac{\mathrm{d}\ln D}{\mathrm{d}t} = -\left(\frac{\partial u}{\partial x} + \frac{\partial v}{\partial y}\right) \qquad (5.2.11)$$

所以有：

$$\frac{\mathrm{d}\ln\Omega_z}{\mathrm{d}t} - \frac{\mathrm{d}\ln D}{\mathrm{d}t} = 0 \qquad (5.2.12)$$

因此

$$\frac{\mathrm{d}}{\mathrm{d}t}\left(\frac{\Omega_z}{D}\right) = 0 \qquad (5.2.13)$$

垂向涡度是度量流体质点绕铅垂轴线旋转的量，其值等于旋转角速度 ω 的二倍。式 (5.2.13)表明，流体质点在运动过程中，其涡度(或旋转速度)和深度呈正比，当水深不变时，涡度不变；当水深增加时，质点的旋转程度也加剧。旋度的变化也可以用角动量守恒来解释，由于水位形成的压强梯度不会改变水体的角动量，当流体微团水平收缩时，即水深增大时，角动量守恒要求其旋转加快；反之，当流体微团水平扩张时，水深减小，角动量守恒要求其旋转减缓。

（3）科氏力对流体运动的影响

$$\frac{\partial u}{\partial t} - fv = 0 \qquad (5.2.14)$$

$$\frac{\partial v}{\partial t} + fu = 0 \qquad (5.2.15)$$

写成矢量形式：

$$\frac{\partial}{\partial t}\begin{bmatrix} u \\ v \end{bmatrix} + \begin{bmatrix} 0 & -f \\ f & 0 \end{bmatrix}\begin{bmatrix} u \\ v \end{bmatrix} = \begin{bmatrix} 0 \\ 0 \end{bmatrix} \qquad (5.2.16)$$

矩阵 $\begin{bmatrix} 0 & -f \\ f & 0 \end{bmatrix}$ 的特征值为 $If, -If$，对应的左特征向量分别为 $(1, I), (1, -I)$。

依此得到：

$$\frac{\partial(u + Iv)}{\partial t} + If(u + Iv) = 0 \tag{5.2.17}$$

$$\frac{\partial(u - Iv)}{\partial t} - If(u - Iv) = 0 \tag{5.2.18}$$

其谐波解为

$$u - Iv = U\exp(Ift)\,;u + Iv = U\exp(-Ift) \tag{5.2.19}$$

进一步得到：

$$u = U\cos(ft)\,,v = -U\sin(ft) \tag{5.2.20}$$

可见,质点以圆频率 f 在平衡位置做顺时针圆周运动,其本质为一种波动,也称为惯性波。

当然从力的角度而言,由式(5.2.14)和式(5.2.15)可以导出：

$$\frac{\partial^2 u}{\partial t^2} + f^2 u = 0 \tag{5.2.21}$$

$$\frac{\partial^2 v}{\partial t^2} + f^2 v = 0 \tag{5.2.22}$$

也可以认为惯性波运动是 x（或 y）方向运动的质点受到科氏力产生的恢复力 $-f^2 u$（或 $-f^2 v$）所致。

（4）科氏力和平流项的共同作用

首先在动量方程中仅保持科氏力和平流项,水流运动方程可以整理为

$$\frac{\partial u}{\partial t} + u\frac{\partial u}{\partial x} + v\frac{\partial u}{\partial y} = fv \tag{5.2.23}$$

$$\frac{\partial v}{\partial t} + u\frac{\partial v}{\partial x} + v\frac{\partial v}{\partial y} = -fu \tag{5.2.24}$$

$$\frac{\partial D}{\partial t} + D\frac{\partial u}{\partial x} + u\frac{\partial D}{\partial x} + D\frac{\partial v}{\partial y} + v\frac{\partial D}{\partial y} = 0 \tag{5.2.25}$$

第二式关于 x 的偏微分减去第一式关于 y 的偏微分还可以得到：

$$\frac{\partial \Omega_z}{\partial t} + u\frac{\partial \Omega_z}{\partial x} + v\frac{\partial \Omega_z}{\partial y} + u\frac{\partial f}{\partial x} + v\frac{\partial f}{\partial y} = -(f + \Omega_z)\left(\frac{\partial u}{\partial x} + \frac{\partial v}{\partial y}\right) \tag{5.2.26}$$

即

$$\frac{\mathrm{d}(f + \Omega_z)}{\mathrm{d}t} = -(f + \Omega_z)\left(\frac{\partial u}{\partial x} + \frac{\partial v}{\partial y}\right) \tag{5.2.27}$$

根据连续方程得到：

$$\frac{\mathrm{d}\ln D}{\mathrm{d}t} = -\left(\frac{\partial u}{\partial x} + \frac{\partial v}{\partial y}\right) \tag{5.2.28}$$

综合两式可得：

$$\frac{\mathrm{d}}{\mathrm{d}t}\left(\frac{f + \Omega_z}{D}\right) = 0 \tag{5.2.29}$$

其中:科氏力参数可以认为是由于地球自转而使流体所具有的涡度,Ω_z 是以地面为参照系的流体所具有的涡度,二者之和称为绝对涡度,该式表明流体质点在运动过程中,其绝对涡度(或绝对旋转速度)和深度呈正比,当水深不变时,绝对涡度不变;当水深增加时,质点的旋转程度也加剧。从角动量守恒而言,当流体微团水平收缩时,即水深增大时,角动量守恒要求其旋转加快;反之,当流体微团水平扩张时,水深减小,角动量守恒要求其旋转减弱。在大气中也将 $\dfrac{f + \Omega_z}{D}$ 定义为位涡,则式(5.2.29)所描述的流体运动性质也可以称为位涡守恒。

由于科氏力参数的变化只有在非常大的空间尺度才会体现,因此,只有在大洋或大气中才能观察到位涡守恒的案例。例如,Rossby 波以及地形对西风气流影响产生的背风槽现象。

请读者分析在科氏力、平流项和压强梯度力共同作用下,流动是否满足位涡守恒。

(5)表面压强梯度力和科氏力的作用

动量方程仅考虑水位梯度导致的压强梯度力,为了简化问题,我们假定水位的波动远小于水深且地形坡度较小,水流控制方程可以简化为

$$\frac{\partial \eta}{\partial t} + h \frac{\partial u}{\partial x} + h \frac{\partial v}{\partial y} = 0 \qquad (5.2.30)$$

$$\frac{\partial u}{\partial t} - fv + g \frac{\partial \eta}{\partial x} = 0 \qquad (5.2.31)$$

$$\frac{\partial v}{\partial t} + fu + g \frac{\partial \eta}{\partial y} = 0 \qquad (5.2.32)$$

两个方向的动量方程分别对时间求偏微分并消去另一个方向的速度,得到:

$$\frac{\partial^2 u}{\partial t^2} + f^2 u + fg \frac{\partial \eta}{\partial y} + g \frac{\partial^2 \eta}{\partial t \partial x} = 0 \qquad (5.2.33)$$

$$\frac{\partial^2 v}{\partial t^2} + f^2 v - fg \frac{\partial \eta}{\partial x} + g \frac{\partial^2 \eta}{\partial t \partial y} = 0 \qquad (5.2.34)$$

上面两式分别对 x、y 求偏导数,相加并利用连续方程:

$$\frac{\partial}{\partial t} \left[\frac{\partial^2 \eta}{\partial t^2} + f^2 \eta - gh \left(\frac{\partial^2 \eta}{\partial x^2} + \frac{\partial^2 \eta}{\partial y^2} \right) \right] = 0 \qquad (5.2.35)$$

容易看出,以上方程为波动方程,这种波也称为惯性重力外波。设上述方程的谐波解为 $\eta = \hat{\eta} \cos(k_x x + k_y y - \omega t)$,代入式(5.2.35)得:

频率方程:

$$\omega^2 = f^2 + ghk^2 \qquad (5.2.36)$$

其中:$k^2 = k_x^2 + k_y^2$。

波速:

$$c = \frac{\omega}{k} = \pm \left(c_0^2 + f^2/k^2 \right)^{\frac{1}{2}} \tag{5.2.37}$$

根据频率方程和波速表达式可知,由于地转偏向力的影响,波速大于单纯的重力外波波速;同时波速还和波长相关,波速随波长的减小而减小,趋近于重力波波速。

同样,如果增加摩擦力,并将摩擦力简化为线性形式:

$$\frac{\partial \eta}{\partial t} + h \frac{\partial u}{\partial x} + h \frac{\partial v}{\partial y} = 0 \tag{5.2.38}$$

$$\frac{\partial u}{\partial t} - fv + g \frac{\partial \eta}{\partial x} + \beta u = 0 \tag{5.2.39}$$

$$\frac{\partial v}{\partial t} + fu + g \frac{\partial \eta}{\partial y} + \beta v = 0 \tag{5.2.40}$$

得到:

$$\frac{\partial}{\partial t} \left[\frac{\partial^2 \eta}{\partial t^2} + \beta \frac{\partial \eta}{\partial t} + f^2 \eta - gh \left(\frac{\partial^2 \eta}{\partial x^2} + \frac{\partial^2 \eta}{\partial y^2} \right) \right] = 0 \tag{5.2.41}$$

设上述方程的谐波解为 $\eta = \hat{\eta} e^{I(k_x x + k_y y - \omega t)}$,代入式(5.2.41)得:

频率方程:

$$\omega^2 = f^2 + ghk^2 + I\beta\omega \tag{5.2.42}$$

其中: $k^2 = k_x^2 + k_y^2$。令 $\omega = \omega_r + I\omega_i$,则

$$\omega_i = \beta/2, \omega_r = f^2 + ghk^2 - \frac{\beta^2}{4} \tag{5.2.43}$$

波速:

$$c = \frac{\omega_r}{k} = \pm \left(c_0^2 + \frac{f^2}{k^2} - \frac{\beta^2}{4k^2} \right)^{\frac{1}{2}} \tag{5.2.44}$$

可见,摩擦力将使波动振幅发生指数衰减,同时波速变小,周期变长。

(6)科氏力和压强梯度力平衡下的定常运动

在水平压强梯度力的作用下,海水将在受力的方向上产生运动。与此同时,科氏力便相应起作用,使水体流动的方向发生右偏。忽略底部摩阻力,当水平压强梯度力与科氏力大小相等方向相反取得平衡时,海水的流动便达到稳定状态。此时,水体为恒定流动,满足:

$$fv - g \frac{\partial \eta}{\partial x} = 0 \tag{5.2.45}$$

$$fu + g \frac{\partial \eta}{\partial y} = 0 \tag{5.2.46}$$

解为

$$(u, v) = \frac{g}{f} \left(-\frac{\partial \eta}{\partial y}, \frac{\partial \eta}{\partial x} \right) \tag{5.2.47}$$

此时,压强梯度力和科氏力方向相反且都与流向相垂直(图 5.2.1)。这种流动在海洋中称为地转流,在大气中也称为地转风。

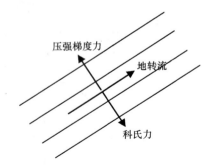

图 5.2.1　地转流中力的平衡关系

当存在底部摩擦力时,方程转化为

$$- g \frac{\partial \eta}{\partial x} - \frac{\tau_{bx}}{\rho D} + fv = 0 \qquad (5.2.48)$$

$$- g \frac{\partial \eta}{\partial y} - \frac{\tau_{by}}{\rho D} - fu = 0 \qquad (5.2.49)$$

$$(u, v) = \frac{g}{f} \left(- \frac{\partial \eta}{\partial y}, \frac{\partial \eta}{\partial x} \right) - \frac{1}{\rho D f} (\tau_{by}, \tau_{bx}) \qquad (5.2.50)$$

此时,力的平衡关系如图 5.2.2 所示,同时流向不再与压强梯度力相垂直,而是呈一个锐角。

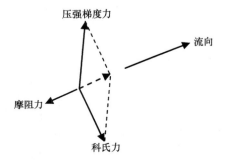

图 5.2.2　底部摩擦力作用下地转流中力的平衡关系

(7)表面或底部切应力的作用

$$\frac{\partial u}{\partial t} = \frac{\tau_{sx} - \tau_{bx}}{\rho D} \qquad (5.2.51)$$

$$\frac{\partial v}{\partial t} = \frac{\tau_{sy} - \tau_{by}}{\rho D} \qquad (5.2.52)$$

由于自然条件下,流动状态一般为紊流,一般认为底部切应力和流速的平方成正比,和一维问题相类似,可采用下式计算:

$$\tau_{bx} = \rho C_b u \sqrt{u^2 + v^2}; \tau_{by} = \rho C_b v \sqrt{u^2 + v^2} \tag{5.2.53}$$

式中:ρ 为水体的密度;C_b 为拖曳力系数或阻力系数(量纲为1),该系数和固体壁面的粗糙程度有关系,壁面越粗糙,该值越大,其取值和一维问题相同。

自由表面受到的风应力也可以相似形式计算:

$$\tau_{sx} = \rho_a C_D U_{10} \sqrt{U_{10}^2 + V_{10}^2}; \tau_{sy} = \rho_a C_D V_{10} \sqrt{U_{10}^2 + V_{10}^2} \tag{5.2.54}$$

式中:ρ_a 为空气的密度;C_D 为拖曳力系数或阻力系数(量纲为1),该系数和水面的粗糙程度有关,水面越粗糙,该值越大;U_{10}、V_{10} 分别为水面以上10 m处 x、y 方向的风速。当风速和流速一致时,将会使流速增加,相反时则会减小流速。

5.2.3　水流方程的定解条件

由于水流运动过程中,摩擦力对于能量的耗散作用相当强,初始场只在开始时间积分的短时段内对区域内的物理量有影响,之后物理量将主要取决于边界条件的强迫作用。因此,一般情况下初始场的给定不必过于追求精确。

由于微分方程组描述的是随时间演变的物理过程,因此需要给定初始时刻的物理量全场值,即在 $t = 0$ 时,给定 $\begin{pmatrix} u \\ v \\ \eta \end{pmatrix} = \begin{pmatrix} u_0 \\ v_0 \\ \eta_0 \end{pmatrix}$。

由于水流运动方程描述了物理量在空间的传播过程,边界上必须给定物理量的取值方式。为了将边界条件定得较为准确,一般将计算开边界设置在水深变化较小、水流情况相对简单且切向流速较小的位置。

目前,常用的方法有两种,一种是在边界上将水位给定为实测值,在边界上水位梯度力的作用下,计算区域会形成一定的流动。另一种是在边界上给定法向流速值,同时将切向流速取为零梯度条件,使计算区域实现流动。由于水流方程中流速和水位都为未知量,边界上仅仅给定流速或水位尚不足以求解出方程。但是,由于流速和水位存在相互作用,如果二者在边界上都给为定值,二者容易不协调。因此,一般情况下,当水位(或流速)为定值时,则将流速在法向给定为零梯度条件。

以 x 方向的边界条件为例,可以采用如下两种方式:一是给定流速值同时设水位值为零梯度条件,即

$$x = 0 \text{ 或 } l \text{ 时,给定} \begin{cases} u = u(t) \\ \dfrac{\partial v}{\partial x} = 0 \text{ 或 } v = 0 \\ \dfrac{\partial \eta}{\partial x} = 0 \end{cases} \tag{5.2.55}$$

另一种给定水位值同时设流速值为零梯度条件,即

$$
x = 0 \text{ 或 } l \text{ 时, 给定}
\begin{cases}
\eta = \eta(t) \\
\dfrac{\partial v}{\partial x} = 0 \text{ 或 } v = 0 \\
\dfrac{\partial u}{\partial x} = 0
\end{cases}
\qquad (5.2.56)
$$

y 方向的边界条件也可以类似给定。

和一维问题一样,在数值计算中不建议在所有开边界均给定流速值。因为边界流速值的监测资料本身或计算机存储中存在一定的误差,当两侧边界均给定流速值时,流速引起的流量误差无法传播出计算区域,长时间的积分可能使区域内水体总体积持续增加或减少,降低计算结果的精度甚至引起数值发散。

在二维模型中,除了开边界条件外,还需要给定固壁边界条件。对于固壁边界,一般采用法向速度为零,切向速度可采用无滑移条件,对于计算区域非常大的情况,也可以采用切向速度零梯度条件。以 x 方向的边界条件为例,即

$$
\begin{cases}
u = 0 \\
\dfrac{\partial v}{\partial x} = 0 \text{ 或 } v = 0
\end{cases}
\qquad (5.2.57)
$$

5.3 二维模型的数值离散格式

5.3.1 二维模型中变量的网格布置方式

同一维控制方程问题相似,二维控制方程同样存在如下特点:在同一个方程中当水位(或污染物浓度)为时间微分时,速度为空间微分;而当速度为时间微分时,水位为空间微分。因此,当速度和水位在网格上交错布置时,差分格式将会得到明显的简化。不仅如此,网格上变量的布置方式还会影响到差分方程对微分方程物理性质的逼近程度,图 5.3.1 为典型的五种变量布置方式。

Winninghoff 采用如下二维平面无摩擦有地转的长重力波方程组研究了图 5.3.1 变量布置对计算结果的影响。

$$
\frac{\partial u}{\partial t} = -g \frac{\partial \eta}{\partial x} + fv
\qquad (5.3.1)
$$

$$
\frac{\partial v}{\partial t} = -g \frac{\partial \eta}{\partial y} - fu
\qquad (5.3.2)
$$

$$
\frac{\partial \eta}{\partial t} + h \frac{\partial u}{\partial x} + h \frac{\partial v}{\partial y} = 0
\qquad (5.3.3)
$$

研究结果显示,五种网格中均可以有效模拟低频长波,但是对于中短波而言,C 网格和 E 网格的频散关系和微分方程的频散关系最为接近,而 E 网格在边界上的处理较为复

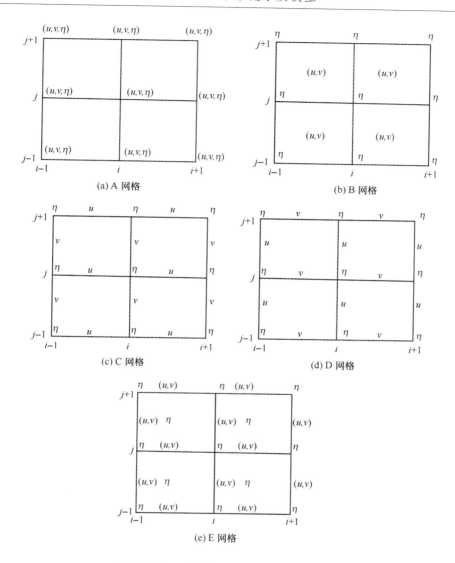

图 5.3.1 二维平面网格的变量布置方式

杂,因此,C 网格成为目前应用最为广泛的变量布置方式,以下章节的数值离散皆以 C 网格的变量布置方式进行,即矢量布置于单元的边上,而标量布置于单元中心(图 5.3.2)。

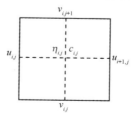

图 5.3.2 C 网格的变量布置方式

5.3.2 数值差分格式

（1）两层时间差分格式

我们可以将一维水流水质方程的两层时间差分格式进一步推广到二维方程中，浓度方程、连续方程采用时间前差空间中心差：

$$
\begin{aligned}
c_{i,j}^{n+1} = \ & c_{i,j}^{n} - \frac{1}{4}\frac{\Delta t}{\Delta x}(u_{i,j}^{n} + u_{i+1,j}^{n})(c_{i+1,j}^{n} - c_{i-1,j}^{n}) - \frac{1}{4}\frac{\Delta t}{\Delta x}(v_{i,j}^{n} + v_{i,j+1}^{n})(c_{i,j+1}^{n} - c_{i,j-1}^{n}) \\
& + \frac{1}{2D_{i,j}^{n}}\frac{\Delta t}{\Delta x}\left[(D_{i,j}^{n} + D_{i+1,j}^{n})A_{\mathrm H}\frac{c_{i+1,j}^{n} - c_{i,j}^{n}}{\Delta x} - (D_{i-1,j}^{n} + D_{i,j}^{n})A_{\mathrm H}\frac{c_{i,j}^{n} - c_{i-1,j}^{n}}{\Delta x}\right] \\
& + \frac{1}{2D_{i,j}^{n}}\frac{\Delta t}{\Delta y}\left[(D_{i,j}^{n} + D_{i,j+1}^{n})A_{\mathrm H}\frac{c_{i,j+1}^{n} - c_{i,j}^{n}}{\Delta y} - (D_{i,j-1}^{n} + D_{i,j}^{n})A_{\mathrm H}\frac{c_{i,j}^{n} - c_{i,j-1}^{n}}{\Delta y}\right] \\
& - Kc_{i,j}^{n}\Delta t
\end{aligned}
\tag{5.3.4}
$$

$$
\begin{aligned}
D_{i,j}^{n+1} = \ & D_{i,j}^{n} - \frac{1}{2}\frac{\Delta t}{\Delta x}u_{i+1,j}^{n}(D_{i,j}^{n} + D_{i+1,j}^{n}) + \frac{1}{2}\frac{\Delta t}{\Delta x}u_{i,j}^{n}(D_{i-1,j}^{n} + D_{i,j}^{n}) \\
& - \frac{1}{2}\frac{\Delta t}{\Delta y}v_{i,j+1}^{n}(D_{i,j}^{n} + D_{i,j+1}^{n}) + \frac{1}{2}\frac{\Delta t}{\Delta y}v_{i,j-1}^{n}(D_{i,j-1}^{n} + D_{i,j}^{n})
\end{aligned}
\tag{5.3.5}
$$

由于在连续方程的求解中已经获得 $n+1$ 时刻的水位值，为了提高差分格式的稳定性，压强梯度力项采用 $n+1$ 时刻的值，其他均采用时间前差，空间差分采用中心差分。

$$
\begin{aligned}
u_{i,j}^{n+1} = \ & u_{i,j}^{n} - \frac{1}{2}\frac{\Delta t}{\Delta x}u_{i,j}^{n}(u_{i+1,j}^{n} - u_{i-1,j}^{n}) - \frac{1}{2}\frac{\Delta t}{\Delta x}\bar{v}_{i,j}^{n}(u_{i,j+1}^{n} - u_{i,j-1}^{n}) \\
& - g\frac{\Delta t}{\Delta x}(\eta_{i,j}^{n+1} - \eta_{i-1,j}^{n+1}) - \frac{2C_b}{D_{i-1,j}^{n+1} + D_{i,j}^{n+1}}\sqrt{(u_{i,j}^{n})^2 + (\bar{v}_{i,j}^{n})^2}\,u_{i,j}^{n}\Delta t \\
& + \frac{2}{D_{i-1,j}^{n+1} + D_{i,j}^{n+1}}\frac{\Delta t}{\Delta x^2}\left[D_{i,j}^{n+1}A_{\mathrm M}(u_{i+1,j}^{n} - u_{i,j}^{n}) - D_{i-1,j}^{n+1}A_{\mathrm M}(u_{i,j}^{n} - u_{i-1,j}^{n})\right] \\
& + \frac{2}{D_{i-1,j}^{n+1} + D_{i,j}^{n+1}}\frac{\Delta t}{\Delta y^2}\left[\bar{D}_{i,j+1}^{n+1}A_{\mathrm M}(u_{i,j+1}^{n} - u_{i,j}^{n}) - \bar{D}_{i,j}^{n+1}A_{\mathrm M}(u_{i,j}^{n} - u_{i-1,j}^{n})\right] \\
& + \frac{1}{2}\Delta t f\bar{v}_{i,j}^{n}(D_{i-1,j}^{n} + D_{i,j}^{n})
\end{aligned}
\tag{5.3.6}
$$

$$
\begin{aligned}
v_{i,j}^{n+1} = \ & v_{i,j}^{n} - \frac{1}{2}\frac{\Delta t}{\Delta x}\bar{u}_{i,j}^{n}(v_{i+1,j}^{n} - v_{i-1,j}^{n}) - \frac{1}{2}\frac{\Delta t}{\Delta x}v_{i,j}^{n}(v_{i,j+1}^{n} - v_{i,j-1}^{n}) \\
& - g\frac{\Delta t}{\Delta y}(\eta_{i,j}^{n+1} - \eta_{i,j-1}^{n+1}) - \frac{2C_b}{D_{i,j-1}^{n+1} + D_{i,j}^{n+1}}\sqrt{(\bar{u}_{i,j}^{n})^2 + (v_{i,j}^{n})^2}\,v_{i,j}^{n}\Delta t \\
& + \frac{2}{D_{i,j-1}^{n+1} + D_{i,j}^{n+1}}\frac{\Delta t}{\Delta x^2}\left[\bar{D}_{i+1,j}^{n+1}A_{\mathrm M}(v_{i+1,j}^{n} - v_{i,j}^{n}) - \bar{D}_{i,j}^{n+1}A_{\mathrm M}(v_{i,j}^{n} - v_{i-1,j}^{n})\right] \\
& + \frac{2}{D_{i,j-1}^{n+1} + D_{i,j}^{n+1}}\frac{\Delta t}{\Delta y^2}\left[D_{i,j}^{n+1}A_{\mathrm M}(v_{i,j+1}^{n} - v_{i,j}^{n}) - D_{i,j-1}^{n+1}A_{\mathrm M}(v_{i,j}^{n} - v_{i,j-1}^{n})\right] \\
& - \frac{1}{2}\Delta t f\bar{u}_{i,j}^{n}(D_{i,j-1}^{n} + D_{i,j}^{n})
\end{aligned}
\tag{5.3.7}
$$

其中：$\bar{D}_{i,j}^n = \dfrac{1}{4}(D_{i-1,j-1}^n + D_{i,j-1}^n + D_{i-1,j}^n + D_{i,j}^n)$，$\bar{u}_{i,j}^n = \dfrac{1}{4}(u_{i,j-1}^n + u_{i+1,j-1}^n + u_{i,j}^n + u_{i+1,j}^n)$，

$\bar{v}_{i,j}^n = \dfrac{1}{4}(v_{i-1,j}^n + v_{i,j}^n + v_{i-1,j+1}^n + v_{i,j+1}^n)$

固壁边界的处理在此引入了 POM 模型的处理方法。当单元中心的水深小于某一固定值时，我们将其视为无法为水体淹没的干网格。为了方便处理，对单元设置干湿标识符 $\text{FSM}_{i,j}$，并令湿网格 $\text{FSM}_{i,j} = 1$，干网格 $\text{FSM}_{i,j} = 0$。当计算出网格中心点 $n+1$ 时刻的标量值后，将该值乘以干湿标识符 FSM(i,j)，则该干网格的标量值始终为零，而湿单元的标量值不发生变化。

同时设置速度 u 的干湿标识符 $\text{DUM}_{i,j} = \text{FSM}_{i-1,j} \cdot \text{FSM}_{i,j}$，当计算得到 $n+1$ 时刻的速度 $u_{i,j}^{n+1}$ 后，将其乘以干湿标识符 $\text{DUM}_{i,j}$，则满足 x 方向的相邻的 $(i-1,j)$ 和 (i,j) 网格有一个为干网格时，$u_{i,j}^{n+1} = 0$，当两侧网格均为湿网格时速度值不变。同样可以设置 $\text{DVM}_{i,j} = \text{FSM}_{i,j-1} \cdot \text{FSM}_{i,j}$ 来实现 v 的固壁边界条件。

开边界条件的设置与前面一维相似，此处不再赘述。

程序如下。

```
#       PROGRAM UVETC
#C   THE PROGRAM IS A TWO TIME LEVEL INTEGRATION


#       PARAMETER (IM = 100,JM = 100,IMM1 = IM − 1,JMM1 = JM − 1)
#       REAL U(IM,JM),UF(IM,JM),V(IM,JM),VF(IM,JM),
#     $        ET(IM,JM),ETF(IM,JM),CF(IM,JM),C(IM,JM)
#       REAL X(IM,JM),Y(IM,JM),H(IM,JM),D(IM,JM),DF(IM,JM)
#    REAL FLUXU(IM,JM),FLUXV(IM,JM),DIFX(IM,JM),DIFY(IM,JM),
#     $   WUBOT(IM,JM),WVBOT(IM,JM),WUSURF(IM,JM),WVSURF(IM,JM)
#       INTEGER DUM(IM,JM),DVM(IM,JM),FSM(IM,JM)
#       REAL DTE,DX,DY,ART,COR,AM,AH,K,DMU,DMV,DM


#C        INITIALIZE FIELD
#       AM = 10.
#       AH = 10.
#       COR = 0
#       CBC = 0.004
#       PI = 3.14
#       GRAV = 9.8
#       DTE = 10
#       DAYS = 30
```

```
#        IEND = DAYS * 86400. /DTE
#        K = 1. E - 8

#        DX = 1000
#        DY = 1000
#        DO I = 1,IM;          DO J = 1,JM
#        X(I,J) = (I - 1) * DX;Y(I,J) = (J - 1) * DY
#        ENDDO;ENDDO
#        ART = DX * DY

#        H = 5.
#        H(:,JM) = 1. ;H(:,1) = 1.
#        H(IM,:) = 1

#        FSM = 0;DUM = 0;DVM = 0
#        DO I = 1,IM;DO J = 1,JM
#        IF(H(I,J). GT. 1. 0) FSM(I,J) = 1
#        ENDDO;ENDDO

#        DO I = 2,IM;DO J = 2,JM
#        DUM(I,J) = FSM(I,J) * FSM(I - 1,J)
#        DVM(I,J) = FSM(I,J) * FSM(I,J - 1)
#        ENDDO;ENDDO
#C       INITIAL FIELD
#        DO I = 1,IM; DO J = 1,JM
#                 ET(I,J) = 0
#        ENDDO;ENDDO
#        D = H + ET
#        U = 0;UF = 0
#        V = 0;VF = 0
#        C = 100

#        OPEN(1,FILE = 'UVET2d. DAT')

#        DO 100   IEXT = 1,IEND
#                 TIME = IEXT * DTE/86400.
#C       SOLVE THE CONCENTRATION EQUATION
```

130

```
#          DO I = 2,IM
#            DO J = 2,JM
#                FLUXU(I,J) = 0.5 * AH/DX * DUM(I,J) *
#      $   ( D(I-1,J) + D(I,J) ) * ( C(I,J) - C(I-1,J) )
#                FLUXV(I,J) = 0.5 * AH/DY * DVM(I,J) *
#      $   ( D(I,J-1) + D(I,J) ) * ( C(I,J) - C(I,J-1) )
#            ENDDO
#          ENDDO
#            DO I = 2,IMM1
#            DO J = 2,JMM1
#              DIFX(I,J) = DTE/DX/D(I,J) * ( FLUXU(I+1,J) - FLUXU(I,J) )
#              DIFY(I,J) = DTE/DY/D(I,J) * ( FLUXV(I,J+1) - FLUXV(I,J) )
#            ENDDO
#          ENDDO

#              DO I = 2,IMM1;DO J = 2,JMM1
#              uu = 0.5 * ( U(I,J) + U(I+1,J) )
#          vv = 0.5 * ( V(I,J) + V(I,J+1) )

#              CF(I,J) = C(I,J) + DIFX(I,J) + DIFY(I,J)
#C     $          - 0.5 * DTE/DX * ( uu + abs(uu) ) * ( C(I,J) - C(I-1,J) )
#C     $          - 0.5 * DTE/DX * ( uu - abs(uu) ) * ( C(I+1,J) - C(I,J) )
#C     $          - 0.5 * DTE/DY * ( vv + abs(vv) ) * ( C(I,J) - C(I,J-1) )
#C     $          - 0.5 * DTE/DY * ( vv - abs(vv) ) * ( C(I,J+1) - C(I,J) )

#     $          - 0.25 * DTE/DX * ( U(I,J) + U(I+1,J) ) * ( C(I+1,J) - C(I-1,J) )
#     $          - 0.25 * DTE/DY * ( V(I,J) + V(I,J+1) ) * ( C(I,J+1) - C(I,J-1) )
#     $          - DTE * K * C(I,J)
#              ENDDO;ENDDO

#C      CONCENTRATION BOUNDARY CONDITION
#          DO J = 2,JM
#            CF(1,J) = CF(2,J)
#            CF(IM,J) = CF(IMM1,J)
#              IF( U(2,J). GT. 0 )    CF(1,J) = 0.
#              IF( U(IM,J). LT. 0 )        CF(IM,J) = 100
#          ENDDO
```

```
#              DO I = 1 , IM
#                   DO J = 1 , JM
#                        CF( I,J ) = CF( I,J ) * FSM( I,J )
#                   ENDDO
#              ENDDO


#C    SOLVE THE CONTINUITY EQUATION
#        DO I = 2 , IM
#         DO J = 2 , JM
#          FLUXU( I,J ) = 0. 5 * U( I,J ) * ( D( I - 1 ,J ) + D( I,J ) ) * DY
#          FLUXV( I,J ) = 0. 5 * V( I,J ) * ( D( I,J ) + D( I,J - 1 ) ) * DX
#         ENDDO
#        ENDDO


#              DO I = 2 , IMM1 ; DO J = 2 , JMM1
#              ETF( I,J ) = ET( I,J )
#     $                   + DTE * ( - FLUXU( I + 1 ,J ) + FLUXU( I,J )
#     $                        - FLUXV( I,J + 1 ) + FLUXV( I,J ) )/ART
#              ENDDO ; ENDDO


#C    ELEVATION BOUNDARY CONDITIONS
#C                ETF( 2 ,2 ) = SIN( TIME * 2 * PI )
#                ETF( 1 ,2 ) = ETF( 2 ,2 )
#        DO J = 3 , JM
#          ETF( 2 ,J ) = ETF( 2 ,J - 1 ) - COR * U( 2 ,J )/GRAV * DY
#          ETF( 1 ,J ) = ETF( 2 ,J )
#        ENDDO
#         DO J = 2 , JM
#          ETF( IM ,J ) = ETF( IMM1 ,J )
#         ENDDO
#         DO I = 1 , IM
#                DO J = 1 , JM
#                ETF( I,J ) = ETF( I,J ) * FSM( I,J )
#                ENDDO
#         ENDDO
#        DF( : ,: ) = H( : ,: ) + ETF( : ,: )
```

```
#C     SOLVE MOMENTUM EQUATIONS
#C     U - DIRECTION
#      DO I = 2,IM
#        DO J = 2,JM
#                DM = 0.25 * ( DF( I - 1,J) + DF( I,J) + DF( I - 1,J - 1) + DF( I,J - 1) )
#          FLUXU(I,J) = DF( I - 1,J) * AM * ( U( I,J) - U( I - 1,J) )/DX
#          FLUXV(I,J) = DM * AM * ( U( I,J) - U( I,J - 1) )/DY
#        ENDDO
#      ENDDO


#      DO I = 2,IMM1
#        DO J = 2,JMM1
#          DIFX(I,J) = DTE/DX * 2. /( DF( I - 1,J) + DF( I,J) )
#     $                           * ( FLUXU( I + 1,J) - FLUXU( I,J) )
#          DIFY(I,J) = DTE/DY * 2. /( DF( I - 1,J) + DF( I,J) )
#     $                           * ( FLUXV( I,J + 1) - FLUXV( I,J) )
#        ENDDO
#      ENDDO


#        DO I = 2,IMM1
#          DO J = 2,JMM1
#                  VM = 0.25 * ( V( I - 1,J) + V( I,J) + V( I - 1,J + 1) + V( I,J + 1) )
#                 DMU = 0.5 * ( DF( I - 1,J) + DF( I,J) )
#          UF(I,J) = U( I,J) + DIFX( I,J) + DIFY( I,J)
#     $        - 0.5 * DTE/DX * U( I,J) * ( U( I + 1,J) - U( I - 1,J) )
#C    $        - 0.125 * DTE/DX * ( ( U( I,J) + U( I + 1,J) ) * * 2 -
#C    $                          ( U( I - 1,J) + U( I,J) ) * * 2    )


#     $        - 0.5 * DTE/DY * VM * ( U( I,J + 1) - U( I,J - 1) )
#     $        - GRAV * DTE/DX * ( ETF( I,J) - ETF( I - 1,J) )
#     $        - DTE * CBC/DMU * SQRT( U( I,J) * * 2 + VM * * 2) * U( I,J)
#     $                      + DTE * COR * VM * DMU
#          ENDDO
#        ENDDO
```

133

```
#C      V – DIRECTION
#      DO I = 2,IM
#        DO J = 2,JM
#                DM = 0. 25 * ( DF( I - 1,J) + DF( I,J) + DF( I - 1,J - 1) + DF( I,J - 1) )
#          FLUXU( I,J) = DM * AM * ( V( I,J) - V( I - 1,J) )/DX
#          FLUXV( I,J) = DM * DF( I - 1,J) * ( V( I,J) - V( I,J - 1) )/DY
#        ENDDO
#      ENDDO


#      DO I = 2,IMM1
#        DO J = 2,JMM1
#          DIFX( I,J) = DTE/DX * 2. /( DF( I,J - 1) + DF( I,J) )
#     $                        * ( FLUXU( I + 1,J) - FLUXU( I,J) )
#          DIFY( I,J) = DTE/DY * 2. /( DF( I,J - 1) + DF( I,J) )
#     $                        * ( FLUXV( I,J + 1) - FLUXV( I,J) )
#        ENDDO
#      ENDDO


#        DO I = 2,IMM1
#          DO J = 2,JMM1
#                UM = 0. 25 * ( U( I,J - 1) + U( I + 1,J - 1) + U( I,J) + U( I + 1,J) )
#                DMV = 0. 5 * ( DF( I,J - 1) + DF( I,J) )
#          VF( I,J) = V( I,J) + DIFX( I,J) + DIFY( I,J)
#     $            - 0. 5 * DTE/DX * UM * ( V( I + 1,J) - V( I - 1,J) )
#     $            - 0. 5 * DTE/DY * V( I,J) * ( V( I,J + 1) - V( I,J - 1) )
#C     $            - 0. 125 * DTE/DY * ( ( V( I,J) + ( V( I,J + 1) ) ) * * 2 -
#C     $                        ( V( I,J - 1) ) + V( I,J) ) * * 2)

#     $            - GRAV * DTE/DX * ( ETF( I,J) - ETF( I,J - 1) )
#     $            - DTE * CBC/DMV * SQRT( UM * * 2 + V( I,J) * * 2) * V( I,J)
#     $                    - DTE * COR * UM * DMV
#          ENDDO
#        ENDDO


#C      VELOCITY BOUNDARY CONDITION
#        DO J = 2,JM
#                UF( 2,J) = SIN( 2 * PI * TIME)
```

134

```
#C                      UF(3,J)
 #                      VF(1,J) = 0.
 #                      UF(IM,J) = 0
#C                      SQRT(GRAV/h(IM,J)) * ET(IMM1,J)
 #                      VF(IM,J) = 0
 #          ENDDO


 #              DO I = 1,IM
 #                  DO J = 1,JM
 #                          UF(I,J) = UF(I,J) * DUM(I,J)
 #                          VF(I,J) = VF(I,J) * DVM(I,J)
 #                  ENDDO
 #              ENDDO
#C      PREPARE FOR THE NEXT TIME STEP   CCCCCCCCCCC
 #      DO I = 1,IM; DO J = 1,JM
 #      U(I,J) = UF(I,J)
 #      V(I,J) = VF(I,J)
 #      ET(I,J) = ETF(I,J)
 #      C(I,J) = CF(I,J)
 #      D(I,J) = DF(I,J)
 #      ENDDO;ENDDO


 #      IF (MOD(IEXT,10). EQ. 0) THEN
 #      WRITE(1, * ) TIME, c(25,50),c(50,50),c(75,50),c(90,50)
 #      ENDIF
#C      CHECK THE CONSERVATION OF WATER VOLUME
 #      ETS = 0
 #      DO I = 2,JMM1;DO J = 2,JMM1
 #      ETS = ETS + CF(I,J) * (H(I,J) + ETF(I,J))
 #      ENDDO; ENDDO


 #      WRITE( * , * ) TIME,ETS,c(50,50)
#100    ENDDO
 #      CLOSE(1)
 #      CALL TECPLOT(X,Y,U,V,H,ET,C,IM,JM)


 #      END
```

135

```
#        SUBROUTINE TECPLOT(X,Y,U,V,H,ET,C,IM,JM)
#        REAL X(IM,JM),Y(IM,JM),
#     $        U(IM,JM),V(IM,JM),H(IM,JM),ET(IM,JM),C(IM,JM)
#        OPEN(1,FILE = 'H - PLOT250. DAT')
#        WRITE(1, * ) "ZONE"
#        WRITE(1, * ) "I = 100,J = 100,K = 1,ZONETYPE = Ordered"
#        WRITE(1, * ) "DATAPACKING = POINT"
#        DO I = 1,IM
#        DO J = 1,JM
#        WRITE(1,100) X(I,J),Y(I,J),
#     $        U(I,J),V(I,J),H(I,J),ET(I,J),C(I,J),I,J
#        ENDDO
#        ENDDO

#100    FORMAT(7E12. 4,2I5)
#        CLOSE(1)
#        END
```

以上算例对一个正方形水域进行模拟,将其划分为 10 000 个单元,单元平面尺度为 1 000 m × 1 000 m,其中西部边界为开边界,其他三面为闭边界。在开边界处将流速设定为正弦波动值。区域内初始时刻存在浓度为 100 kg/m³ 的污染物,区域外的污染物浓度始终为 0,该案例模拟了随时间变化区域内水体的不断净化过程。

(2)三层时间格式

为了达到二阶精度,我们以 $n-1$ 时刻的变量为基础,采用 n 时刻的通量,求解 $n+1$ 时刻的变量值,同时空间差分格式采用中心差分。变量布置如图 5.3.3 所示。

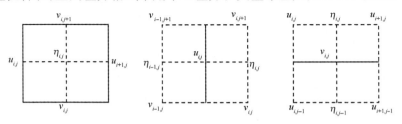

图 5.3.3　C 网格中的变量相对位置示意

采用有限体积法,连续方程即为流量收支引起的水位变化。左侧边界单位时间进入单元 (i,j) 的水量可以近似为 $\frac{1}{2}(D_{i-1,j}^n + D_{i,j}^n)u_{i,j}^n\Delta y$,同样也可以得到其他三条边界的流

量,从而根据体积守恒原理,连续方程离散为

$$(\eta_{i,j}^{n+1} - \eta_{i,j}^{n-1})\Delta x\Delta y = -\Delta t(D_{i,j}^{n} + D_{i+1,j}^{n})u_{i+1,j}^{n}\Delta y + \Delta t(D_{i-1,j}^{n} + D_{i,j}^{n})u_{i,j}^{n}\Delta y$$
$$- \Delta t(D_{i,j}^{n} + D_{i,j+1}^{n})v_{i,j+1}^{n}\Delta x + \Delta t(D_{i,j-1}^{n} + D_{i,j}^{n})v_{i,j}^{n}\Delta x \quad (5.3.8)$$

x 方向的动量方程也可以采用有限体积法进行离散。以 $u_{i,j}^{n}$ 为中心的单元为研究对象,由于对流作用右侧边界流出的动量为

$$adux_{i+1,j} = \frac{1}{8}\big[(D_{i-1,j}^{n} + D_{i,j}^{n})u_{i,j}^{n} + (D_{i,j}^{n} + D_{i+1,j}^{n})u_{i+1,j}^{n}\big](u_{i,j}^{n} + u_{i+1,j}^{n})\Delta y$$

由上侧流出单元的动量为

$$aduy_{i,j+1} = \frac{1}{8}\big[(D_{i-1,j+1}^{n} + D_{i-1,j}^{n})v_{i-1,j+1}^{n} + (D_{i,j}^{n} + D_{i,j+1}^{n})v_{i,j+1}^{n}\big](u_{i,j}^{n} + u_{i,j+1}^{n})\Delta x$$

其他两条边对流引起的动量通量可类似表示。

同样,由于扩散作用右侧边界流出的动量为

$$difux_{i+1,j} = -D_{i,j}^{n}A_{M}\frac{u_{i+1,j}^{n} - u_{i,j}^{n}}{\Delta x}\Delta y$$

由上侧扩散流出单元的动量为

$$difuy_{i,j+1} = -\overline{D}_{i,j+1}^{n}A_{M}\frac{u_{i,j+1}^{n} - u_{i,j}^{n}}{\Delta y}\Delta x$$

其他两条边扩散引起的动量通量可类似表示。

根据动量守恒方程,x 方向的动量方程可以离散为

$$(D_{i-1,j}^{n+1} + D_{i,j}^{n+1})u_{i,j}^{n+1}\Delta x\Delta y - (D_{i-1,j}^{n-1} + D_{i,j}^{n-1})u_{i,j}^{n-1}\Delta x\Delta y$$
$$= 2\Delta t(adux_{i,j} - adux_{i+1,j} + aduy_{i,j} - aduy_{i,j+1} + difux_{i,j} - difux_{i+1,j} + difuy_{i,j} - difuy_{i,j+1})$$
$$- \Delta tg(D_{i-1,j}^{n} + D_{i,j}^{n})\Delta y\big[\alpha(\eta_{i,j}^{n-1} - \eta_{i,j-1}^{n-1}) + (1 - 2\alpha)(\eta_{i,j}^{n} - \eta_{i,j-1}^{n}) + \alpha(\eta_{i,j}^{n+1} - \eta_{i,j-1}^{n+1})\big]$$
$$+ \frac{1}{2}\Delta t\big[f(v_{i-1,j}^{n} + v_{i-1,j+1}^{n})D_{i-1,j} + f(v_{i,j}^{n} + v_{i,j+1}^{n})D_{i,j}\big]\Delta x\Delta y$$
$$- 2\Delta tC_{b}\sqrt{(u_{i,j}^{n})^{2} + (\overline{v}_{i,j}^{n})^{2}}u_{i,j}^{n}\Delta x\Delta y + 2\Delta t\cdot wusurf_{i,j}^{n}\Delta x\Delta y \quad (5.3.9)$$

其中,α 为一权重参数,$\alpha=0$ 时完全采用 n 时刻的水位计算表面压强梯度力,当 $\alpha=0.225$ 可允许较长的时间步长。

y 方向的动量方程也可以采用有限体积方法进行离散。以 $v_{i,j}^{n}$ 为中心的单元为研究对象,由于对流作用右侧边界流出的动量为

$$advx_{i+1,j} = \frac{1}{8}\big[(D_{i,j}^{n} + D_{i+1,j}^{n})u_{i+1,j}^{n} + (D_{i,j-1}^{n} + D_{i+1,j-1}^{n})u_{i+1,j-1}^{n}\big](v_{i,j}^{n} + v_{i+1,j}^{n})\Delta y$$

由上侧流出单元的动量为

$$advy_{i,j+1} = \frac{1}{8}\big[(D_{i,j-1}^{n} + D_{i,j}^{n})v_{i,j}^{n} + (D_{i,j}^{n} + D_{i,j+1}^{n})v_{i,j+1}^{n}\big](v_{i,j}^{n} + v_{i,j+1}^{n})\Delta x$$

其他两条边对流引起的动量通量可类似表示。

同样,由于扩散作用右侧边界流出的动量为

$$difvx_{i+1,j} = -\overline{D}_{i,j}^n A_M \frac{v_{i+1,j}^n - v_{i,j}^n}{\Delta x}\Delta y$$

由上侧扩散流出单元的动量为

$$difvy_{i,j+1} = -D_{i,j+1}^n A_M \frac{v_{i,j+1}^n - v_{i,j}^n}{\Delta y}\Delta x$$

其他两条边扩散引起的动量通量可类似表示。

$$(D_{i,j-1}^{n+1} + D_{i,j}^{n+1})v_{i,j}^{n+1}\Delta x\Delta y - (D_{i,j-1}^{n-1} + D_{i,j}^{n-1})v_{i,j}^{n-1}\Delta x\Delta y$$

$$= 2\Delta t(advx_{i,j} - advx_{i+1,j} + advy_{i,j} - advy_{i,j+1} + difvx_{i,j} - difvx_{i+1,j} + difvy_{i,j} - difvy_{i,j+1})$$

$$- \Delta t g(D_{i,j-1}^n + D_{i,j}^n)\Delta x[\alpha(\eta_{i,j}^{n-1} - \eta_{i-1,j}^{n-1}) + (1 - 2\alpha)(\eta_{i,j}^n - \eta_{i-1,j}^n) + \alpha(\eta_{i,j}^{n+1} - \eta_{i-1,j}^{n+1})]$$

$$- \frac{1}{2}\Delta t[f(u_{i,j-1}^n + u_{i+1,j-1}^n)D_{i,j-1}^n + f(u_{i,j}^n + u_{i+1,j}^n)D_{i,j}^n]\Delta x\Delta y$$

$$- 2\Delta t C_b \sqrt{(\overline{u}_{i,j}^{n-1})^2 + (v_{i,j}^{n-1})^2}v_{i,j}^{n-1}\Delta x\Delta y + 2\Delta t \cdot wvsurf_{i,j}^{n-1}\Delta x\Delta y \qquad (5.3.10)$$

其中,

$$\overline{D}_{i,j} = \frac{1}{4}(D_{i-1,j-1} + D_{i,j-1} + D_{i-1,j} + D_{i,j}),$$

$$\overline{u}_{i,j} = \frac{1}{4}(u_{i,j-1} + u_{i+1,j-1} + u_{i,j} + u_{i+1,j}),$$

$$\overline{v}_{i,j} = \frac{1}{4}(v_{i-1,j} + v_{i,j} + v_{i-1,j+1} + v_{i,j+1})$$

$wusurf_{i,j}, wvsurf_{i,j}$ 分别表示单元 (i,j) 在 x, y 方向受到的表面切应力。

采用有限体积法,污染物浓度方程描述的是污染物的收支引起的浓度变化。

由于对流作用,右侧边界流出的污染物质通量为

$$adcx_{i+1,j} = \frac{1}{2}(D_{i,j}^n C_{i,j}^n + D_{i+1,j}^n C_{i+1,j}^n)u_{i,j}^n\Delta y$$

对流作用上侧边界流出的污染物质通量为

$$adcy_{i,j+1} = \frac{1}{2}(D_{i,j}^n C_{i,j}^n + D_{i,j+1}^n C_{i,j+1}^n)u_{i,j}^n\Delta x$$

右侧边界和上侧边界的扩散通量为

$$difcx_{i+1,j} = -\frac{1}{2}(D_{i,j}^n + D_{i+1,j}^n)\Delta y \frac{C_{i+1,j}^{n-1} - C_{i,j}^{n-1}}{\Delta x}$$

$$difcy_{i,j+1} = -\frac{1}{2}(D_{i,j}^n + D_{i,j+1}^n)\Delta x \frac{C_{i,j+1}^{n-1} - C_{i,j}^{n-1}}{\Delta y}$$

从而根据体积守恒原理,连续方程离散为

$$(D_{i,j}^{n+1} C_{i,j}^{n+1} - D_{i,j}^{n-1} C_{i,j}^{n-1})\Delta x\Delta y$$

$$= 2\Delta t(adcx_{i,j} - adcx_{i+1,j} + adcy_{i,j} - adcy_{i,j+1} + difcx_{i,j} - difcx_{i+1,j} + difcy_{i,j} - difcy_{i,j+1})$$

$$- 2\Delta t K \cdot C_{i,j}^{n-1} D_{i,j}^{n-1}\Delta x\Delta y \qquad (5.3.11)$$

为了避免三层时间格式所引起的奇偶步分离问题,对计算值进行时间滤波,对于变量 f,做如下处理:

$$f^n = f^n + 0.5\beta(f^{n+1} + f^{n-1} - 2f^n) \tag{5.3.12}$$

其中:β 为滤波因子,一般介于 0.1~0.3。边界条件的处理如上例。

程序如下。

```
#       PROGRAM UVETC_POM2D
#C      THE PROGRAM IS ADAPTED FROM PRINCETON OCEAN MODEL
#       PARAMETER (IM = 100,JM = 100,IMM1 = IM - 1,JMM1 = JM - 1)
#       REAL UB(IM,JM),U(IM,JM),UF(IM,JM),VB(IM,JM),V(IM,JM),VF(IM,JM),
#    $       ETB(IM,JM),ET(IM,JM),ETF(IM,JM),CB(IM,JM),C(IM,JM),CF(IM,JM)
#       REAL FLUXU(IM,JM),FLUXV(IM,JM),ADVU(IM,JM),ADVV(IM,JM),
#    $       WUBOT(IM,JM),WVBOT(IM,JM),WUSURF(IM,JM),WVSURF(IM,JM)
#       REAL H(IM,JM),D(IM,JM),DX(IM,JM),DY(IM,JM),X(IM,JM),Y(IM,JM),
#    $       ART(IM,JM),ARU(IM,JM),ARV(IM,JM)
#       INTEGER DUM(IM,JM),DVM(IM,JM),FSM(IM,JM)
#       REAL DTE,COR,CBC,AM,AH,K,DXM,DYM


#C      PARAMETER
#       AM = 10.
#       AH = 10.
#       COR = 0
#       CBC = 0.004
#       PI = 3.14
#       GRAV = 9.8
#       K = 1.E - 8
#       SMOTH = 0.2
#       ALPHA = 0.225


#       DTE = 10.
#       DTE2 = 2 * DTE
#       DAYS = 30
#       IEND = DAYS * 86400./DTE


#C      THE GRID
#       DX = 1000.
#       DY = 1000.
#       ART = DX * DY;ARU = DX * DY;ARV = DX * DY
```

```
#        DO I = 1 ,IM ; DO J = 1 ,JM
#        X(I,J) = (I - 1) * 1000.
#        Y(I,J) = (J - 1) * 1000.
#        ENDDO;ENDDO
#C            TOPOGRAPHY
#        H = 5.
#        H( : ,JM) = 1;H( : ,1) = 1
#        H( IM , : ) = 1

#        FSM = 0
#        DO I = 1 ,IM;DO J = 1 ,JM
#        IF( H( I ,J). GT. 2. 0) FSM( I ,J) = 1
#        ENDDO;ENDDO

#        DO I = 2 ,IM;DO J = 2 ,JM
#        DUM( I ,J) = FSM( I ,J) * FSM( I - 1 ,J)
#        DVM( I ,J) = FSM( I ,J) * FSM( I ,J - 1)
#        ENDDO;ENDDO
#C            INITIAL FIELD
#        DO I = 1 ,IM ; DO J = 1 ,JM
#        ETB( I ,J) = 0;ET( I ,J) = 0
#        ENDDO;ENDDO
#        D = H + ET
#        UB = 0;U = 0
#        VB = 0;V = 0
#        CB = 100 ; C = 100

#        OPEN( 1 ,FILE = 'UVETpom. DAT')

#        DO 100    IEXT = 1 ,IEND
#        TIME = IEXT * DTE/86400.
#C      SOLVE THE CONTINUITY EQUATION

#            DO I = 2 ,IM
#              DO J = 2 ,JM
#                FLUXU( I ,J) = 0. 25E0 * ( D( I ,J) + D( I - 1 ,J))
#     $                    * ( DY( I ,J) + DY( I - 1 ,J)) * U( I ,J)
```

140

```
#                     FLUXV(I,J) = 0.25E0 * (D(I,J) + D(I,J - 1))
#         $                         * (DX(I,J) + DX(I,J - 1)) * V(I,J)
#             ENDDO
#           ENDDO


#           DO I = 2,IMM1
#             DO J = 2,JMM1
#               ETF(I,J) = ETB(I,J)
#         $                   + DTE2 * ( - FLUXU(I + 1,J) + FLUXU(I,J)
#         $                       - FLUXV(I,J + 1) + FLUXV(I,J))/ART(I,J)
#             ENDDO
#           ENDDO


#C                 ELEVATION BOUNDARY CONDITION


#C             ETF(2,2) = SIN(TIME * 2 * PI)
#             ETF(1,2) = ETF(2,2)
#         DO J = 3,JM
#               ETF(2,J) = ETF(2,J - 1) - COR * UB(2,J)/GRAV * DY(2,J)
#             ETF(1,J) = ETF(2,J)
#         ENDDO
#           DO J = 2,JM
#               ETF(IM,J) = ETF(IMM1,J)
#           ENDDO
#           DO I = 1,IM
#                 DO J = 1,JM
#                 ETF(I,J) = ETF(I,J) * FSM(I,J)
#                 ENDDO
#           ENDDO


#C     SOLVE THE MOMENTUM EQUATION
#C     U - ADVECTION AND DIFFUSION:
#C     ADVECTIVE FLUXES:
#     DO I = 1,IM
#       DO J = 1,JM
#             ADVU(I,J) = 0. E0
```

141

```
#        ENDDO
#        ENDDO

#        DO I = 2,IMM1
#          DO J = 2,JM
#            FLUXU(I+1,J) = 0.125E0 * ((D(I,J) + D(I-1,J)) * U(I,J)
#     $                         + (D(I+1,J) + D(I,J)) * U(I+1,J))
#     $                         * (U(I,J) + U(I+1,J))
#          ENDDO
#        ENDDO
#        DO I = 2,IM
#          DO J = 1,JMM1
#            FLUXV(I,J+1) = 0.125E0 * ((D(I-1,J+1)
#     $                         + D(I-1,J)) * V(I-1,J+1)
#     $                         + (D(I,J+1) + D(I,J)) * V(I,J+1))
#     $                         * (U(I,J) + U(I,J+1))
#          ENDDO
#        ENDDO
#C      ADD VICIOUS FLUXES：
#        DO I = 2,IM
#          DO J = 2,JM
#            FLUXU(I,J) = FLUXU(I,J)
#     $          - (H(I-1,J) + ETB(I-1,J)) * AM * (UB(I,J) - UB(I-1,J))
#     $                         / DX(I-1,J)
#          END DO
#        END DO
#        DO I = 2,IM
#          DO J = 2,JM
#            DM = 0.25 * (H(I-1,J-1) + H(I,J-1) + H(I-1,J) + H(I,J)
#     $                   + ETB(I-1,J-1) + ETB(I,J-1) + ETB(I-1,J) + ETB(I,J))
#            DYM = 0.25 * (DY(I-1,J-1) + DY(I,J-1) + DY(I-1,J) + DY(I,J))
#            FLUXV(I,J) = FLUXV(I,J)
#     $                         - DM * AM * (UB(I,J) - UB(I,J-1))
#     $                         / DYM
#          ENDDO
#        ENDDO
```

142

```
#        DO I = 2,IM
#          DO J = 2,JM
#              FLUXU(I,J) = FLUXU(I,J) * DY(I-1,J)
#              FLUXV(I,J) = 0. 25E0 * FLUXV(I,J)
#     $                          * (DX(I,J) + DX(I-1,J) + DX(I,J-1) + DX(I-1,J-1))
#          ENDDO
#        ENDDO
#        DO I = 2,IMM1
#          DO J = 2,JMM1
#              ADVU(I,J) = FLUXU(I+1,J) - FLUXU(I,J)
#     $                        + FLUXV(I,J+1) - FLUXV(I,J)
#          ENDDO
#        ENDDO
#C      V - ADVECTION AND DIFFUSION:
#        DO I = 1,IM
#          DO J = 1,JM
#              ADVV(I,J) = 0. E0
#          ENDDO
#        ENDDO
#C      ADVECTIVE FLUXES:
#        DO I = 1,IMM1
#          DO J = 2,JM
#              FLUXU(I+1,J) = 0. 125E0 * ((D(I,J) + D(I+1,J)) * U(I+1,J)
#     $                          + (D(I,J-1) + D(I+1,J-1)) * U(I+1,J-1))
#     $                          * (V(I,J) + V(I+1,J))
#          END DO
#        END DO
#        DO I = 2,IM
#          DO J = 2,JMM1
#              FLUXV(I,J+1) = 0. 125e0 * ((D(I,J+1) + D(I,J)) * V(I,J+1)
#     $                          + (D(I,J) + D(I,J-1)) * V(I,J))
#     $                          * (V(I,J+1) + V(I,J))
#          ENDDO
#        ENDDO
#C      ADD VISCIOU FLUXES:
#        DO I = 2,IM
#          DO J = 2,JM
```

```
#           DM = 0. 25 * ( H( I - 1 , J - 1 ) + H( I , J - 1 ) + H( I - 1 , J ) + H( I , J ) +
#        $            ETB( I - 1 , J - 1 ) + ETB( I , J - 1 ) + ETB( I - 1 , J ) + ETB( I , J ) )
#           DXM = 0. 25 * ( DX( I - 1 , J - 1 ) + DX( I , J - 1 ) + DX( I - 1 , J ) + DX( I , J ) )
#           FLUXU( I , J ) = FLUXU( I , J ) - DM * AM * ( VB( I , J ) - VB( I - 1 , J ) )/DXM
#        ENDDO
#        ENDDO

#        DO I = 2 , IM
#          DO J = 2 , JM
#            FLUXV( I , J ) = FLUXV( I , J )
#        $              - ( H( I , J - 1 ) + ETB( I , J - 1 ) ) * AM * ( VB( I , J ) - VB( I , J - 1 ) )
#        $                /DY( I , J - 1 )
#          ENDDO
#        ENDDO
#        DO I = 2 , IM
#          DO J = 2 , JM
#            FLUXU( I , J ) = FLUXU( I , J ) *
#        $     0. 25E0 * ( DY( I , J ) + DY( I - 1 , J ) + DY( I , J - 1 ) + DY( I - 1 , J - 1 ) )
#            FLUXV( I , J ) = FLUXV( I , J ) * DX( I , J - 1 )
#          ENDDO
#        ENDDO
#        DO I = 2 , IMM1
#          DO J = 2 , JMM1
#            ADVV( I , J ) = FLUXU( I + 1 , J ) - FLUXU( I , J )
#        $              + FLUXV( I , J + 1 ) - FLUXV( I , J )
#          ENDDO
#        ENDDO
#        DO I = 2 , IMM1
#          DO J = 2 , JMM1
#            WUBOT( I , J ) = - CBC
#        $              * SQRT( UB( I , J ) * * 2
#        $                + ( 0. 25E0 * ( VB( I , J ) + VB( I , J + 1 )
#        $                    + VB( I - 1 , J ) + VB( I - 1 , J + 1 ) ) ) * * 2 )
#        $              * UB( I , J )
#          ENDDO
#        ENDDO
#        DO I = 2 , IMM1
```

144

```
#          DO J = 2 , JMM1
#             WVBOT( I , J ) =  - CBC
#       $                      * SQRT( VB( I , J ) * * 2
#       $                         + ( 0. 25E0 * ( UB( I , J ) + UB( I + 1 , J )
#       $                            + UB( I , J - 1 ) + UB( I + 1 , J - 1 ) ) ) * * 2 )
#       $                      * VB( I , J )
#          ENDDO
#        ENDDO

#C       THE ABOVE IS ADVAVE

#        DO I = 2 , IMM1
#          DO J = 2 , JMM1
#            UF( I , J ) = ADVU( I , J )
#       $                   - ARU( I , J ) * 0. 25E0
#       $                      * ( COR * D( I , J ) * ( V( I , J + 1 ) + V( I , J ) )
#       $                      + COR * D( I - 1 , J ) * ( V( I - 1 , J + 1 ) + V( I - 1 , J ) ) )
#       $                   + 0. 25E0 * GRAV * ( DY( I , J ) + DY( I - 1 , J ) )
#       $                      * ( D( I , J ) + D( I - 1 , J ) )
#       $                      * ( ( 1. E0 - 2. E0 * ALPHA )
#       $                         * ( ET( I , J ) - ET( I - 1 , J ) )
#       $                      + ALPHA * ( ETB( I , J ) - ETB( I - 1 , J )
#       $                         + ETF( I , J ) - ETF( I - 1 , J ) ) )
#       $                   + ARU( I , J ) * ( WUSURF( I , J ) - WUBOT( I , J ) )
#          ENDDO
#        ENDDO

#        DO I = 2 , IMM1
#          DO J = 2 , JM
#            UF( I , J ) = ( ( H( I , J ) + ETB( I , J ) + H( I - 1 , J ) + ETB( I - 1 , J ) )
#       $                      * ARU( I , J ) * UB( I , J )
#       $                   - 4. E0 * DTE * UF( I , J ) )
#       $                   / ( ( H( I , J ) + ETF( I , J ) + H( I - 1 , J ) + ETF( I - 1 , J ) )
#       $                      * ARU( I , J ) )
#          ENDDO
#        ENDDO
#        DO I = 2 , IMM1
```

```
#            DO J = 2,JM
#                VF(I,J) = ADVV(I,J) +
#      $                    ARV(I,J) * 0.25E0
#      $                        * ( COR * D(I,J) * ( U(I+1,J) + U(I,J) )
#      $                        + COR * D(I,J-1) * ( U(I+1,J-1) + U(I,J-1) ) )
#      $                    + 0.25E0 * GRAV * ( DX(I,J) + DX(I,J-1) )
#      $                        * ( D(I,J) + D(I,J-1) )
#      $                        * ( ( 1.E0 - 2.E0 * ALPHA ) * ( ET(I,J) - ET(I,J-1) )
#      $                        + ALPHA * ( ETB(I,J) - ETB(I,J-1)
#      $                            + ETF(I,J) - ETF(I,J-1) ) )
#      $                        + ARV(I,J) * ( WVSURF(I,J) - WVBOT(I,J) )
#            ENDDO
#        ENDDO
#        DO I = 2,IMM1
#          DO J = 2,JM
#            VF(I,J) = ( ( H(I,J) + ETB(I,J) + H(I,J-1) + ETB(I,J-1) )
#      $                    * VB(I,J) * ARV(I,J)
#      $                    - 4.E0 * DTE * VF(I,J) )
#      $                    / ( ( H(I,J) + ETF(I,J) + H(I,J-1) + ETF(I,J-1) )
#      $                    * ARV(I,J) )
#          ENDDO
#        ENDDO
#C      VELOCITY BOUNDARY CONDITION
#        DO J = 2,JM
#          UF(2,J) = SIN(2 * PI * TIME)
#          VF(1,J) = 0.
#          UF(IM,J) = 0
#C            SQRT(GRAV/h(IM,J)) * ET(IMM1,J)
#          VF(IM,J) = 0
#        ENDDO

#        DO I = 1,IM
#            DO J = 1,JM
#                UF(I,J) = UF(I,J) * DUM(I,J)
#                VF(I,J) = VF(I,J) * DVM(I,J)
#            ENDDO
#        ENDDO
```

146

```
#C    SOLVE THE CONCENTRATION EQUATION


#            DO I = 2,IM
#              DO J = 2,JM
#                FLUXU(I,J) =
#        $              0.25E0 * (D(I,J) * C(I,J) + D(I-1,J) * C(I-1,J))
#        $                * (DY(I,J) + DY(I-1,J)) * U(I,J)
#C      $              0.125E0 * (D(I,J) + D(I-1,J)) * (C(I,J) + C(I-1,J))
#C      $                * (DY(I,J) + DY(I-1,J)) * U(I,J)

#        $                - AH * (H(I,J) + H(I-1,J) + ETB(I,J) + ETB(I-1,J))
#        $                  * (CB(I,J) - CB(I-1,J)) * DUM(I,J)
#        $                  / (DX(I,J) + DX(I-1,J))
#                FLUXV(I,J) =
#        $              0.25E0 * (D(I,J) * C(I,J) + D(I,J-1) * C(I,J-1))
#        $                * (DX(I,J) + DX(I,J-1)) * V(I,J)
#C      $              0.125E0 * (D(I,J) + D(I,J-1)) * (C(I,J) + C(I,J-1))
#C      $                * (DX(I,J) + DX(I,J-1)) * V(I,J)
#        $                - AH * (H(I,J) + H(I,J-1) + ETB(I,J) + ETB(I,J-1))
#        $                  * (CB(I,J) - CB(I,J-1)) * DVM(I,J)
#        $                  / (DY(I,J) + DY(I,J-1))

#              ENDDO
#            ENDDO


#            DO I = 2,IMM1
#              DO J = 2,JMM1
#                CF(I,J) = CB(I,J) * (H(I,J) + ETB(I,J))
#        $              + DTE2 * (- FLUXU(I+1,J) + FLUXU(I,J)
#        $                - FLUXV(I,J+1) + FLUXV(I,J))/ART(I,J)
#        $              - DTE2 * K * CB(I,J) * (H(I,J) + ETB(I,J))
#                CF(I,J) = CF(I,J)/(H(I,J) + ETF(I,J))
#              ENDDO
#            ENDDO


#C            CONCENTRATION BOUNDARY CONDITION
```

```
#          DO J = 2,JM
#            CF(1,J) = CF(2,J)
#          CF(IM,J) = CF(IMM1,J)
#            IF(U(2,J). GT. 0)    CF(1,J) = 0.
#            IF(U(IM,J). LT. 0)        CF(Im,J) = 100
#          ENDDO


#          DO I = 1,IM
#            DO J = 1,JM
#            CF(I,J) = CF(I,J) * FSM(I,J)
#              ENDDO
#          ENDDO


#C      APPLY FILTER TO REMOVE TIME SPLIT AND RESET TIME SEQUENCE:


#          DO I = 1,IM
#           DO J = 1,JM
#            U(I,J) = U(I,J)
#     $               +0.5E0 * SMOTH * (UB(I,J) - 2. E0 * U(I,J) + UF(I,J))
#            V(I,J) = V(I,J)
#     $               +0.5E0 * SMOTH * (VB(I,J) - 2. E0 * V(I,J) + VF(I,J))
#            ET(I,J) = ET(I,J)
#     $               +0.5E0 * SMOTH * (ETB(I,J) - 2. E0 * ET(I,J) + ETF(I,J))
#            C(I,J) = C(I,J)
#     $               +0.5E0 * SMOTH * (CB(I,J) - 2. E0 * C(I,J) + CF(I,J))


#            ETB(I,J) = ET(I,J)
#            ET(I,J) = ETF(I,J)
#            D(I,J) = H(I,J) + ET(I,J)
#            UB(I,J) = U(I,J)
#            U(I,J) = UF(I,J)
#            VB(I,J) = V(I,J)
#            V(I,J) = VF(I,J)
#            CB(I,J) = C(I,J)
#            C(I,J) = CF(I,J)


#          ENDDO
```

148

```
#            ENDDO

#       IF（MOD（IEXT,10）. EQ. 0）THEN
#       WRITE(1,*) TIME, c(25,50),c(50,50),c(75,50),c(90,50)
#       ENDIF
#C    CHECK THE CONSERVATION OF CONTAMINANT MASS
#       ETS = 0
#       DO I = 2,JMM1;DO J = 2,JMM1
#       ETS = ETS + CF(I,J) * (H(I,J) + ETF(I,J))
#       ENDDO; ENDDO

#       WRITE(*,*) TIME,ETS,c(50,50)

#100     ENDDO

#       CLOSE(1)
#       CALL TECPLOT(X,Y,U,V,H,ET,C,IM,JM)

#       END

#       SUBROUTINE TECPLOT(X,Y,U,V,H,ET,C,IM,JM)
#       REAL X(IM,JM),Y(IM,JM),
#     $      U(IM,JM),V(IM,JM),H(IM,JM),ET(IM,JM),C(IM,JM)
#       OPEN(1,FILE = 'H - PLOT251. DAT')
#       WRITE(1,*) "ZONE"
#       WRITE(1,*) "I = 100,J = 100,K = 1,ZONETYPE = Ordered"
#       WRITE(1,*) "DATAPACKING = POINT"
#       DO I = 1,IM
#       DO J = 1,JM
#       WRITE(1,100) X(I,J),Y(I,J),
#     $      U(I,J),V(I,J),H(I,J),ET(I,J),C(I,J),I,J
#       ENDDO
#       ENDDO

#100     FORMAT(7E12. 4,2I5)
#       CLOSE(1)
#       END
```

图 5.3.4 为前述算例第 30 天的浓度分布。图 5.3.5 分别为 $(25,50)$ 和 $(50,50)$ 单元的浓度随时间变化过程线。

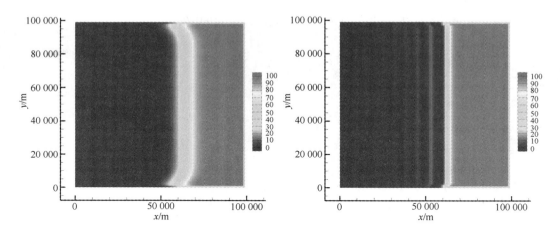

图 5.3.4　第 30 天的浓度分布(单位: $kg \cdot m^{-3}$)

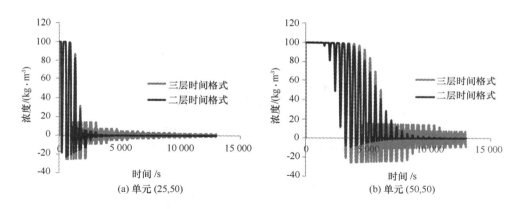

(a) 单元 (25,50)　　　　　　　　　　(b) 单元 (50,50)

图 5.3.5　单元 $(25,50)$ 和 $(50,50)$ 的浓度随时间的变化过程线

（3）ADI 法

由于显格式时间步长受到 CFL 条件的限制,在长时间段积分中计算量较大,引入隐格式进行计算就成为必然。但是,如果在计算中将所有变量都采用隐格式离散,所形成的方程组带宽较大,求解非常复杂。ADI 方法巧妙地解决了以上矛盾。该方法的基本思想是:在两个时间层之间增加一个计算层,即将每一个时间步长的积分转化为两个半步进行。在第一个半步,对水位 η 和流速 u 两个变量采用隐格式,而对变量 v 采用显格式;在第二个半步,对水位 η 和流速 v 两个变量采用隐格式,而对变量 u 采用显格式。

例如,在 $n + \dfrac{1}{2}$ 时刻,连续方程可以离散为

$$\frac{\eta_{i,j}^{n+\frac{1}{2}} - \eta_{i,j}^{n}}{\Delta t} + \frac{(D_{i,j}^{n} + D_{i+1,j}^{n})u_{i+1,j}^{n+\frac{1}{2}} - (D_{i-1,j}^{n} + D_{i,j}^{n})u_{i,j}^{n+\frac{1}{2}}}{4\Delta x}$$

$$+ \frac{(D_{i,j}^{n} + D_{i,j+1}^{n})v_{i,j+1}^{n} - (D_{i,j-1}^{n} + D_{i,j}^{n})v_{i,j}^{n}}{4\Delta y} = 0 \tag{5.3.13a}$$

上式可以整理为

$$A1_{i,j}u_{i,j}^{n+\frac{1}{2}} + B1_{i,j}\eta_{i,j}^{n+\frac{1}{2}} + C1_{i,j}u_{i+1,j}^{n+\frac{1}{2}} = E1_{i,j} \tag{5.3.13}$$

其中:$A1_{i,j} = -\dfrac{\Delta t}{4\Delta x}(D_{i-1,j}^{n} + D_{i,j}^{n})$

$B1_{i,j} = 1, C1_{i,j} = \dfrac{\Delta t}{4\Delta x}(D_{i,j}^{n} + D_{i+1,j}^{n})$

$E1_{i,j} = \eta_{i,j}^{n} - \dfrac{\Delta t}{4\Delta y}[(D_{i,j}^{n} + D_{i,j+1}^{n})v_{i,j+1}^{n} - (D_{i,j-1}^{n} + D_{i,j}^{n})v_{i,j}^{n}]$

x 方向的动量方程离散为

$$\frac{u_{i,j}^{n+\frac{1}{2}} - u_{i,j}^{n}}{\frac{1}{2}\Delta t} + u_{i,j}^{n+\frac{1}{2}}\frac{u_{i+1,j}^{n} - u_{i-1,j}^{n}}{2\Delta x} + \bar{v}_{i,j}^{n}\frac{u_{i,j+1}^{n} - u_{i,j-1}^{n}}{2\Delta y}$$

$$= -g\frac{\eta_{i,j}^{n+\frac{1}{2}} - \eta_{i-1,j}^{n+\frac{1}{2}}}{\Delta x} - \frac{2C_b}{(D_{i-1,j}^{n} + D_{i,j}^{n})}\sqrt{(u_{i,j}^{n})^2 + (\bar{v}_{i,j}^{n})^2}u_{i,j}^{n}$$

$$+ \frac{2}{(D_{i-1,j}^{n} + D_{i,j}^{n})}\frac{1}{\Delta x}\left(D_{i,j}^{n}A_{M}\frac{u_{i+1,j}^{n} - u_{i,j}^{n}}{\Delta x} - D_{i-1,j}^{n}A_{M}\frac{u_{i,j}^{n} - u_{i-1,j}^{n}}{\Delta x}\right)$$

$$+ \frac{2}{(D_{i-1,j}^{n} + D_{i,j}^{n})}\frac{1}{\Delta y}\left(\bar{D}_{i,j+1}^{n}A_{M}\frac{u_{i,j+1}^{n} - u_{i,j}^{n}}{\Delta x} - \bar{D}_{i,j}^{n}A_{M}\frac{u_{i,j}^{n} - u_{i,j-1}^{n}}{\Delta x}\right) + f\bar{v}_{i,j}^{n} \tag{5.3.14a}$$

其中:$\bar{D}_{i,j}^{n} = \dfrac{1}{4}(D_{i-1,j-1}^{n} + D_{i,j-1}^{n} + D_{i-1,j}^{n} + D_{i,j}^{n})$, $\bar{v}_{i,j}^{n} = \dfrac{1}{4}(v_{i-1,j}^{n} + v_{i,j}^{n} + v_{i-1,j+1}^{n} + v_{i,j+1}^{n})$

上式可以整理为

$$A2_{i,j}\eta_{i-1,j}^{n+\frac{1}{2}} + B2_{i,j}u_{i,j}^{n+\frac{1}{2}} + C2_{i,j}\eta_{i,j}^{n+\frac{1}{2}} = E2_{i,j} \tag{5.3.14}$$

其中:$A2_{i,j} = -\dfrac{\Delta t}{2\Delta x}g$, $B2_{i,j} = 1 + \dfrac{\Delta t}{4\Delta x}(u_{i+1}^{n} - u_{i-1}^{n})$, $C2_{i,j} = -A2_{i,j}$,

$E2_{i,j} = u_{i,j}^{n} - \bar{v}_{i,j}^{n}\dfrac{\Delta t}{4\Delta y}(u_{i,j+1}^{n} - u_{i,j-1}^{n}) - \dfrac{\Delta t}{(D_{i-1,j}^{n} + D_{i,j}^{n})}C_b\sqrt{(u_{i,j}^{n})^2 + (\bar{v}_{i,j}^{n})^2}u_{i,j}^{n}$

$+ \dfrac{\Delta t}{(D_{i-1,j}^{n} + D_{i,j}^{n})}\dfrac{1}{\Delta x}\left(D_{i,j}^{n}A_{M}\dfrac{u_{i+1,j}^{n} - u_{i,j}^{n}}{\Delta x} - D_{i-1,j}^{n}A_{M}\dfrac{u_{i,j}^{n} - u_{i-1,j}^{n}}{\Delta x}\right)$

$+ \dfrac{\Delta t}{(D_{i-1,j}^{n} + D_{i,j}^{n})}\dfrac{1}{\Delta y}\left(\bar{D}_{i,j+1}^{n}A_{M}\dfrac{u_{i,j+1}^{n} - u_{i,j}^{n}}{\Delta x} - \bar{D}_{i,j}^{n}A_{M}\dfrac{u_{i,j}^{n} - u_{i,j-1}^{n}}{\Delta x}\right) + \dfrac{\Delta t}{2}f\bar{v}_{i,j}^{n}$

综合以上,对于每一列单元上的水位 $\eta_{i,j}^{n+\frac{1}{2}}$ 和流速 $u_{i,j}^{n+\frac{1}{2}}$ 可以得到如下方程组:

$$\begin{bmatrix} B2_{2,j} & C2_{2,j} \\ A1_{2,j} & B1_{2,j} & C1_{2,j} \\ & \ddots & \ddots & \ddots \\ & & A2_{i,j} & B2_{i,j} & C2_{i,j} \\ & & & A1_{i,j} & B1_{i,j} & C1_{i,j} \\ & & & & \ddots & \ddots & \ddots \\ & & & & & A2_{im,j} & B2_{im,j} & C2_{im,j} \\ & & & & & & A1_{im,j} & B1_{im,j} \end{bmatrix} \begin{bmatrix} u_{2,j}^{n+\frac{1}{2}} \\ \eta_{2,j}^{n+\frac{1}{2}} \\ \vdots \\ u_{i,j}^{n+\frac{1}{2}} \\ \eta_{i,j}^{n+\frac{1}{2}} \\ \vdots \\ u_{im,j}^{n+\frac{1}{2}} \\ \eta_{im,j}^{n+\frac{1}{2}} \end{bmatrix} = \begin{bmatrix} E2_{2,j} \\ E1_{2,j} \\ \vdots \\ E2_{i,j} \\ E1_{i,j} \\ \vdots \\ E2_{im,j} \\ E1_{im,j} \end{bmatrix}$$

记为 $\boldsymbol{Ax} = \boldsymbol{b}$,对系数矩阵做如下分解。

$$\begin{bmatrix} B2_{2,j} & C2_{2,j} \\ A1_{2,j} & B1_{2,j} & C1_{2,j} \\ & A2_{3,j} & B2_{3,j} & C2_{3,j} \\ & & A1_{3,j} & B1_{3,j} & C1_{3,j} \\ & & & A2_{4,j} & B2_{4,j} & C2_{4,j} \\ & & & & \ddots & \ddots & \ddots \\ & & & & & A2_{im,j} & B2_{im,j} & C2_{im,j} \\ & & & & & & A1_{im,j} & B1_{im,j} \end{bmatrix}$$

$$= \begin{bmatrix} 1 \\ l1_2 & 1 \\ & l2_3 & 1 \\ & & l1_3 & 1 \\ & & & l2_4 & 1 \\ & & & & \ddots & \ddots \\ & & & & & l2_{im} & 1 \\ & & & & & & l1_{im} & 1 \end{bmatrix} \begin{bmatrix} u2_2 & C2_{2,j} \\ & u1_2 & C1_{2,j} \\ & & u2_3 & C2_{3,j} \\ & & & u1_3 & C1_{3,j} \\ & & & & u2_4 & C2_{4,j} \\ & & & & & \ddots & \ddots \\ & & & & & & u2_{im} & C2_{im,j} \\ & & & & & & & u1_{im} \end{bmatrix}$$

$$u2_2 = B2_{2,j}$$
$$l1_2 = A1_{2,j}/u2_2, u1_2 = B1_{2,j} - l1_2 C2_{2,j}$$
$$l2_3 = A2_{3,j}/u1_2, u2_3 = B2_{3,j} - l2_3 C1_{2,j}$$
$$l1_i = A1_{i,j}/u2_i, u1_i = B1_{i,j} - l1_i C2_{i,j}$$
$$l2_{i+1} = A2_{i+1,j}/u1_i, u2_{i+1} = B2_{i+1,j} - l2_{i+1} C1_{i,j} (2 \leqslant i \leqslant im - 1)$$

令 $Ly = b$，$Ux = y$，其中 $y = [\, y2_2 \quad y1_2 \quad \cdots \quad y2_i \quad y1_i \quad \cdots \quad y2_{im} \quad y1_{im} \,]^{\mathrm{T}}$

则由 $Ly = b$ 有：$y2_2 = E2_{2,j}$，$y1_2 = E1_{2,j} - l1_2 y2_2$，$y2_3 = E2_{3,j} - l2_3 y1_2$，$\cdots$，$y2_i = E2_{i,j} - l2_i y1_{i-1}$，$y1_i = E1_{i,j} - l1_i y2_i$（$2 \leq i \leq im$）

由 $Ux = y$ 有：$\eta_{im,j} = y1_{im,j}/u1_{im}$，$u_{im,j} = (y2_{im} - C2_{im,j}\eta_{im,j})/u2_{im}$，$\eta_{im-1,j} = (y1_{im-1} - C1_{im-1,j}u_{im,j})/u1_{im-1}$，$\cdots$，$\eta_{i,j} = (y1_{i+1} - C1_{i,j}u_{i,j})/u1_i$ $u_{i,j} = (y2_i - C2_{i,j}\eta_{i,j})/u2_i$（$2 \leq i \leq im$）

y 方向的动量方程采用显格式离散为

$$\frac{v_{i,j}^{n+\frac{1}{2}} - v_{i,j}^n}{\frac{1}{2}\Delta t} + \bar{u}_{i,j}^{n+\frac{1}{2}}\frac{v_{i+1,j}^n - v_{i+1,j}^n}{2\Delta x} + v_{i,j}^n\frac{v_{i,j+1}^n - v_{i,j-1}^n}{2\Delta y}$$

$$= -g\frac{\eta_{i,j}^{n+\frac{1}{2}} - \eta_{i,j-1}^{n+\frac{1}{2}}}{\Delta y} - \frac{2C_b}{(D_{i,j-1}^{n+\frac{1}{2}} + D_{i,j}^{n+\frac{1}{2}})}\sqrt{(\bar{u}_{i,j}^{n+\frac{1}{2}})^2 + (v_{i,j}^n)^2}\,v_{i,j}^n$$

$$+ \frac{2}{(D_{i,j-1}^{n+\frac{1}{2}} + D_{i,j}^{n+\frac{1}{2}})}\frac{1}{\Delta x}\left(\bar{D}_{i+1,j}^{n+\frac{1}{2}}A_M\frac{v_{i+1,j}^n - v_{i,j}^n}{\Delta x} - \bar{D}_{i,j}^{n+\frac{1}{2}}A_M\frac{v_{i,j}^n - v_{i-1,j}^n}{\Delta x}\right)$$

$$+ \frac{2}{(D_{i,j-1}^{n+\frac{1}{2}} + D_{i,j}^{n+\frac{1}{2}})}\frac{1}{\Delta y}\left(D_{i,j}^{n+\frac{1}{2}}A_M\frac{v_{i,j+1}^n - u_{i,j}^n}{\Delta x} - D_{i,j-1}^{n+\frac{1}{2}}A_M\frac{v_{i,j}^n - v_{i,j-1}^n}{\Delta x}\right) - f\bar{u}_{i,j}^n \quad (5.3.15)$$

其中：$\bar{D}_{i,j}^{n+\frac{1}{2}} = \frac{1}{4}(D_{i-1,j-1}^{n+\frac{1}{2}} + D_{i,j-1}^{n+\frac{1}{2}} + D_{i-1,j}^{n+\frac{1}{2}} + D_{i,j}^{n+\frac{1}{2}})$，$\bar{u}_{i,j}^n = \frac{1}{4}(u_{i,j-1}^n + u_{i+1,j-1}^n + u_{i,j}^n + u_{i+1,j}^n)$。

在后半个时间步长 $n + \frac{1}{2} \to n + 1$ 时刻内，按照同样的原理，对水位 η 和流速 v 两个变量采用隐格式求解 $\eta_{i,j}^{n+1}$、$v_{i,j}^{n+1}$，再对变量 u 采用显格式求解 $u_{i,j}^{n+1}$。

由式（5.3.14）知，ADI 法的每半步只要求解逐行或逐列，所形成的方程组为三对角线性方程组，避免了求解两个方向同时采用隐格式的五对角方程组或更复杂的线性方程组，而且该方法基本上保持了隐格式无条件稳定的优点。当然，该方法仍然可能出现非线性不稳定，但是相对于显格式而言，稳定性的改善是显著的。

5.4 复杂微分方程离散的分步法

随着人们对物理过程认识的不断深入和对空间精度要求的提高，所描述物理、化学、生物过程，经历了由单一物理过程向多种物理过程的发展，在空间上经历了由零维模型向三维模型的发展过程。由于数值模型的复杂性，高效数值算法显得尤为重要，其中分步法是应用较为广泛的方法。

分步法的基本思想是将复杂的微分方程分解为若干个简单的微分方程进行单独求解，从而降低了求解问题的难度。最常见的有如下两种分解方式。

1)空间分步,将高维问题分解为一系列低维问题进行逐一求解。例如:按照该种思路,前述二维问题可以分解为如下两个一维问题。

沿 x 方向:

$$\begin{cases} \dfrac{\partial D}{\partial t} + \dfrac{\partial Du}{\partial x} = 0 \\[2mm] \dfrac{\partial u}{\partial t} + u\dfrac{\partial u}{\partial x} = -g\dfrac{\partial \eta}{\partial x} + \dfrac{\tau_{sx} - \tau_{bx}}{\rho D} + \dfrac{1}{D}\dfrac{\partial}{\partial x}\left(DA_M\dfrac{\partial u}{\partial x}\right) + fv \\[2mm] \dfrac{\partial v}{\partial t} + u\dfrac{\partial v}{\partial x} = \dfrac{1}{D}\dfrac{\partial}{\partial x}\left(DA_M\dfrac{\partial v}{\partial x}\right) \\[2mm] \dfrac{\partial C}{\partial t} + u\dfrac{\partial C}{\partial x} = \dfrac{1}{D}\dfrac{\partial}{\partial x}\left(DA_M\dfrac{\partial C}{\partial x}\right) - KC \end{cases} \tag{5.4.1}$$

沿 y 方向:

$$\begin{cases} \dfrac{\partial D}{\partial t} + \dfrac{\partial Du}{\partial y} = 0 \\[2mm] \dfrac{\partial u}{\partial t} + v\dfrac{\partial u}{\partial y} = \dfrac{1}{D}\dfrac{\partial}{\partial y}\left(DA_M\dfrac{\partial u}{\partial y}\right) \\[2mm] \dfrac{\partial v}{\partial t} + v\dfrac{\partial v}{\partial y} = -g\dfrac{\partial \eta}{\partial y} + \dfrac{\tau_{sy} - \tau_{by}}{\rho D} + \dfrac{1}{D}\dfrac{\partial}{\partial y}\left(DA_M\dfrac{\partial v}{\partial y}\right) - fu \\[2mm] \dfrac{\partial C}{\partial t} + v\dfrac{\partial C}{\partial y} = \dfrac{1}{D}\dfrac{\partial}{\partial y}\left(DA_M\dfrac{\partial C}{\partial y}\right) \end{cases} \tag{5.4.2}$$

在求解中,将计算分为两个半步。首先求解 x 方向方程组,根据 n 时刻的变量值 u^n、v^n 和 η^n 积分得到变量中间值 $u^{n+\frac{1}{2}}$、$v^{n+\frac{1}{2}}$ 和 $\eta^{n+\frac{1}{2}}$;然后求解 y 方向方程组,根据变量中间值 $u^{n+\frac{1}{2}}$、$v^{n+\frac{1}{2}}$ 和 $\eta^{n+\frac{1}{2}}$ 积分得到 $n+1$ 时刻变量值 u^{n+1}、v^{n+1} 和 η^{n+1},从而完成一个时间步长的积分。

2)物理、生化过程分步,将多个物理、化学、生物过程分解为一系列简单过程进行逐一求解。

例如:对于水动力学方程,由于外重力波传播速度较快,显格式求解时间步长主要受此物理过程限制,因此,可将该物理过程和其他物理过程进行分步求解。

前半步,显式求解动量方程中的慢过程,根据 n 时刻的变量值 u^n、v^n 积分得到变量中间值 $u^{n+\frac{1}{2}}$、$v^{n+\frac{1}{2}}$;

$$\begin{cases} \dfrac{\partial u}{\partial t} + u\dfrac{\partial u}{\partial x} + v\dfrac{\partial u}{\partial y} = \dfrac{\tau_{sx} - \tau_{bx}}{\rho D} + \dfrac{1}{D}\dfrac{\partial}{\partial x}\left(DA_M\dfrac{\partial u}{\partial x}\right) + \dfrac{1}{D}\dfrac{\partial}{\partial y}\left(DA_M\dfrac{\partial u}{\partial y}\right) + fv \\[2mm] \dfrac{\partial v}{\partial t} + u\dfrac{\partial v}{\partial x} + v\dfrac{\partial v}{\partial y} = \dfrac{\tau_{sy} - \tau_{by}}{\rho D} + \dfrac{1}{D}\dfrac{\partial}{\partial x}\left(DA_M\dfrac{\partial v}{\partial x}\right) + \dfrac{1}{D}\dfrac{\partial}{\partial y}\left(DA_M\dfrac{\partial v}{\partial y}\right) - fu \end{cases} \tag{5.4.3}$$

然后,隐式求解式(5.4.4)外重力波的传播过程。根据变量 η^n 和中间值 $u^{n+\frac{1}{2}}$、$v^{n+\frac{1}{2}}$,

积分得到 $n+1$ 时刻变量值 u^{n+1}、v^{n+1} 和 η^{n+1}，从而完成一个时间步长的积分。

$$\begin{cases} \dfrac{\partial D}{\partial t} + \dfrac{\partial Du}{\partial x} + \dfrac{\partial Dv}{\partial y} = 0 \\[2mm] \dfrac{\partial u}{\partial t} = -g\dfrac{\partial \eta}{\partial x} \\[2mm] \dfrac{\partial v}{\partial t} = -g\dfrac{\partial \eta}{\partial y} \end{cases} \tag{5.4.4}$$

在美国 EPA 推荐使用的 EFDC(Environmental Fluid Dynamics Code)模型中,在求解污染物浓度的过程中同样将物理过程和生物化学过程进行分步求解。首先,求解物理过程对污染物浓度的分步影响:

$$\frac{\partial C}{\partial t} + u\frac{\partial C}{\partial x} + v\frac{\partial C}{\partial y} = \frac{1}{D}\frac{\partial}{\partial x}\left(DA_M\frac{\partial C}{\partial x}\right) + \frac{1}{D}\frac{\partial}{\partial y}\left(DA_M\frac{\partial C}{\partial y}\right) \tag{5.4.5}$$

然后,采用 WASP 模型求解生物化学过程引起的源(汇)项对污染物浓度的影响:

$$\frac{\partial C}{\partial t} = S \tag{5.4.6}$$

通过这种分步,将水质模型分解为水力学问题和化学、生物学问题两个领域进行分别求解,将水利学家和化学、生物学家的工作有机结合在一起。

第6章 三维水流水质模型

6.1 三维水流水质模型

由于自然界是三维空间,只有三维模型才能完全反映水流水质的空间分布。对于大洋、深水湖泊、大型水库,其特性具有典型的三维特性。此外,如果需要提供关注区域参数的精细结构,也需要三维模型。但是,由于模型的计算量随空间维数的增加呈几何级数增加,以往在处理时经常将问题简化为一维或二维问题。随着高速计算机的出现,三维模型在实际中应用越来越广泛。

6.1.1 三维水流水质模型控制方程

三维模型同样是基于质量守恒原理和动量守恒原理得到的。如图 6.1.1 所示,取水体中的一个立方体单元,边长分别为 Δx、Δy、Δz。假定该单元中心点坐标为 (x, y, z),则左、右侧界面中心点坐标分别为 $\left(x, y - \dfrac{\Delta y}{2}, z\right)$,$\left(x, y + \dfrac{\Delta y}{2}, z\right)$。假定在 t 时刻左右两侧界面的平均速度均为其中心点的速度,u、v、w 表示 x、y、z 三个方向的速度分量,则在 Δt 时段通过两侧界面进入单元体的水体质量为

$$\left[\rho v\left(x, y - \frac{\Delta y}{2}, z\right)\Delta x \Delta z - \rho v\left(x, y + \frac{\Delta y}{2}, z\right)\Delta x \Delta z\right]\Delta t$$

同样在 Δt 时段通过 x 方向两侧界面进入单元体的水体质量为

$$\left[\rho u\left(x - \frac{\Delta x}{2}, y, z\right)\Delta y \Delta z - \rho u\left(x + \frac{\Delta x}{2}, y, z\right)\Delta y \Delta z\right]\Delta t$$

在 Δt 时段通过 z 方向两侧界面进入单元体的水体质量为

$$\left[\rho w\left(x, y, z - \frac{\Delta z}{2}\right)\Delta x \Delta y - \rho w\left(x, y, z + \frac{\Delta z}{2}\right)\Delta x \Delta y\right]\Delta t$$

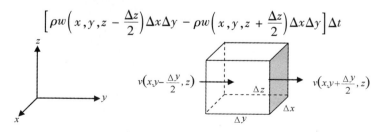

图 6.1.1　三维模型控制单元示意

因此，在 Δt 时段立方体单元和外部环境水体交换引起的质量变化为

$$\left[\rho v\left(x, y-\frac{\Delta y}{2}, z\right)\Delta x\Delta z - \rho v\left(x, y+\frac{\Delta y}{2}, z\right)\Delta x\Delta z\right.$$

$$+ \rho u\left(x-\frac{\Delta x}{2}, y, z\right)\Delta y\Delta z - \rho u\left(x+\frac{\Delta x}{2}, y, z\right)\Delta y\Delta z$$

$$\left. + \rho w\left(x, y, z-\frac{\Delta z}{2}\right)\Delta x\Delta y - \rho w\left(x, y, z+\frac{\Delta z}{2}\right)\Delta x\Delta y\right]\Delta t$$

但是由于立方体单元为选定控制体积，在 Δt 时段立方体单元的大小没有发生变化，同时根据水体不压缩假定，其密度也为恒定值，因此，Δt 时段立方体单元所含水体的质量不变。所以上式应该等于零，即

$$\left[\rho v\left(x, y-\frac{\Delta y}{2}, z\right)\Delta x\Delta z - \rho v\left(x, y+\frac{\Delta y}{2}, z\right)\Delta x\Delta z\right.$$

$$+ \rho u\left(x-\frac{\Delta x}{2}, y, z\right)\Delta y\Delta z - \rho u\left(x+\frac{\Delta x}{2}, y, z\right)\Delta y\Delta z$$

$$\left. + \rho w\left(x, y, z-\frac{\Delta z}{2}\right)\Delta x\Delta y - \rho w\left(x, y, z+\frac{\Delta z}{2}\right)\Delta x\Delta y\right]\Delta t = 0$$

上式两侧同时除以 $\rho\Delta x\Delta y\Delta z\Delta t$，得到：

$$\frac{u\left(x-\frac{\Delta x}{2}, y, z\right)-u\left(x+\frac{\Delta x}{2}, y, z\right)}{\Delta x} + \frac{v\left(x, y-\frac{\Delta y}{2}, z\right)-v\left(x, y+\frac{\Delta y}{2}, z\right)}{\Delta y}$$

$$+ \frac{w\left(x, y, z-\frac{\Delta z}{2}\right)-w\left(x, y, z+\frac{\Delta z}{2}\right)}{\Delta z} = 0$$

令 Δx、Δy、Δz 趋于 0，上式转化为微分方程

$$\frac{\partial u}{\partial x} + \frac{\partial v}{\partial y} + \frac{\partial w}{\partial z} = 0 \tag{6.1.1}$$

同样，我们可以根据动量守恒定理，建立动量方程。以 y 方向为例，假定在 t 时刻左右两侧界面的平均速度均为其中心点的速度，则在 Δt 时段通过两侧界面进入单元体 y 方向的动量为

$$\left[\rho v\left(x, y-\frac{\Delta y}{2}, z\right)\Delta x\Delta z v\left(x, y-\frac{\Delta y}{2}, z\right) - \rho v\left(x, y+\frac{\Delta y}{2}, z\right)\Delta x\Delta z v\left(x, y+\frac{\Delta y}{2}, z\right)\right]\Delta t$$

同样在 Δt 时段通过 x 方向两侧界面进入单元体 y 方向的动量为

$$\left[\rho u\left(x-\frac{\Delta x}{2}, y, z\right)\Delta y\Delta z v\left(x-\frac{\Delta x}{2}, y, z\right) - \rho u\left(x+\frac{\Delta x}{2}, y, z\right)\Delta y\Delta z v\left(x+\frac{\Delta x}{2}, y, z\right)\right]\Delta t$$

在 Δt 时段通过 z 方向两侧界面进入单元体 y 方向的动量为

$$\left[\rho w\left(x, y, z-\frac{\Delta z}{2}\right)\Delta x\Delta y v\left(x, y, z-\frac{\Delta z}{2}\right) - \rho w\left(x, y, z+\frac{\Delta z}{2}\right)\Delta x\Delta y v\left(x, y, z+\frac{\Delta z}{2}\right)\right]\Delta t$$

因此，在 Δt 时段作用在单元体上的外力引起的 y 方向动量增量为

压强梯度力贡献量：$\left[p\left(x, y - \dfrac{\Delta y}{2}, z\right)\Delta x\Delta z - p\left(x, y + \dfrac{\Delta y}{2}, z\right)\Delta x\Delta z \right]\Delta t$

x 界面的切应力贡献量：$\left[\tau_{xy}\left(x + \dfrac{\Delta x}{2}, y, z\right)\Delta y\Delta z - \tau_{xy}\left(x - \dfrac{\Delta x}{2}, y, z\right)\Delta y\Delta z \right]\Delta t$

y 界面的偏斜正应力贡献量：$\left[\sigma_{yy}\left(x, y + \dfrac{\Delta y}{2}, z\right)\Delta x\Delta z - \sigma_{yy}\left(x, y - \dfrac{\Delta y}{2}, z\right)\Delta x\Delta z \right]\Delta t$

z 界面的切应力贡献量：$\left[\tau_{zy}\left(x, y, z + \dfrac{\Delta z}{2}\right)\Delta x\Delta y - \tau_{zy}\left(x, y, z - \dfrac{\Delta z}{2}\right)\Delta x\Delta y \right]\Delta t$

科氏力贡献：$-fu(x, y, z)\rho\Delta x\Delta y\Delta z\Delta t$，其中 f 为科氏力参数，$f = 2\Omega\sin\varphi$；Ω 为地球自转角速度；φ 为地理纬度。

所以，假定 Δt 时段速度变化为 Δv，则动量变化可以表示为 $\Delta[mv(x, y, z)] = \rho\Delta x\Delta y\Delta z\Delta v$，满足下式：

$$\rho\Delta x\Delta y\Delta z\Delta v = \left[\rho u\left(x - \frac{\Delta x}{2}, y, z\right)\Delta y\Delta z v\left(x - \frac{\Delta x}{2}, y, z\right) - \rho u\left(x + \frac{\Delta x}{2}, y, z\right)\Delta y\Delta z v\left(x + \frac{\Delta x}{2}, y, z\right)\right]\Delta t$$

$$+ \left[\rho v\left(x, y - \frac{\Delta y}{2}, z\right)\Delta x\Delta z v\left(x, y - \frac{\Delta y}{2}, z\right) - \rho v\left(x, y + \frac{\Delta y}{2}, z\right)\Delta x\Delta z v\left(x, y + \frac{\Delta y}{2}, z\right)\right]\Delta t$$

$$+ \left[\rho w\left(x, y, z - \frac{\Delta z}{2}\right)\Delta x\Delta y v\left(x, y, z - \frac{\Delta z}{2}\right) - \rho w\left(x, y, z + \frac{\Delta z}{2}\right)\Delta x\Delta y v\left(x, y, z + \frac{\Delta z}{2}\right)\right]\Delta t$$

$$+ \left[p\left(x, y - \frac{\Delta y}{2}, z\right)\Delta x\Delta z - p\left(x, y + \frac{\Delta y}{2}, z\right)\Delta x\Delta z\right]\Delta t$$

$$+ \left[\tau_{xy}\left(x + \frac{\Delta x}{2}, y, z\right)\Delta y\Delta z - \tau_{xy}\left(x - \frac{\Delta x}{2}, y, z\right)\Delta y\Delta z\right]\Delta t$$

$$+ \left[\sigma_{yy}\left(x, y + \frac{\Delta y}{2}, z\right)\Delta x\Delta z - \sigma_{yy}\left(x, y - \frac{\Delta y}{2}, z\right)\Delta x\Delta z\right]\Delta t$$

$$+ \left[\tau_{zy}\left(x, y, z + \frac{\Delta z}{2}\right)\Delta x\Delta y - \tau_{zy}\left(x, y, z - \frac{\Delta z}{2}\right)\Delta x\Delta y\right]\Delta t$$

$$- fu(x, y, z)\rho\Delta x\Delta y\Delta z\Delta t$$

上式两侧同时除以 $\rho\Delta x\Delta y\Delta z\Delta t$，得到：

$$\frac{\Delta v}{\Delta t} = \frac{u\left(x - \frac{\Delta x}{2}, y, z\right)v\left(x - \frac{\Delta x}{2}, y, z\right) - u\left(x + \frac{\Delta x}{2}, y, z\right)v\left(x + \frac{\Delta x}{2}, y, z\right)}{\Delta x}$$

$$+ \frac{v\left(x, y - \frac{\Delta y}{2}, z\right)v\left(x, y - \frac{\Delta y}{2}, z\right) - v\left(x, y + \frac{\Delta y}{2}, z\right)v\left(x, y + \frac{\Delta y}{2}, z\right)}{\Delta y}$$

$$+ \frac{w\left(x, y, z - \frac{\Delta z}{2}\right)v\left(x, y, z - \frac{\Delta z}{2}\right) - w\left(x, y, z + \frac{\Delta z}{2}\right)v\left(x, y, z + \frac{\Delta z}{2}\right)}{\Delta z}$$

$$+ \frac{p\left(x, y - \frac{\Delta y}{2}, z\right) - p\left(x, y + \frac{\Delta y}{2}, z\right)}{\rho\Delta y} + \frac{\tau_{xy}\left(x + \frac{\Delta x}{2}, y, z\right) - \tau_{xy}\left(x - \frac{\Delta x}{2}, y, z\right)}{\rho\Delta x}$$

$$+ \frac{\sigma_{yy}\left(x, y + \frac{\Delta y}{2}, z\right) - \sigma_{yy}\left(x, y - \frac{\Delta y}{2}, z\right)}{\rho \Delta y} + \frac{\tau_{zy}\left(x, y, z + \frac{\Delta z}{2}\right) - \tau_{zy}\left(x, y, z - \frac{\Delta z}{2}\right)}{\rho \Delta z} - fu(x, y, z)$$

令 Δx、Δy、Δz、Δt 趋于 0,上式简化为微分方程

$$\frac{\partial v}{\partial t} + \frac{\partial uv}{\partial x} + \frac{\partial vv}{\partial y} + \frac{\partial wv}{\partial z} = -\frac{1}{\rho}\frac{\partial p}{\partial y} + \frac{1}{\rho}\frac{\partial \tau_{xy}}{\partial x} + \frac{1}{\rho}\frac{\partial \sigma_{yy}}{\partial y} + \frac{1}{\rho}\frac{\partial \tau_{zy}}{\partial z} - fu \quad (6.1.2a)$$

利用流体的本构关系: $\tau_{xy} = \rho v\left(\frac{\partial u}{\partial y} + \frac{\partial v}{\partial x}\right)$, $\tau_{zy} = \rho v\left(\frac{\partial w}{\partial y} + \frac{\partial v}{\partial z}\right)$, $\sigma_{yy} = 2\rho v\frac{\partial v}{\partial y}$,其中 v

为分子黏滞系数,式(6.1.2a)可以转化为

$$\frac{\partial v}{\partial t} + \frac{\partial uv}{\partial x} + \frac{\partial vv}{\partial y} + \frac{\partial wv}{\partial z} = -\frac{1}{\rho}\frac{\partial p}{\partial y} + v\left(\frac{\partial^2 v}{\partial x^2} + \frac{\partial^2 v}{\partial y^2} + \frac{\partial^2 v}{\partial z^2}\right) - fu \quad (6.1.2b)$$

将左侧的对流项展开并利用连续方程,上式还可以简化为

$$\frac{\partial v}{\partial t} + u\frac{\partial v}{\partial x} + v\frac{\partial v}{\partial y} + w\frac{\partial v}{\partial z} = -\frac{1}{\rho}\frac{\partial p}{\partial y} + v\left(\frac{\partial^2 v}{\partial x^2} + \frac{\partial^2 v}{\partial y^2} + \frac{\partial^2 v}{\partial z^2}\right) - fu \quad (6.1.2)$$

同样的道理可以推导出其他方向的动量方程和污染物的迁移转化方程,详细过程略。完整方程组如下:

$$\frac{\partial u}{\partial x} + \frac{\partial v}{\partial y} + \frac{\partial w}{\partial z} = 0 \quad (6.1.1)$$

$$\frac{\partial u}{\partial t} + u\frac{\partial u}{\partial x} + v\frac{\partial u}{\partial y} + w\frac{\partial u}{\partial z} = -\frac{1}{\rho}\frac{\partial p}{\partial x} + v\left(\frac{\partial^2 u}{\partial x^2} + \frac{\partial^2 u}{\partial y^2} + \frac{\partial^2 u}{\partial z^2}\right) + fv \quad (6.1.3)$$

$$\frac{\partial v}{\partial t} + u\frac{\partial v}{\partial x} + v\frac{\partial v}{\partial y} + w\frac{\partial v}{\partial z} = -\frac{1}{\rho}\frac{\partial p}{\partial y} + v\left(\frac{\partial^2 v}{\partial x^2} + \frac{\partial^2 v}{\partial y^2} + \frac{\partial^2 v}{\partial z^2}\right) - fu \quad (6.1.2)$$

$$\frac{\partial w}{\partial t} + u\frac{\partial w}{\partial x} + v\frac{\partial w}{\partial y} + w\frac{\partial w}{\partial z} = -\frac{1}{\rho}\frac{\partial p}{\partial z} - g + v\left(\frac{\partial^2 w}{\partial x^2} + \frac{\partial^2 w}{\partial y^2} + \frac{\partial^2 w}{\partial z^2}\right) \quad (6.1.4)$$

$$\frac{\partial C}{\partial t} + u\frac{\partial C}{\partial x} + v\frac{\partial C}{\partial y} + w\frac{\partial C}{\partial z} = v\left(\frac{\partial^2 C}{\partial x^2} + \frac{\partial^2 C}{\partial y^2} + \frac{\partial^2 C}{\partial z^2}\right) + S \quad (6.1.5)$$

水动力学方程组含有 4 个待求变量, u、v、w、p,该方程组在流体力学上称为奈维－斯托克斯(Navier－Stockes)方程组,或简称为 N－S 方程。根据水动力学变量可以进一步求解污染物在水体中的浓度分布。

由于在紊流状态下,水动力学变量存在高频短波的脉动。在数值求解中,分辨脉动这种细微结构需要的工作量过大,一般将以上方程进行雷诺时均化,如前所述,雷诺时均化后,得到如下方程:

$$\frac{\partial \bar{u}}{\partial x} + \frac{\partial \bar{v}}{\partial y} + \frac{\partial \bar{w}}{\partial z} = 0 \quad (6.1.6)$$

$$\frac{\partial \bar{u}}{\partial t} + \bar{u}\frac{\partial \bar{u}}{\partial x} + \bar{v}\frac{\partial \bar{u}}{\partial y} + \bar{w}\frac{\partial \bar{u}}{\partial z} = -\frac{1}{\rho}\frac{\partial \bar{p}}{\partial x} + v\left(\frac{\partial^2 \bar{u}}{\partial x^2} + \frac{\partial^2 \bar{u}}{\partial y^2} + \frac{\partial^2 \bar{u}}{\partial z^2}\right) - \frac{\partial \overline{u'u'}}{\partial x} - \frac{\partial \overline{u'v'}}{\partial y} - \frac{\partial \overline{u'w'}}{\partial z} + f\bar{v}$$

$$(6.1.7)$$

$$\frac{\partial \bar{v}}{\partial t} + \bar{u}\frac{\partial \bar{v}}{\partial x} + \bar{v}\frac{\partial \bar{v}}{\partial y} + \bar{w}\frac{\partial \bar{v}}{\partial z} = -\frac{1}{\rho}\frac{\partial \bar{p}}{\partial y} + \upsilon\left(\frac{\partial^2 \bar{v}}{\partial x^2} + \frac{\partial^2 \bar{v}}{\partial y^2} + \frac{\partial^2 \bar{v}}{\partial z^2}\right) - \frac{\partial \overline{u'v'}}{\partial x} - \frac{\partial \overline{v'v'}}{\partial y} - \frac{\partial \overline{v'w'}}{\partial z} - f\bar{u}$$

$$(6.1.8)$$

$$\frac{\partial \bar{w}}{\partial t} + \bar{u}\frac{\partial \bar{w}}{\partial x} + \bar{v}\frac{\partial \bar{w}}{\partial y} + \bar{w}\frac{\partial \bar{w}}{\partial z} = -\frac{1}{\rho}\frac{\partial \bar{p}}{\partial z} - g + \upsilon\left(\frac{\partial^2 \bar{w}}{\partial x^2} + \frac{\partial^2 \bar{w}}{\partial y^2} + \frac{\partial^2 \bar{w}}{\partial z^2}\right) - \frac{\partial \overline{u'w'}}{\partial x} - \frac{\partial \overline{v'w'}}{\partial y} - \frac{\partial \overline{w'w'}}{\partial z}$$

$$(6.1.9)$$

$$\frac{\partial \bar{C}}{\partial t} + \bar{u}\frac{\partial \bar{C}}{\partial x} + \bar{v}\frac{\partial \bar{C}}{\partial y} + \bar{w}\frac{\partial \bar{C}}{\partial z} = \upsilon\left(\frac{\partial^2 \bar{C}}{\partial x^2} + \frac{\partial^2 \bar{C}}{\partial y^2} + \frac{\partial^2 \bar{C}}{\partial z^2}\right) - \frac{\partial \overline{u'C'}}{\partial x} - \frac{\partial \overline{v'C'}}{\partial y} - \frac{\partial \overline{w'C'}}{\partial z} + \bar{S}$$

$$(6.1.10)$$

以上四个描述水动力学特性的方程也称为紊流雷诺方程。虽然雷诺方程中动量方程不含瞬时值,但是增加了 9 项脉动值乘积的雷诺时均项。由于这些项表示单位质量流体受到的力,经常将这些项乘以流体的密度 ρ,并称之为雷诺应力,其包含 9 个分量,也称之为二阶张量:

$$\boldsymbol{T} = \begin{bmatrix} -\rho\overline{u'u'} & -\rho\overline{u'v'} & -\rho\overline{u'w'} \\ -\rho\overline{v'u'} & -\rho\overline{v'v'} & -\rho\overline{v'w'} \\ -\rho\overline{w'u'} & -\rho\overline{w'v'} & -\rho\overline{w'w'} \end{bmatrix} = \begin{bmatrix} \tau_{xx} & \tau_{xy} & \tau_{xz} \\ \tau_{yx} & \tau_{yy} & \tau_{yz} \\ \tau_{xz} & \tau_{zy} & \tau_{zz} \end{bmatrix} \quad (6.1.11)$$

求解雷诺方程还需要额外增加条件确定雷诺应力的取值。目前,最常用的办法即采用 Boussinesq 假定,将这些项采用和分子黏性力相同的表达式:

$$\begin{cases} \tau_{xy} = \tau_{yx} = \rho A_{\mathrm{M}}\left(\dfrac{\partial \bar{u}}{\partial y} + \dfrac{\partial \bar{v}}{\partial x}\right) \\[2mm] \tau_{xz} = \tau_{zx} = \rho A_{\mathrm{M}}\left(\dfrac{\partial \bar{u}}{\partial z} + \dfrac{\partial \bar{w}}{\partial x}\right) \\[2mm] \tau_{zy} = \tau_{yz} = \rho A_{\mathrm{M}}\left(\dfrac{\partial \bar{w}}{\partial y} + \dfrac{\partial \bar{v}}{\partial z}\right) \end{cases} \quad (6.1.12)$$

$$\begin{cases} \tau_{xx} = 2\rho A_{\mathrm{M}}\dfrac{\partial \bar{u}}{\partial x} \\[2mm] \tau_{yy} = 2\rho A_{\mathrm{M}}\dfrac{\partial \bar{v}}{\partial y} \\[2mm] \tau_{zz} = 2\rho A_{\mathrm{M}}\dfrac{\partial \bar{w}}{\partial z} \end{cases} \quad (6.1.13)$$

式中:A_{M} 称为涡黏系数。

同样,物质输运方程中的脉动值乘积的雷诺时均项也可以采用这种类似假定,将之表达为

$$\begin{cases} -\overline{u'C'} = A_{\mathrm{H}}\dfrac{\partial \bar{C}}{\partial x} \\[2mm] -\overline{v'C'} = A_{\mathrm{H}}\dfrac{\partial \bar{C}}{\partial y} \\[2mm] -\overline{w'C'} = A_{\mathrm{H}}\dfrac{\partial \bar{C}}{\partial z} \end{cases} \tag{6.1.14}$$

式中：A_{H} 称为紊动扩散系数。由于分子黏性/扩散系数数值远小于紊动涡黏/扩散系数，在方程求解中常将其忽略或设为一背景值。

在求解中所用方程均为雷诺时均方程，因此以下均略去变量的时均符号。方程可转化为：

$$\frac{\partial u}{\partial x} + \frac{\partial v}{\partial y} + \frac{\partial w}{\partial z} = 0 \tag{6.1.1}$$

$$\frac{\partial u}{\partial t} + u\frac{\partial u}{\partial x} + v\frac{\partial u}{\partial y} + w\frac{\partial u}{\partial z} = -\frac{1}{\rho}\frac{\partial p}{\partial x} + A_{\mathrm{M}}\left(\frac{\partial^2 u}{\partial x^2} + \frac{\partial^2 u}{\partial y^2} + \frac{\partial^2 u}{\partial z^2}\right) + fv \tag{6.1.15}$$

$$\frac{\partial v}{\partial t} + u\frac{\partial v}{\partial x} + v\frac{\partial v}{\partial y} + w\frac{\partial v}{\partial z} = -\frac{1}{\rho}\frac{\partial p}{\partial y} + A_{\mathrm{M}}\left(\frac{\partial^2 v}{\partial x^2} + \frac{\partial^2 v}{\partial y^2} + \frac{\partial^2 v}{\partial z^2}\right) - fu \tag{6.1.16}$$

$$\frac{\partial w}{\partial t} + u\frac{\partial w}{\partial x} + v\frac{\partial w}{\partial y} + w\frac{\partial w}{\partial z} = -\frac{1}{\rho}\frac{\partial p}{\partial z} - g + A_{\mathrm{M}}\left(\frac{\partial^2 w}{\partial x^2} + \frac{\partial^2 w}{\partial y^2} + \frac{\partial^2 w}{\partial z^2}\right) \tag{6.1.17}$$

$$\frac{\partial C}{\partial t} + u\frac{\partial C}{\partial x} + v\frac{\partial C}{\partial y} + w\frac{\partial C}{\partial z} = A_{\mathrm{H}}\left(\frac{\partial^2 C}{\partial x^2} + \frac{\partial^2 C}{\partial y^2} + \frac{\partial^2 C}{\partial z^2}\right) + S \tag{6.1.18}$$

虽然以上水流水质控制方程通过 Boussinesq 假定有效地避免了对脉动值乘积项雷诺时均值的求解，但是问题并没有得到根本解决，只不过将其转移到紊动涡黏系数和紊动扩散系数的求解上，而紊流场中不同位置或不同方向上的取值可能都存在差异。为了更准确地给定紊动涡黏系数或雷诺应力项，流体力学专家采用提出系列经验公式或增加方程的方法使雷诺方程封闭。但是，迄今为止，该问题并未得到完全解决，成为流体力学中的经典难题之一。

对于绝大部分水域而言，由于水平空间尺度量级大于垂向尺度，垂向速度一般远小于水平流速。对于垂向运动方程，将局地加速度、迁移加速度和紊动涡黏项忽略，将极大地简化方程的求解。此时，垂向运动方程转化为

$$-\frac{1}{\rho}\frac{\partial p}{\partial z} - g = 0 \tag{6.1.19}$$

此时，$p = \displaystyle\int_z^{\eta} \rho g \mathrm{d}z$。这种近似广泛应用于流体的计算中，在大气动力学上称为静力近似，海洋动力学中也称为垂直静力平衡或准静力平衡。因为该种方法解得的压强和静止水体中压强相等，水力学上也称为静压假定。

当密度具有空间差异时，令 $\rho = \rho_0 + \rho'$，其中 ρ_0 在海洋上称为参考密度，在水库或湖泊中我们可以取为平均密度，ρ' 为所在位置水体密度相对于参考密度（或平均密度）的

偏差。将密度分为两部分后,压强为 $p = \rho_0 g(\eta - z) + \int_z^\eta \rho' \mathrm{g}\mathrm{d}z$。

由于 $\rho_0 > > \rho'$,可将上面雷诺方程中出现的密度 ρ 以 ρ_0 代替,简化为

$$\frac{\partial u}{\partial x} + \frac{\partial v}{\partial y} + \frac{\partial w}{\partial z} = 0 \tag{6.1.1}$$

$$\frac{\partial u}{\partial t} + u\frac{\partial u}{\partial x} + v\frac{\partial u}{\partial y} + w\frac{\partial u}{\partial z} = -g\frac{\partial \eta}{\partial x} - \frac{g}{\rho_0}\frac{\partial}{\partial x}\int_z^\eta \rho'\mathrm{d}z + \frac{1}{\rho}\frac{\partial \tau_{xx}}{\partial x} + \frac{1}{\rho}\frac{\partial \tau_{xy}}{\partial y} + \frac{1}{\rho}\frac{\partial \tau_{xz}}{\partial z} + fv \tag{6.1.20}$$

$$\frac{\partial v}{\partial t} + u\frac{\partial v}{\partial x} + v\frac{\partial v}{\partial y} + w\frac{\partial v}{\partial z} = -g\frac{\partial \eta}{\partial y} - \frac{g}{\rho_0}\frac{\partial}{\partial y}\int_z^\eta \rho'\mathrm{d}z + \frac{1}{\rho}\frac{\partial \tau_{xy}}{\partial x} + \frac{1}{\rho}\frac{\partial \tau_{yy}}{\partial y} + \frac{1}{\rho}\frac{\partial \tau_{yz}}{\partial z} - fu \tag{6.1.21}$$

为了体现紊动在水平面和垂直方向的各向异性以及垂向速度较小的特点,在雷诺应力中舍掉垂向速度的空间导数项,水平向和垂向雷诺应力分别处理,采用如下方式:

$$\begin{cases} \tau_{xy} = \tau_{yx} = \rho A_M\left(\frac{\partial u}{\partial y} + \frac{\partial v}{\partial x}\right) \\[2mm] \tau_{xx} = 2\rho A_M \frac{\partial u}{\partial x} \\[2mm] \tau_{yy} = 2\rho A_M \frac{\partial v}{\partial y} \\[2mm] \tau_{xz} = \tau_{zx} = \rho K_M \frac{\partial u}{\partial z} \\[2mm] \tau_{zy} = \tau_{yz} = \rho K_M \frac{\partial v}{\partial z} \end{cases} \tag{6.1.22}$$

式中:A_M 为水平涡黏系数;K_M 为垂向涡黏系数。

同样,物质输运方程中的脉动值乘积的雷诺时均项也可以采用这种类似假定,将之表达为

$$\begin{cases} -\overline{u'C'} = A_H \frac{\partial C}{\partial x} \\[2mm] -\overline{v'C'} = A_H \frac{\partial C}{\partial y} \\[2mm] -\overline{w'C'} = K_H \frac{\partial C}{\partial z} \end{cases} \tag{6.1.23}$$

式中:A_H 为水平扩散系数;K_H 为垂向扩散系数。

由于将垂向动量方程关于压强的计算公式代入水平运动方程中,雷诺方程在形式上转化为三个方程。需要指出的是,虽然净压假定中垂向动量方程不含垂向速度,但是垂向速度并不一定为零,其值由连续方程(6.1.1)得到。

使控制方程获得唯一解还需要设置边界条件,侧边界条件和二维模型类似,此处不

赘述。三维模型还需要设置垂向边界条件,即表面和底部边界需要满足的条件。

对于自由表面,大多数情况下(不包括表面剧烈水气掺混状态),可以认为水气之间存在明显的物质分界面,水体不能进入到大气中,因此水质点只能沿自由表面 $z = \eta$ 运动,满足:

$$\frac{\mathrm{d}z}{\mathrm{d}t} = \frac{\mathrm{d}\eta}{\mathrm{d}t},\text{即 } w = \frac{\partial \eta}{\partial t} + u\frac{\partial \eta}{\partial x} + v\frac{\partial \eta}{\partial y} \tag{6.1.24}$$

该条件也称为运动学边界条件。

自由表面的应力条件(也称为动力学边界条件),法向可以给定大气压,如果研究区域较小,气压变化不大,则大气压对运动不产生影响,可设为一均值。切向风应力如上章方法给定。

在海底可以给定不可滑移条件:

$$u = v = w = 0 \tag{6.1.25}$$

也可以给定可滑移边界条件,由于假定底部边界为固体边界,流体无法穿透,底部质点只能沿海底运动,即需要满足 $z = -h$,微分得到:

$$\frac{\mathrm{d}z}{\mathrm{d}t} = -\frac{\partial h}{\partial t} - u\frac{\partial h}{\partial x} - v\frac{\partial h}{\partial y} \tag{6.1.26}$$

当不考虑地形的时间变化时:

$$w + u\frac{\partial h}{\partial x} + v\frac{\partial h}{\partial y} = 0 \tag{6.1.27}$$

当底部采用可滑移条件还需要给定底部切应力条件,通常将其设为底部流速的平方形式,即 $(\tau_{bx}, \tau_{by}) = \rho C_b \sqrt{u^2 + v^2}(u, v)$,在形式上和平面二维模型采用的底部阻力形式相一致,只不过此处的速度皆为底部的流速,而二维模型采用的是水深平均流速。其中 C_b 为底部拖曳力系数。主要取决于底部粗糙高度和底部的流速垂向结构,确定方式如下。

在中性层结条件下,Prantl 假定底部靠近固体壁面处薄层范围切应力垂向一致为 τ_b,且混合长和离开壁面的距离呈正比,即 $l = \kappa z$。其中,z 坐标铅直向上,坐标原点位于壁面,κ 为卡门常数,一般取 $\kappa = 0.4$。假定壁面附近薄层内水平速度为 v,则垂向涡黏系数为

$$K_M = \kappa^2 l^2 \frac{\partial v}{\partial z} \tag{6.1.28}$$

则根据 Boussinesq 假定有:

$$\tau_b = \rho K_M \frac{\partial v}{\partial z} = \rho \kappa^2 l^2 \left(\frac{\partial v}{\partial z}\right)^2 \tag{6.1.29}$$

可得

$$\sqrt{\frac{\tau_b}{\rho}} = \kappa l \frac{\partial v}{\partial z} \tag{6.1.30}$$

令 $u_* = \sqrt{\dfrac{\tau_b}{\rho}}$，因 u_* 与流速量纲相同，因此 u_* 也称为底部摩阻流速或剪切流速。

假定在 $z = z_0$ 处流速为零，式(6.1.30a)积分得：

$$v = \frac{u_*}{\kappa}\ln\frac{z}{z_0} \tag{6.1.31}$$

在阻力平方近似中，采用 $\tau_b = \rho C_b v^2$，将其与 $u_* = \sqrt{\dfrac{\tau_b}{\rho}}$ 联立得：

$$C_b = \left(\frac{u_*}{v}\right)^2 = \left(\frac{\kappa}{\ln\dfrac{z}{z_0}}\right)^2 \tag{6.1.32}$$

可见 C_b 的值依赖于 z_0。z_0 也称为底部粗糙高度，取决于固体壁面的粗糙程度，风洞试验显示在气体运动中

$$z_0 = \frac{1}{30}\delta \tag{6.1.33}$$

式中：δ 为底部壁面粗糙物的平均高度，在水环境模型中，多采用流速分布实测资料进行率定。

对于物质守恒方程，表面和底部可以根据界面间的物质输移特性给定源或汇。

6.1.2 立面二维水流水质模型

在水环境计算中，当水平面某一方向变量分布较为均匀时，我们可以将其简化为立面二维模型。例如，比较窄深的河道，水流水质指标的变化主要体现为流动方向和水深方向，此时可将其简化为只考虑这两个空间方向的立面二维模型。

通过对三维模型进行某一水平方向的积分或根据控制单元质量动量守恒的原理，可以推导得到控制方程如下：

$$\frac{\partial Bu}{\partial x} + \frac{\partial Bw}{\partial z} = 0 \tag{6.1.34}$$

$$\frac{\partial Bu}{\partial t} + u\frac{\partial Bu}{\partial x} + w\frac{\partial Bu}{\partial z} = -\frac{B}{\rho}\frac{\partial p}{\partial x} + \frac{\partial}{\partial x}\left(BA_M\frac{\partial u}{\partial x}\right) + \frac{\partial}{\partial z}\left(BK_M\frac{\partial u}{\partial z}\right) - \frac{\tau_{wx}}{\rho} \tag{6.1.35}$$

$$\frac{\partial Bw}{\partial t} + u\frac{\partial Bw}{\partial x} + w\frac{\partial Bw}{\partial z} = -\frac{B}{\rho}\frac{\partial p}{\partial z} + \frac{\partial}{\partial x}\left(BA_M\frac{\partial w}{\partial x}\right) + \frac{\partial}{\partial z}\left(BK_M\frac{\partial w}{\partial z}\right) - \frac{\tau_{wz}}{\rho} - Bg \tag{6.1.36}$$

$$\frac{\partial BC}{\partial t} + u\frac{\partial BC}{\partial x} + v\frac{\partial BC}{\partial y} + w\frac{\partial BC}{\partial z} = \frac{\partial}{\partial x}\left(BA_H\frac{\partial C}{\partial x}\right) + \frac{\partial}{\partial z}\left(BK_H\frac{\partial C}{\partial z}\right) + BS \tag{6.1.37}$$

式中：B 为河宽；u、w 为纵向和垂向的河宽平均速度分量；A_M、K_M 为水平和垂向的动量扩散系数；A_H、K_H 为水平和垂向的物质扩散系数（一般情况下，以离散作用为主）；τ_{wx}、τ_{wz} 为纵向和垂向的边壁切应力；C 为水质指标浓度；S 为源（汇）项。如果采用静压假定，则水流方程可以进一步转化为

$$\frac{\partial Bu}{\partial x} + \frac{\partial Bw}{\partial z} = 0 \tag{6.1.34}$$

$$\frac{\partial Bu}{\partial t} + u\frac{\partial Bu}{\partial x} + w\frac{\partial Bu}{\partial z} = -gB\frac{\partial \eta}{\partial x} + \frac{\partial}{\partial x}\left(BA_M\frac{\partial u}{\partial x}\right) + \frac{\partial}{\partial z}\left(BK_M\frac{\partial u}{\partial z}\right) - \frac{\tau_{wx}}{\rho} \tag{6.1.38}$$

$$B_{z=\eta}\frac{\partial \eta}{\partial t} + \frac{\partial}{\partial x}\int_{-h}^{\eta}Bu\mathrm{d}z = 0 \tag{6.1.39}$$

6.2　水动力学方程的物理意义

观察前面的水平运动方程可知,三维问题和二维问题主要增加了物理量在垂直方向的输运(垂向对流引起的局地惯性力)和垂向扩散(雷诺应力梯度)。

(1)表面压强梯度力、科氏力和垂向雷诺应力的平衡

首先在运动方程中忽略其他力,只考虑表面压强梯度力、科氏力和垂向雷诺应力作用时,假定垂向涡黏系数为常数,则有:

$$-g\frac{\partial \eta}{\partial x} + K_M\frac{\partial^2 u}{\partial z^2} + fv = 0 \tag{6.2.1}$$

$$-g\frac{\partial \eta}{\partial y} + K_M\frac{\partial^2 v}{\partial z^2} - fu = 0 \tag{6.2.2}$$

由于表面压强梯度力不随深度变化,记 $(u_g, v_g) = \frac{g}{f}\left(-\frac{\partial \eta}{\partial y}, \frac{\partial \eta}{\partial x}\right)$,对照第 5 章二维问题中讨论的地转流问题,$u_g$、$v_g$ 即为压强梯度力和科氏力平衡时的地转流流速。令 $u' = u - u_g$,$v' = v - v_g$,则

$$K_M\frac{\partial^2 u'}{\partial z^2} + fv' = 0 \tag{6.2.3}$$

$$K_M\frac{\partial^2 v'}{\partial z^2} - fu' = 0 \tag{6.2.4}$$

综合以上两式可得:

$$\frac{\partial^2 (u' + Iv')}{\partial z^2} - \frac{(1 + I)^2 f}{2K_M}(u' + Iv') = 0 \tag{6.2.5}$$

其中:$I^2 = -1$。

假定垂向涡黏系数为常数,方程解为 $u' + Iv' = A\mathrm{sh}\mu z + B\mathrm{ch}\mu z$,其中 $\mu = \frac{1 + I}{h_E}$,$h_E = \sqrt{\frac{2K_M}{f}}$。

1)当计算区域水深非常大时,可以设定如下边界条件。在水面上,给定风应力,即 $z = \eta$,$K_M\frac{\partial u'}{\partial z} = \tau_{sx}$,$K_M\frac{\partial v'}{\partial z} = \tau_{sy}$;假定在水深 $\tilde{H}$ 位置,流速等于地转流流速,即 $z = -\tilde{H}$,

$u' = 0, v' = 0$。则有,

$$u' + Iv' = \frac{\tau_{sx} + I\tau_{sy}}{\mu K_M} \frac{sh\mu(\widetilde{H} + z)}{ch\mu\widetilde{D}} \tag{6.2.6}$$

其中: $\mu = \frac{1 + I}{h_E}$, $\widetilde{D} = \widetilde{H} + \eta$, u'、v' 为表面风应力所形成的风漂流流速分布。

当所考虑的水域水深非常大时, $h_E << \widetilde{H}$,式(6.2.6)转化为

$$u' + Iv' = \frac{\tau_{sx} + I\tau_{sy}}{\mu K_M}exp\left[\mu(z - \eta)\right] = \frac{\tau_{sx} + I\tau_{sy}}{\mu K_M}exp\left[\frac{z - \eta}{h_E} + I\left(\frac{z - \eta}{h_E}\right)\right]$$

$$= \frac{\tau_{sx} + I\tau_{sy}}{\sqrt{K_M f}}exp\left[\frac{z - \eta}{h_E} + I\left(-\frac{\pi}{4} + \frac{z - \eta}{h_E}\right)\right] \tag{6.2.7}$$

由式(6.2.7)可知,在表面 $z = \eta$,表层风漂流流速矢量沿表面风应力顺时针偏转 45°,且随着水深的增加,风漂流流速大小呈指数式减小,而偏转的角度也不断增加。风漂流的这一随深度不断偏转的分布特征也称为表层艾克曼(Ekman)螺旋。当水深为 πh_E 时,底部流速和表层风漂流流速呈相反方向。h_E 反映了深海条件下风应力驱动的运动所涉及的水层的深度,也将 πh_E(或 h_E)称为艾克曼摩擦深度。

2)在深海底部由于底部应力的作用,也可以形成类似表层艾克曼螺旋的底层艾克曼螺旋结构。如果在某深度 $\bar{h}$ 以下流速受到底部应力影响,而其上为地转流,该处水深为 H。则在深度 $\bar{h}$ 上: $z = -\bar{h}$, $u' = 0$, $v' = 0$;在大洋底部: $z = -H$, $K_M\frac{\partial u'}{\partial z} = \tau_{bx}$, $K_M\frac{\partial v'}{\partial z} = \tau_{by}$。

$$u' + Iv' = -\frac{\tau_{bx} + I\tau_{by}}{\mu K_M}\frac{sh[\mu(-\bar{h} - z)]}{ch\mu\widetilde{d}} \tag{6.2.8}$$

其中: $\mu = \frac{1 + I}{h_E}$, $h_E = \sqrt{\frac{2K_M}{f}}$, $\widetilde{d} = H - \bar{h}$。

当所考虑的水域水深非常大,底部摩擦阻力影响深度范围较小时, $h_E < \widetilde{d}$,式(6.2.8)简化为

$$u' + Iv' = -\frac{\tau_{bx} + I\tau_{by}}{\mu K_M}exp\left[-\mu(H + z)\right] = -\frac{\tau_{bx} + I\tau_{by}}{\mu K_M}exp\left[-\frac{H + z}{h_E} - I\frac{H + z}{h_E}\right]$$

$$= -\frac{\tau_{bx} + I\tau_{by}}{\sqrt{K_M f}}exp\left[-\frac{H + z}{h_E} - I\left(\frac{\pi}{4} + \frac{H + z}{h_E}\right)\right] \tag{6.2.9}$$

由式(6.2.9)可知,在底部 $z = -H$,底部摩擦所致速度和底部应力逆时针偏转45°,且随着水深的增加,底部摩擦所致流速大小呈指数式减小,而偏转的角度也不断增加。风漂流的这一随深度不断偏转的分布特征也被称为底层艾克曼螺旋。

(2)水体垂向密度分层

对于大型水域,由于水深较大容易形成密度在垂直方向上的明显差异。例如,当水

库在春夏之交,由于气象原因水面吸收的热量远高于底部水体,且上游温度较高的低密度流体进入库区浮于上部,导致库区尤其是库首位置,密度在垂向出现明显差异。同样,对于大洋水体,由于温度和盐度的垂向差异也会出现明显的密度分层现象。

假设环境流体密度为垂向坐标 z 的函数,即 $\rho = \rho(z)$。假定某一时刻,流体微团在初始位置 z_0 与环境流体具有相同的密度 ρ_0,假定经过微小位移运动至 z 位置,同时假定流体运动过程中密度不变,在新位置该流体微团密度仍为 ρ_0。忽略雷诺应力,根据牛顿第二定律,在垂向该流体微团的运动满足:

$$\frac{\partial w}{\partial t} = -g - \frac{1}{\rho_0}\frac{\partial p}{\partial z} \tag{6.2.10}$$

由于压强为环境流体施加给研究对象的压应力,因此其垂向梯度取决于环境流体,即 $\frac{\partial p}{\partial z} = -\rho_z g$,则有

$$\frac{\partial w}{\partial t} = -g - \frac{1}{\rho_0}\frac{\partial p}{\partial z} = -g\frac{\rho_0 - \rho_z}{\rho_0} \tag{6.2.10a}$$

当 $z \to z_0$ 时,$\rho_z = \rho_0 + \frac{\partial \rho}{\partial z}z = \rho_0 + \frac{\partial \rho}{\partial z}z$,则

$$\frac{\partial w}{\partial t} = \frac{g}{\rho_0}\frac{\partial \rho}{\partial z}\bigg|_{z=z_0} z = \frac{g}{\rho}\frac{\partial \rho}{\partial z}z \tag{6.2.11a}$$

令 $N^2 = -\frac{g}{\rho}\frac{\partial \rho}{\partial z}$,则有

$$\frac{\partial w}{\partial t} = -N^2 z \tag{6.2.11b}$$

$$\frac{\partial^2 w}{\partial t^2} = -N^2 w \tag{6.2.11c}$$

根据以上方程,流体微团的运动满足:$z = z_0 + A\cos(Nt)$,其中 $N^2 = -\frac{g}{\rho}\frac{\partial \rho}{\partial z}$,$N$ 称为浮力频率或 Brunt – vaisala 频率。因此,当 $N^2 > 0$,流体质点将以平衡点为中心做简谐振动;当 $N^2 = 0$,流体质点将在新位置达到平衡不再回到原始位置;当 $N^2 < 0$,流体质点将会进一步偏离原始位置。$N^2 = -\frac{g}{\rho}\frac{\partial \rho}{\partial z}$ 本质上表征了流体密度的垂向分层情况,根据以上三种状态的物理意义在流体力学上定义:

$N^2 > 0$,水体稳定分层(或稳定层结);

$N^2 = 0$,水体中性分层(或中性层结);

$N^2 < 0$,水体不稳定分层(不稳定层结)。

对于自然界中的水体,多为中性分层或稳定分层,而不稳定分层中质点垂向加速运动导致密度垂向快速混合,会促使不稳定层结状态终结。

我们还可以进一步延伸以上理论,除了考虑流体的垂向运动,还考虑流体的水平运

动。当稳定层结条件下,某处出现垂向运动,则该垂向近似呈现垂直波动状态,在连续方程的约束下,稳定层结流体的水平运动速度将出现相应的同频率波动,即该波动将在平面和垂直方向传播,该种波也称为重力内波,其圆频率近似为浮力频率(如果考虑流体的可压缩性将会略小于浮力频率)。

(3)分层流体的紊动特性

水体的层结稳定能够抑制水质点离开平衡位置运动,因此也会抑制紊动动能在垂向的产生和发展,从而影响到水体在垂向的混合作用。水体分层程度对紊动影响的物理机制如下。

1)水体分层对紊流能量的影响。

根据式(6.2.11b),当水体处于不稳定分层时,开始扰动的水质点运动将会加速,导致紊流能量不断增加。当水体处于稳定分层时,开始扰动的水质点运动将会减速,紊动会减弱。紊流能量的这种变化是由水质点的势能转化而来的,也称为紊流能量的浮力生成(或消耗),研究表明浮力生成(或消耗)率为

$$W_1 = -\overline{\frac{\mathrm{d}}{\mathrm{d}t}\left(\frac{1}{2}w^2\right)} = K_\rho N^2 \tag{6.2.12}$$

式中:K_ρ 为密度扩散系数。

2)紊动动能的供给。

紊动动能主要是时均流动中速度的剪切引起的,单位时间内通过速度剪切所产生的能量生成率为

$$W_2 = \frac{1}{\rho}\left(\tau_{zx}\frac{\partial u}{\partial z} + \tau_{zy}\frac{\partial v}{\partial z}\right) = K_\mathrm{M}\left[\left(\frac{\partial u}{\partial z}\right)^2 + \left(\frac{\partial v}{\partial z}\right)^2\right] \tag{6.2.13}$$

式中:K_M 为动量扩散系数;u、v 为平均流速。

3)在分层流体的研究中,紊流浮力生成率和切变生成率的相对强弱经常采用理查德森(Richardson)数 R_i 来表示:

$$Ri = \frac{W_1}{W_2} = \frac{K_\rho}{K_\mathrm{M}} \cdot \frac{N^2}{\left(\frac{\partial u}{\partial z}\right)^2 + \left(\frac{\partial v}{\partial z}\right)^2} \xrightarrow{\text{取} K_\rho = K_\mathrm{M}} Ri = \frac{N^2}{\left(\frac{\partial u}{\partial z}\right)^2 + \left(\frac{\partial v}{\partial z}\right)^2} \tag{6.2.14}$$

理查德森数 Ri 越小,水体紊动动能受到净浮力的抑制作用越弱,紊动动能越容易产生和发展;理查德森数 Ri 越大,净浮力对紊动动能的消耗越明显,水体的紊动动能越难产生和发展。

水体出现稳定分层后,运动特性将有别于均质流体,水体在水平方向的运动将会像刚体一样发生平移,一个显著的例子就是分层流体中的阻塞现象。图 6.2.1 显示了阻塞实验的物理现象。

图 6.2.2 给出了分层水体垂向扩散系数的变化示意图,在密度跃层处,由于稳定分层的作用,垂向紊动扩散系数出现一极小值,速度在该深度也出现了较大的梯度。

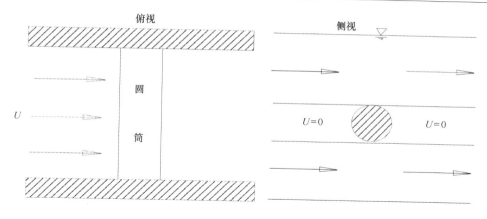

图 6.2.1　强分层条件下阻塞现象示意

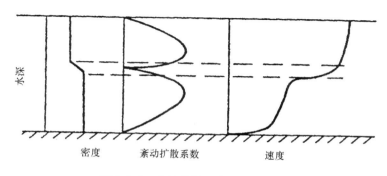

图 6.2.2　水体分层对流动影响示意

尤其需要指出的是,在层结流体中,质点垂直于等密度面的运动受到抑制,进而抑制物质跨越等密度面的输运,因此,物质的扩散主要以沿等密度面扩散为主。对应于数学模型而言,紊动涡黏系数和物质扩散系数在等密度面和跨密度面的扩散具有重要的差异,具有明显的各向异性特点。如果要比较真实地模拟分层水体及其中物质的垂向混合特性,紊流模型需要考虑密度分层强度、等密度面分布特征。

6.3　准拉格朗日坐标系

6.3.1　准拉格朗日坐标系

三维模型模拟需要解决以下两方面的问题。首先,由于水体是在一定的固体壁面约束空间运动,水动力和水质分布特性受到地形的影响显著,模型需要准确反映地形的影响;其次,由于分层水体对于质点垂向掺混的抑制作用,物质的扩散主要沿等密度面进行,跨越等密度面的扩散效应较小,模型必须反映紊动扩散各向异性的特点。为了满足以上要求,可以对垂向坐标 z 进行变换,使方程组的形式更加简单或更符合物理量的扩散规律。

为了保证新坐标系的空间点和原有的 z 坐标系的空间点具有一一对应关系,必须满足在 x、y、t 固定时,新坐标是 z 的严格单调函数(单调递增函数或单调递减函数),因此,这种坐标系称准拉格朗日坐标系。

目前在水环境数值模型中广泛应用的准拉格朗日坐标系主要有以下三种。

1)z 坐标系。以几何高度 z 作为垂直坐标,是严格的正交坐标系。其优点有二:①对物理量空间变化的理解比较直观,其底部边界不随时间变化(未考虑冲淤影响),等深面是水平面,可以模拟准静力和非静力的运动;②由于水体等密度面一般近似为水平面,z 坐标系比较容易处理扩散项在水平面和垂向的差异。其缺点主要体现在:①对于上部自由水面边界和底部边界的处理相对困难,上部自由水面的变化不易处理,底部地形的起伏多概化为台阶形,易导致底部流场出现虚拟的涡,模拟精度较低;②地形起伏明显的地方等深面和陆地相截会出现空洞,压力梯度项不易计算,程序编制复杂。鉴于以上特点,z 坐标系一般适用于模拟对上下部边界不敏感的大洋模型或是不包含自由面的刚盖假定模型,如 MOM 模型、CANDIE 模型。

2)ρ 坐标系。分层水体中,流体密度随深度呈单调递增,以一系列等密度面作为垂直坐标即为 ρ 坐标系。其优点有二:①能够充分体现物质通过和沿着等密度面传播的不同特性;②在密度跃层附近垂直方向采用同样的密度分辨率,能够更加精细地模拟跃层结构。其缺点是,由于水域的底部边界不是坐标面,ρ 随时间和空间而变,在地形起伏的地方,等密度面不仅和地形相交形成许多空洞,且空洞的大小和位置还随时间改变,在浅滩附近,网格会增加或减少,导致计算困难。这种坐标系也多用于水深较大、分层稳定的大洋中间。代表性的模型是 MICOM 模型。

3)σ 坐标系。这是一种相对坐标系,能够较好地模拟地形作用,上部边界和底部边界由于都是坐标面,处理都比较简单,边界条件也容易确定。目前浅水水域的水流模拟多采用这种坐标系。尽管 σ 坐标系简化了上下部边界的处理,却增加了压强梯度力的计算难度。由于坐标面倾斜,斜压梯度力在控制方程中增加了一项与地形坡度有关的修正项,使控制方程复杂化。在陡变地形处水平压强梯度力计算误差比较大,如果不经过适当的处理,容易造成沿 σ 坐标面的虚假分层。代表性的模型是 POM 模型。

由于目前水环境质量面临威胁最严重的区域主要为人口密集的河流湖泊水库或近海地区,这些地区水域较浅,地形对水体的流动具有强烈的约束作用。在数学模型中,地形的模拟精度直接决定数学模型计算结果的可靠性。因此,σ 坐标系是目前浅水区域三维模型中广泛使用的垂向坐标系。

6.3.2 σ 坐标系

σ 坐标系是利用标准化手段将垂直方向 $[-H, \eta]$ 标准化为某固定区间,如 $[0,1]$、$[-1,0]$。此时,自由表面和底部边界的垂向坐标将为恒定值,极大地简化了边界条件

（图 6.3.1）。此处，采用如下变换方式介绍该坐标系：

$$\sigma = \frac{z - \eta}{D} \tag{6.3.1}$$

式中：$D = H + \eta$。

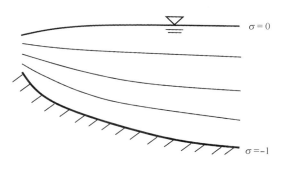

图 6.3.1　σ 坐标系示意

易知，$-1 \leqslant \sigma \leqslant 0$。$\sigma = -1$ 处为底部边界，$\sigma = 0$ 处为自由表面。大多数文献通过求导数的链式法则推导得到 σ 坐标系下的控制方程组。为了更清楚地理解 σ 坐标系，本处采用物理量守恒的原理推导 σ 坐标系下的控制方程组。三维模型同样是基于质量守恒原理和动量守恒原理得到的。

如图 6.3.2 所示，取水体中的一立方体单元，在 σ 面上的尺度分别为 Δx、Δy，σ 坐标差为 $\Delta \sigma$。根据 σ 坐标系定义，每一条垂直边高度为 $D\Delta\sigma$，由于不同位置的全水深 D 不同，因此每条边的垂直绝对高度也不相同。

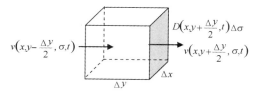

图 6.3.2　σ 坐标系下控制单元示意

假定该单元中心点坐标为 (x, y, σ)，则左、右侧界面中心点坐标分别为 $\left(x, y - \dfrac{\Delta y}{2}, \sigma\right)$，$\left(x, y + \dfrac{\Delta y}{2}, \sigma\right)$。假定在 t 时刻左右两侧界面的平均速度均为其中心点的速度，则在 Δt 时段通过 y 方向两侧界面进入单元体的水体质量为

$$\left[\rho v\left(x, y - \frac{\Delta y}{2}, \sigma, t\right) D\left(x, y - \frac{\Delta y}{2}, t\right) \Delta\sigma \Delta x - \rho v\left(x, y + \frac{\Delta y}{2}, \sigma, t\right) D\left(x, y + \frac{\Delta y}{2}, t\right) \Delta\sigma \Delta x\right] \Delta t$$

同样在 Δt 时段通过 x 方向两侧界面进入单元体的水体质量为

$$\left[\rho u\left(x - \frac{\Delta x}{2}, y, \sigma, t\right) D\left(x - \frac{\Delta x}{2}, y, t\right) \Delta\sigma \Delta y - \rho u\left(x + \frac{\Delta x}{2}, y, \sigma, t\right) D\left(x + \frac{\Delta x}{2}, y, t\right) \Delta\sigma \Delta y\right] \Delta t$$

171

在 Δt 时段通过 σ 方向两侧界面进入单元体的水体质量为

$$\left[\rho\omega\left(x,y,\sigma-\frac{\Delta\sigma}{2},t\right)\Delta y\Delta x - \rho\omega\left(x,y,\sigma+\frac{\Delta\sigma}{2},t\right)\Delta y\Delta x\right]\Delta t$$

需要指出,σ 坐标系下的垂直速度 $\omega = D\dfrac{\mathrm{d}\sigma}{\mathrm{d}t}$,由于 σ 坐标面随时间可能发生变动,因此即使静止的水质点在 σ 坐标系下的垂直速度也不一定为零。

在 Δt 时段单元的质量变化为

$$\rho\left[D(x,y,t+\Delta t)\Delta\sigma\Delta x\Delta y - D(x,y,t)\Delta\sigma\Delta x\Delta y\right]$$

由于垂向水深随时间变化,因此单元体高度也随时间变化。和 z 坐标系下不同,在 Δt 时段立方体单元内的水体质量并不为恒定值。根据质量守恒定律,可得:

$$\left[\rho v\left(x,y-\frac{\Delta y}{2},\sigma,t\right)D\left(x,y-\frac{\Delta y}{2},t\right)\Delta\sigma\Delta\mathrm{x} - \rho v\left(x,y+\frac{\Delta y}{2},\sigma,t\right)D\left(x,y+\frac{\Delta y}{2},t\right)\Delta\sigma\Delta x\right.$$

$$+ \rho u\left(x-\frac{\Delta x}{2},y,\sigma,t\right)D\left(x-\frac{\Delta x}{2},y,t\right)\Delta\sigma\Delta y - \rho u\left(x-\frac{\Delta x}{2},y,\sigma,t\right)D\left(x-\frac{\Delta x}{2},y,t\right)\Delta\sigma\Delta y$$

$$\left.+ \rho\omega\left(x,y,\sigma-\frac{\Delta\sigma}{2},t\right)\Delta x\Delta y - \rho\omega\left(x,y,\sigma+\frac{\Delta\sigma}{2},t\right)\Delta x\Delta y\right]\Delta t$$

$$= \rho\left[D(x,y,t+\Delta t)\Delta\sigma\Delta x\Delta y - D(x,y,t)\Delta\sigma\Delta x\Delta y\right]$$

上式两侧同时除以 $\rho\Delta x\Delta y\Delta\sigma\Delta t$,得到:

$$\frac{u\left(x-\frac{\Delta x}{2},y,\sigma,t\right)D\left(x-\frac{\Delta x}{2},y,t\right) - u\left(x+\frac{\Delta x}{2},y,\sigma,t\right)D\left(x+\frac{\Delta x}{2},y,t\right)}{\Delta x}$$

$$+ \frac{v\left(x,y-\frac{\Delta y}{2},\sigma,t\right)D\left(x,y-\frac{\Delta y}{2},t\right) - v\left(x,y+\frac{\Delta y}{2},t\right)D\left(x,y+\frac{\Delta y}{2},t\right)}{\Delta y}$$

$$+ \frac{\omega\left(x,y,\sigma-\frac{\Delta\sigma}{2}\right) - \omega\left(x,y,\sigma+\frac{\Delta\sigma}{2}\right)}{\Delta\sigma} = \frac{D(x,y,t+\Delta t) - D(x,y,t)}{\Delta\mathrm{t}}$$

令 Δx、Δy、Δz 趋于 0,上式简化为微分方程

$$\frac{\partial uD}{\partial x} + \frac{\partial vD}{\partial y} + \frac{\partial\omega}{\partial\sigma} + \frac{\partial D}{\partial t} = 0 \quad \text{或} \quad \frac{\partial uD}{\partial x} + \frac{\partial vD}{\partial y} + \frac{\partial\omega}{\partial\sigma} + \frac{\partial\eta}{\partial t} = 0 \quad (6.3.2)$$

同理,也可以导出其他方程。需要特别注意的是,在 σ 坐标系下的压强梯度力较为复杂。以 x 方程的水平压强梯度力为例,求解图 6.3.3 中压强梯度力可以近似表示成 $\dfrac{p_2 - p_1}{\Delta x}$,$p_1$、$p_2$ 位于同一水平面内,当 $\Delta x \to 0$ 时,在 z 坐标系下可以写作 $\dfrac{\partial p}{\partial x}$,但是由于 p_1、p_2 不一定位于同一 σ 面内,在 σ 坐标系下不等于 $\dfrac{\partial p}{\partial x}$。在 σ 坐标系下采用如下处理方式:

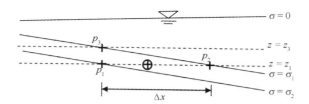

图 6.3.3　σ 坐标系下压强梯度力的求解示意

$$\frac{p_2 - p_1}{\Delta x} = \frac{p_2 - p_3}{\Delta x} + \frac{p_3 - p_1}{\Delta x} = \frac{p_2 - p_3}{\Delta x} + \frac{\rho g\left[\,(\eta - z_3) - (\eta - z_1)\,\right]}{\Delta x}$$

根据 σ 坐标定义,上式可以进一步转化为:

$$\frac{p_2 - p_1}{\Delta x} = \frac{p_2 - p_3}{\Delta x} - \frac{\rho g D(\sigma_{p_3} - \sigma_{p_1})}{\Delta x} \tag{6.3.3}$$

当 $\Delta x \to 0$ 时,

$$\frac{p_2 - p_1}{\Delta x} = \frac{\partial p}{\partial x} - \rho g D \frac{\partial \sigma}{\partial x} = \frac{\partial}{\partial x} \int_{\sigma}^{0} \rho g D \mathrm{d}\sigma - \rho g D \frac{\partial \sigma}{\partial x}$$

$$= \int_{\sigma}^{0} \left(\frac{\partial \rho}{\partial x} g D + \rho g \frac{\partial D}{\partial x} \right) \mathrm{d}\sigma - \rho g D \frac{\partial \sigma}{\partial x}$$

$$= \int_{\sigma}^{0} \frac{\partial \rho}{\partial x} g D \mathrm{d}\sigma + \sigma \rho g \frac{\partial D}{\partial x} \Big|_{\sigma}^{0} - \int_{\sigma}^{0} \sigma g \frac{\partial D}{\partial x} \frac{\partial \rho}{\partial \sigma} \mathrm{d}\sigma - \rho g D \frac{\partial \sigma}{\partial x}$$

$$= \int_{\sigma}^{0} \frac{\partial \rho}{\partial x} g D \mathrm{d}\sigma - \sigma \rho g \frac{\partial D}{\partial x} - \int_{\sigma}^{0} \sigma g \frac{\partial D}{\partial x} \frac{\partial \rho}{\partial \sigma} \mathrm{d}\sigma - \rho g D \frac{\partial \sigma}{\partial x} \tag{6.3.4}$$

根据 σ 坐标定义可知,$\dfrac{\partial \sigma}{\partial x} = -\dfrac{1}{D} \dfrac{\partial \eta}{\partial x} - \dfrac{\sigma}{D} \dfrac{\partial D}{\partial x}$,代入式(6.3.4):

$$\lim_{\Delta x \to 0} \frac{p_2 - p_1}{\Delta x} = \int_{\sigma}^{0} \frac{\partial \rho}{\partial x} g D \mathrm{d}\sigma - \int_{\sigma}^{0} \sigma g \frac{\partial D}{\partial x} \frac{\partial \rho}{\partial \sigma} \mathrm{d}\sigma + \rho g \frac{\partial \eta}{\partial x} \tag{6.3.5}$$

上式右侧前两项源于密度的空间差异,也合并称为斜压梯度力,最后一项称为正压梯度力或表面压强梯度力。

σ 坐标系下水流水质方程如下:

$$\frac{\partial u D}{\partial x} + \frac{\partial v D}{\partial y} + \frac{\partial \omega}{\partial \sigma} + \frac{\partial \eta}{\partial t} = 0 \tag{6.3.6}$$

$$\frac{\partial u D}{\partial t} + \frac{\partial u^2 D}{\partial x} + \frac{\partial u v D}{\partial y} + \frac{\partial u \omega}{\partial \sigma} = -\frac{g D^2}{\rho_0} \int_{\sigma}^{0} \left(\frac{\partial \rho}{\partial x} - \frac{\sigma}{D} \frac{\partial D}{\partial x} \frac{\partial \rho}{\partial \sigma} \right) \mathrm{d}\sigma$$

$$- g D \frac{\partial \eta}{\partial x} + \frac{\partial}{\partial \sigma} \left(\frac{K_{\mathrm{M}}}{D} \frac{\partial u}{\partial \sigma} \right) + f v D + F_x \tag{6.3.7}$$

$$\frac{\partial v D}{\partial t} + \frac{\partial u v D}{\partial x} + \frac{\partial v^2 D}{\partial y} + \frac{\partial v \omega}{\partial \sigma} = -\frac{g D^2}{\rho_0} \int_{\sigma}^{0} \left(\frac{\partial \rho}{\partial y} - \frac{\sigma}{D} \frac{\partial D}{\partial y} \frac{\partial \rho}{\partial \sigma} \right) \mathrm{d}\sigma$$

$$- g D \frac{\partial \eta}{\partial y} + \frac{\partial}{\partial D} \left(\frac{K_{\mathrm{M}}}{D} \frac{\partial v}{\partial \sigma} \right) - f u D + F_y \tag{6.3.8}$$

$$\frac{\partial CD}{\partial t} + \frac{\partial CuD}{\partial x} + \frac{\partial CvD}{\partial y} + \frac{\partial C\omega D}{\partial z} = \frac{\partial}{\partial D}\left(\frac{K_{\mathrm{H}}}{D}\frac{\partial C}{\partial \sigma}\right) + SD + F_{\mathrm{C}} \tag{6.3.9}$$

式中：$F_x = \dfrac{\partial}{\partial x}(D\tau_{xx}) + \dfrac{\partial}{\partial y}(D\tau_{xy})$；$F_y = \dfrac{\partial}{\partial x}(D\tau_{xy}) + \dfrac{\partial}{\partial y}(D\tau_{yy})$；$\tau_{xx} = 2A_{\mathrm{M}}\dfrac{\partial u}{\partial x}$；$\tau_{xy} =$

$A_{\mathrm{M}}\left(\dfrac{\partial u}{\partial y} + \dfrac{\partial v}{\partial x}\right)$；$\tau_{yy} = 2A_{\mathrm{M}}\dfrac{\partial v}{\partial y}$；$F_{\mathrm{C}} = \dfrac{\partial}{\partial x}(DC_x) + \dfrac{\partial}{\partial y}(DC_y)$；$C_x = A_{\mathrm{H}}\dfrac{\partial C}{\partial x}$；$C_y = A_{\mathrm{H}}\dfrac{\partial C}{\partial y}$。

方程对应的边界条件和 z 坐标系基本一致，不过由于底部和自由表面的坐标为恒定值，运动学边界条件均简化 $\omega = 0$。

由于坐标面并不恒定而是随时间处于变化中，速度 ω 和 z 坐标系下的垂向速度 w 也不一致。二者关系可以如下导出，首先根据式（6.3.1）可知，$z = D\sigma + \eta$，两边取全导数：

$$w = D\omega + \sigma\left(\frac{\partial D}{\partial t} + u\frac{\partial D}{\partial x} + v\frac{\partial D}{\partial y}\right) + \frac{\partial \eta}{\partial t} + u\frac{\partial \eta}{\partial x} + v\frac{\partial \eta}{\partial y} \tag{6.3.10}$$

6.3.3 s 坐标系

为了能够兼顾 z 坐标计算斜压梯度力的优点和 σ 坐标处理表面、底部边界的优点，很多学者采用混合坐标系，即在底部或上部采用层厚可随时间、空间变化的 σ 坐标系，而在中部采用 z 坐标系。这种混合坐标系虽然能够发挥两种坐标系的优势，但是在方程求解中需要在垂向根据坐标系的不同采用两种离散方案，程序编制和调试的复杂度和难度明显增加。而 s 坐标系可以采用统一的离散方法达到混合坐标系的效果，其基本原理如下。

$$令 \quad s(x,y,k,t) = z - \eta(x,y,t) \tag{6.3.11}$$

其中：k 为一连续函数，$1 \leqslant k \leqslant k_{\mathrm{b}}$。但是当微分方程离散化时，每层垂向单元对应的 k 也为相应的离散值，且满足在自由表面（即 $s = 0$）位置 $k = 1$。s 坐标系的技巧在于 $k = k_{\mathrm{b}}$ 所在垂向位置的设计。

如果在整个计算域内将 $k = k_{\mathrm{b}}$ 所在垂向位置都设为所在位置的最低点，则有：

$$s(x,y,k,t) = \sigma(k)\big[H(x,y) + \eta(x,y,t)\big] \tag{6.3.12}$$

式中：$H(x,y)$ 为静水深；$\sigma(k)$ 为前面定义的 σ 坐标。此时，s 坐标系的垂向分层方式和 σ 坐标系一致，也可以认为 σ 坐标系为 s 坐标系的一种特殊形式。

如果在将 $k = k_{\mathrm{b}}$ 所在垂向位置都设为整个计算域内的地形最低点，则有：

$$s(x,y,k,t) = \sigma(k)\big[H_{\max} + \eta(x,y,t)\big] \tag{6.3.13}$$

此时，在计算域内底部对应的 k 值，因水深不同而出现差异，其最大值 $k = k_{\mathrm{b}}$ 出现在计算域内最低点。因此，在垂向离散求解中按照 k 值分层，不同位置所对应的层数因水深不同而出现差别。当 $\eta \ll H_{\max}$ 时，$s(x,y,k,t) = \sigma(k)H_{\max}$，$s$ 坐标系的垂向分层方式和 z 坐标系一致，s 坐标系退化为 z 坐标系。因此，在大多数情况下，也可以认为 z 坐标系为 s 坐标系的一种特殊形式。

在实际应用中，我们可以将整个计算域划分为若干子区域，根据需要在不同的子区域采用不同的分层方式，如在底部较为平缓的子区域采用第一种类似 σ 方式的分层方式,而在地形比较陡峭的子区域采用近似 z 坐标系的分层方式。

和 σ 坐标系控制方程的推导方式类似,也可以得到 s 坐标系下的方程,为了简化方程形式,定义关于 ϕ 的函数:

$$f(\phi) = \frac{\partial s_k U\phi}{\partial x} + \frac{\partial s_k V\phi}{\partial y} + \frac{\partial \omega\phi}{\partial k} + \frac{\partial s_k \phi}{\partial t} \qquad (6.3.14)$$

式中:U、V 分别为 x、y 方向的水平速度;ω 为垂直于 s 平面的速度;$s_k \equiv \delta_s/\delta_k$,为两层之间的距离,即 $\delta_k = 1$ 对应的 δ_s。ω 和笛卡儿坐标系垂向速度 W 之间的关系为

$$\omega = W - \left(\frac{\partial s}{\partial x} + \frac{\partial \eta}{\partial x}\right)U - \left(\frac{\partial s}{\partial y} + \frac{\partial \eta}{\partial y}\right)V - \left(\frac{\partial s}{\partial t} + \frac{\partial \eta}{\partial t}\right) \qquad (6.3.15)$$

利用函数 $f(\phi)$,s 控制方程可以写为

$$f(1) = 0 \qquad (6.3.16)$$

$$f(U) - fVs_k + gs_k\frac{\partial \eta}{\partial x} + \frac{gs_k}{\rho_0}\int_z^\eta\left[s_k\frac{\partial \rho'}{\partial x} - \frac{\partial \rho'}{\partial k}(s_x + \eta_x)\right]\mathrm{d}k = \frac{\partial}{\partial k}\left[\frac{K_M}{s_k}\frac{\partial U}{\partial k}\right] + \frac{\partial s_k \tau_{xx}}{\partial x} + \frac{\partial s_k \tau_{xy}}{\partial y}$$

$$(6.3.17)$$

$$f(V) + fUs_k + gs_k\frac{\partial \eta}{\partial y} + \frac{gs_k}{\rho_0}\int_z^\eta\left[s_k\frac{\partial \rho'}{\partial y} - \frac{\partial \rho'}{\partial k}(s_y + \eta_y)\right]\mathrm{d}k = \frac{\partial}{\partial k}\left[\frac{K_M}{s_k}\frac{\partial V}{\partial k}\right] + \frac{\partial s_k \tau_{xy}}{\partial x} + \frac{\partial s_k \tau_{yy}}{\partial y}$$

$$(6.3.18)$$

$$f(C) = \frac{\partial}{\partial x}\left[s_k A_H\frac{\partial C}{\partial x}\right] + \frac{\partial}{\partial y}\left[s_k A_H\frac{\partial C}{\partial y}\right] + \frac{\partial}{\partial k}\left[\frac{K_H}{s_k}\frac{\partial C}{\partial k}\right] + S \cdot s_k \qquad (6.3.19)$$

其中变量的含义和 σ 坐标系下的控制方程一致,$s_x = \dfrac{\partial s}{\partial x}$,$s_y = \dfrac{\partial s}{\partial y}$。

6.4　三维模型的离散求解

由 6.3 节可知,描述水体流动的三维雷诺方程分别为描述流速分量演变的方程和流速分量所满足的连续方程。容易想象,根据初始场可以通过对动量方程时间积分来求解流速,而压强梯度力项在动量方程中体现为源项。然而,压强的求解却出现了一个问题,由于压强是由连续方程间接确定的,即正确的压强场所得到的速度才能满足连续方程。这意味着无法通过对连续方程进行时间积分得到压强的数值解。因此,如何确定压强场就成为三维模型求解中的关键问题。

6.4.1　基于静水假定的雷诺方程求解方法

由于河流、湖泊、海岸等浅水区域一般都满足静压假定要求,采用该假定在压强和水位之间建立了明确的关系。在数值计算中,将连续方程按照时间积分可以得到水位的数值解,进一步获得压强的数值解。该假定使压强的求解可以借助连续方程进行时间积分获得,降低模型的求解复杂程度,在目前地表水环境三维数学模型中广泛采用。

由于在连续方程和水质方程中影响标量 ϕ（水位、水深、水质参数）时间变化的主要为矢量（流速）的空间微分，而在动量方程中，影响矢量（流速）时间变化显著的为标量的空间微分（压强梯度力）。因此，三维模型类似可以采用变量的交错布置方法，如图 6.4.1 所示。

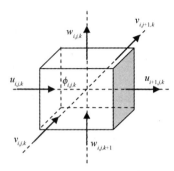

图 6.4.1　分层模型的变量布置示意

（1）正压分层模型

平面二维模型将物理量在水深方向进行平均化，用一个均值来代表整个深度范围的物理量值，相当于将水面到底部处理成垂向均匀的一层流体，层厚即水深。基于同样的思想，可以将流体垂向自上而下分为若干层，每层流体在垂直方向均匀分布，每层问题的求解都将成为一个二维问题。通过垂向分层将三维问题分解为若干二维问题的模型，即为正压分层模型。具体而言，方法如下：假定在某位置自上而下垂向分为 km 层。假定 k 层下界面的位置为 z_k。第一层由于水位变化，其层厚 $h_1 = z_0 - z_1 = \eta - z_1$，将随时间处于不断变化之中。中间各层层厚 $h_k = z_{k-1} - z_k$（其中 $1 < k < km$）不随时间空间变化，最底层 $h_{km} = z_{km-1} + h$，如图 6.4.2 所示。

根据质量守恒和动量守恒理论，基于每层内物理量垂向一致假定，参考第 5 章平面二维水动力学方程的推导，可以得到各层的控制方程：

最上层（$k = 1$）：

$$\frac{\partial \eta}{\partial t} + \frac{\partial h_1 u_1}{\partial x} + \frac{\partial h_1 v_1}{\partial y} - w_1 = 0 \tag{6.4.1}$$

$$\frac{\partial h_1 u_1}{\partial t} + \frac{\partial h_1 u_1^2}{\partial x} + \frac{\partial h_1 u_1 v_1}{\partial y} - w_1\left(\frac{h_2 u_1 + h_1 u_2}{h_1 + h_2}\right) = -g h_1 \frac{\partial \eta}{\partial x} + \frac{\tau_{sx}}{\rho} + f h_1 v_1 + \frac{\partial}{\partial x}\left(h_1 A_M \frac{\partial u_1}{\partial x}\right)$$
$$+ \frac{\partial}{\partial y}\left(h_1 A_M \frac{\partial u_1}{\partial y}\right) - \frac{2K_M}{h_1 + h_2}(u_1 - u_2) \tag{6.4.2}$$

$$\frac{\partial h_1 v_1}{\partial t} + \frac{\partial h_1 v_1 u_1}{\partial x} + \frac{\partial h_1 v_1^2}{\partial y} - w_1\left(\frac{h_2 v_1 + h_1 v_2}{h_1 + h_2}\right) = -g h_1 \frac{\partial \eta}{\partial y} + \frac{\tau_{sy}}{\rho} - f h_1 u_1 + \frac{\partial}{\partial x}\left(h_1 A_M \frac{\partial v_1}{\partial x}\right)$$

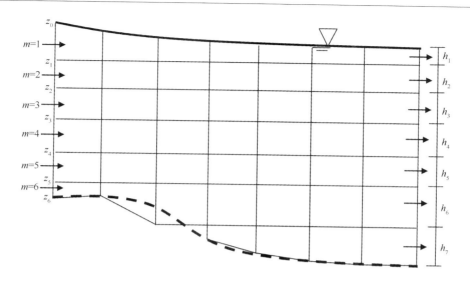

图 6.4.2　三维分层网格垂向示意

（粗实黑线为自由表面，粗虚黑线为底部地形）

$$+ \frac{\partial}{\partial y}\left(h_1 A_{\mathrm{M}} \frac{\partial v_1}{\partial y} \right) - \frac{2K_{\mathrm{M}}}{h_1 + h_2}(v_1 - v_2) \tag{6.4.3}$$

中间层（ $1 < k < km$ ）：

$$\frac{\partial h_k u_k}{\partial x} + \frac{\partial h_k v_k}{\partial y} + w_k - w_{k-1} = 0 \tag{6.4.4}$$

$$\frac{\partial h_k u_k}{\partial t} + \frac{\partial h_k u_k^2}{\partial x} + \frac{\partial h_k u_k v_k}{\partial y} + w_{k-1}\left(\frac{h_k u_{k-1} + h_{k-1} u_k}{h_{k-1} + h_k} \right) - w_k\left(\frac{h_{k+1} u_k + h_k u_{k+1}}{h_k + h_{k+1}} \right)$$

$$= f h_k v_k - g h_k \frac{\partial \eta}{\partial x} + \frac{\partial}{\partial x}\left(h_k A_{\mathrm{M}} \frac{\partial u_k}{\partial x} \right) + \frac{\partial}{\partial y}\left(h_k A_{\mathrm{M}} \frac{\partial u_k}{\partial y} \right)$$

$$+ \frac{2K_{\mathrm{M}}}{h_{k-1} + h_k}(u_{k-1} - u_k) - \frac{2K_{\mathrm{M}}}{h_k + h_{k+1}}(u_k - u_{k+1}) \tag{6.4.5}$$

$$\frac{\partial h_k v_k}{\partial t} + \frac{\partial h_k u_k v_k}{\partial x} + \frac{\partial h_k v_k^2}{\partial y} + w_{k-1}\left(\frac{h_k v_{k-1} + h_{k-1} v_k}{h_{k-1} + h_k} \right) - w_k\left(\frac{h_{k+1} v_k + h_k v_{k+1}}{h_k + h_{k+1}} \right)$$

$$= - f h_k u_k - g h_k \frac{\partial \eta}{\partial y} + \frac{\partial}{\partial x}\left(h_k A_{\mathrm{M}} \frac{\partial v_k}{\partial x} \right) + \frac{\partial}{\partial y}\left(h_k A_{\mathrm{M}} \frac{\partial v_k}{\partial y} \right)$$

$$+ \frac{2K_{\mathrm{M}}}{h_{k-1} + h_k}(v_{k-1} - v_k) - \frac{2K_{\mathrm{M}}}{h_k + h_{k+1}}(v_k - v_{k+1}) \tag{6.4.6}$$

最底层 （ $k = km$ ）：

$$\frac{\partial h_{km} u_{km}}{\partial x} + \frac{\partial h_{km} v_{km}}{\partial y} + w_{km-1} = 0 \tag{6.4.7}$$

$$\frac{\partial h_{km} u_{km}}{\partial t} + \frac{\partial h_{km} u_{km}^2}{\partial x} + \frac{\partial h_{km} u_{km} v_{km}}{\partial y} + w_{km-1} \left(\frac{h_{km} u_{km-1} + h_{km-1} u_{km}}{h_{km-1} + h_{km}} \right)$$

$$= f h_{km} v_{km} - g h_{km} \frac{\partial \eta}{\partial x} + \frac{\partial}{\partial x} \left(h_{km} A_M \frac{\partial u_{km}}{\partial x} \right) + \frac{\partial}{\partial y} \left(h_{km} A_M \frac{\partial u_{km}}{\partial y} \right)$$

$$+ \frac{2 K_M}{h_{km-1} + h_{km}} (u_{km-1} - u_{km}) - C_d u_k \sqrt{u_k^2 + v_k^2} \qquad (6.4.8)$$

$$\frac{\partial h_{km} v_{km}}{\partial t} + \frac{\partial h_{km} u_{km} v_{km}}{\partial x} + \frac{\partial h_{km} v_{km}^2}{\partial y} + w_{km-1} \left(\frac{h_{km} v_{km-1} + h_{km-1} v_{km}}{h_{km-1} + h_{km}} \right)$$

$$= - f h_{km} u_{km} - g h_{km} \frac{\partial \eta}{\partial y} + \frac{\partial}{\partial x} \left(h_{km} A_M \frac{\partial v_{km}}{\partial x} \right) + \frac{\partial}{\partial y} \left(h_{km} A_M \frac{\partial v_{km}}{\partial y} \right)$$

$$+ \frac{2 K_M}{h_{km-1} + h_{km}} (v_{km-1} - v_{km}) - C_d v_k \sqrt{u_k^2 + v_k^2} \qquad (6.4.9)$$

式中：η 为水位；$u_1, \cdots, u_{km}$，$v_1, \cdots, v_{km}$，$w_1, \cdots, w_{km-1}$ 分别为不同层的流速分量。

在计算中首先计算水平速度和水位，具体做法是将各层的连续方程相加，得到：

$$\frac{\partial \eta}{\partial t} + \frac{\partial}{\partial x} \sum_{k=1}^{km} h_k u_k + \frac{\partial}{\partial y} \sum_{k=1}^{km} h_k v_k = 0 \qquad (6.4.10)$$

将该方程和所有层的动量方程联立，得到 $2km + 1$ 个方程，将其离散化，垂向对流项采用显格式，据此差分求解水位和水平速度 η，$u_1, \cdots, u_{km}$，$v_1, \cdots, v_{km}$。然后，依次根据自表层至底层的连续方程，可解出各层交界面的垂向速度值，$w_1, \cdots, w_{km-1}$。

(2) 内外模分裂法

1) 外模方程及求解。

本处以 POM 模型为例说明静压假定条件下水流模型的求解。对三维控制在垂向进行积分，可以得到：

$$\frac{\partial \eta}{\partial t} + \frac{\partial \bar{u} D}{\partial x} + \frac{\partial \bar{v} D}{\partial y} = 0 \qquad (6.4.11)$$

$$\frac{\partial \bar{u} D}{\partial t} + \frac{\partial \bar{u}^2 D}{\partial x} + \frac{\partial \bar{u} \cdot \bar{v} D}{\partial y}$$

$$= - \frac{g D}{\rho_0} \int_{-1}^0 \int_{\sigma}^0 \left(D \frac{\partial \rho}{\partial x} - \sigma \frac{\partial D}{\partial x} \frac{\partial \rho}{\partial \sigma} \right) \mathrm{d}\sigma \mathrm{d}\sigma - g D \frac{\partial \eta}{\partial x} + f \bar{v} D + \frac{\tau_{sx} - \tau_{bx}}{\rho_0} + \widetilde{F}_x + G_x$$

$$(6.4.12)$$

$$\frac{\partial \bar{v} D}{\partial t} + \frac{\partial \bar{u} \cdot \bar{v} D}{\partial x} + \frac{\partial \bar{v}^2 D}{\partial y}$$

$$= - \frac{g D}{\rho_0} \int_{-1}^0 \int_{\sigma}^0 \left(D \frac{\partial \rho}{\partial y} - \sigma \frac{\partial D}{\partial y} \frac{\partial \rho}{\partial \sigma} \right) \mathrm{d}\sigma \mathrm{d}\sigma - g D \frac{\partial \eta}{\partial y} - f \bar{u} D + \frac{\tau_{sy} - \tau_{by}}{\rho_0} + \widetilde{F}_y + G_y$$

$$(6.4.13)$$

其中：内部切应力作用项的垂向积分值为

$$\widetilde{F}_x = \frac{\partial}{\partial x}\Big[2D\,\overline{A}_M\,\frac{\partial \overline{u}}{\partial x}\Big] + \frac{\partial}{\partial y}\Big[D\,\overline{A}_M\Big(\frac{\partial \overline{u}}{\partial y} + \frac{\partial \overline{v}}{\partial x}\Big)\Big]$$

$$\widetilde{F}_y = \frac{\partial}{\partial y}\Big[2D\,\overline{A}_M\,\frac{\partial \overline{v}}{\partial y}\Big] + \frac{\partial}{\partial x}\Big[D\,\overline{A}_M\Big(\frac{\partial \overline{u}}{\partial y} + \frac{\partial \overline{v}}{\partial x}\Big)\Big]$$

由于非线性项而出现的弥散项为

$$G_x = \frac{\partial \overline{u}^2 D}{\partial x} + \frac{\partial \overline{u}\cdot \overline{v}D}{\partial y} - F_x - \frac{\partial \overline{u^2}D}{\partial x} - \frac{\partial \overline{uv}D}{\partial y} - \widetilde{F}_x$$

$$G_y = \frac{\partial \overline{u}\cdot \overline{v}D}{\partial x} + \frac{\partial \overline{v}^2 D}{\partial y} - F_y - \frac{\partial \overline{uv}D}{\partial x} - \frac{\partial \overline{v^2}D}{\partial y} - \widetilde{F}_y$$

将水深平均速度 $\overline{u}$、$\overline{v}$，水位 η 作为未知数，以上方程相当于平面二维的水动力学方程组，该方程组主要描述了外重力波的传播过程，因此也称为外模。

2）内模的求解结构。

当外模求解完成后，根据外模的计算结果求解三维控制方程组。此时，三维求解时相当于在水位和垂向平均流速已知的条件下，求解三维流速或温度、盐度、污染物指标等分布，因此也称为内模。

三维内模变量计算分为垂直扩散时间积分和平流加水平扩散时间积分两部分，以温度控制方程为例：

$$\frac{\partial DT}{\partial t} + Adv(T) - Dif(T) = \frac{1}{D}\frac{\partial}{\partial \sigma}\Big(K_H\frac{\partial T}{\partial \sigma}\Big) - \frac{\partial R}{\partial \sigma} \tag{6.4.14}$$

式中：T 为温度；D 为全水深；$Adv(T)$ 和 $Dif(T)$ 为平流项和水平扩散项；R 为短波辐射量，平流和水平扩散项采用显式时间积分方案

$$\frac{D^{n+1}\widetilde{T} - D^{n-1}T^{n-1}}{2\Delta t} = -Adv(T^n) + Dif(T^{n-1}) \tag{6.4.15}$$

为了增大时间步长，提高内模计算效率，垂直扩散项采用隐式时间差分方案：

$$\frac{D^{n+1}T^{n+1} - D^{n-1}\widetilde{T}}{2\Delta t} = \frac{1}{D^{n+1}}\frac{\partial}{\partial \sigma}\Big(K_H\frac{\partial T^{n+1}}{\partial \sigma}\Big) - \frac{\partial R}{\partial \sigma} \tag{6.4.16}$$

采用空间中心差分格式，式（6.4.16）将离散为一组三对角方程组，可利用追赶法进行求解。

由于 POM 模式平流项采用"蛙跳"格式，易导致计算的奇偶步分离，产生计算噪声。采用时间滤波抑制：

$$T_s = T^n + \frac{\alpha}{2}(T^{n+1} - 2T^n + T^{n-1}) \tag{6.4.17}$$

T_s 为平滑后的值。平滑因子 α 一般可取 0.05。

3）内外模的耦合过程。

图 6.4.3 为 POM 模式内外模耦合求解示意图，其中 DTI、DTE 分别为内模和外模的计算时间步长，ETB、ET、ETF 分别为内模计算中 t^{n-1}、t^n、t^{n+1} 计算时刻的水位值，EGB、

EGF 为内模中用于计算压强梯度力的水位值;UTB、VTB 为 t^{n-1} 至 t^n 之间的二维外模速度平均值;UTF、VTF 为 t^n 至 t^{n+1} 之间的二维外模速度平均值。

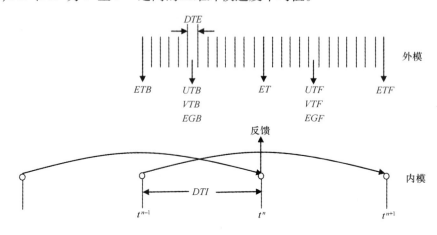

图 6.4.3 POM 模式内外模耦合求解示意

由外模计算得到表面的水位和垂向平均的水平流速。内模计算三维流速、温度、盐度和湍流变量。因此内外模的嵌套是三维海洋模式的一个关键问题,POM 模型的内外模耦合方式如下。

假定已知 t^{n-1} 时刻和 t^n 时刻的三维变量分布,对斜压梯度力项和平流项、扩散项进行垂向积分,并根据底层流速计算底部摩擦力项。将三维变量的这些计算结果用于接下来的外模计算中,这一过程为图中的反馈过程,这些项在 t^n 至 t^{n+1} 时刻的外模计算过程中保持不变。

当外模积分至 t^{n+1} 后,对 t^{n-1} 至 t^n 和 t^n 至 t^{n+1} 两个时间区间内的外模速度分别进行时间平均,得到(UTB, VTB)和(UTF, VTF)。由于内模速度需要和外模速度相协调,即内模速度的垂向平均值应该与对应时刻的外模速度相一致,在 t^n 时刻的三维速度 u^n 的垂向平均值应该为 UTB 和 UTF 的时间平均值,而 v^n 的垂向平均值应该为 VTB 和 VTF 的时间平均值。但由于内外模积分中的截断误差,可能导致二者出现一定的差别。因此,在外模积分至 t^{n+1} 后,POM 模型根据(UTB, VTB)和(UTF, VTF)的值对 t^n 时刻三维速度进行调整。

同样,在利用三层时间差分格式计算 t^{n+1} 时刻的三维速度时,表面压强梯度力可以采用外模水位 t^{n-1} 至 t^n 和 t^n 至 t^{n+1} 两个时间区间的时均值 EGB 和 EGF 的平均压强梯度计算。这种方法使内模的时间步长约束不再受表面重力波波速的 CFL 条件所限。

6.4.2 SIMPLE(semi – implicit method for pressure – linked equations)算法

SIMPLE 算法是比较有代表性的一类算法。变量布置如图 6.4.4 所示。该方法的计算步骤如下:

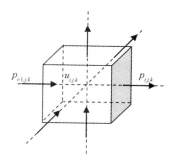

图 6.4.4 SIMPLE 算法的变量布置示意

第一步,给定一个猜测的压强场 p^*;

第二步,根据猜测的压强场对动量方程进行积分得到速度场 u^*、v^*、w^*;

选定一以速度分量 $u_{i,j,k}$ 为中心点的控制单元体(图 6.4.4),采用上一小节类似的离散方法对动量方程时间隐式差分格式,其中对特定方向的对流项和扩散项离散,如果同一坐标方向最多只涉及三个空间点,经整理可以得到如下形式:

$$u_{i,j,k}^* = au_{i-1}u_{i-1,j,k}^* + au_{i+1}u_{i+1,j,k}^* + au_{j-1}u_{i,j-1,k}^* + au_{j+1}u_{i,j+1,k}^*$$
$$+ au_{k-1}u_{i,j,k-1}^* + au_{k+1}u_{i,j,k+1}^* + bu_i + cu_i(p_{i,j,k}^* - p_{i-1,j,k}^*) \tag{6.4.18}$$

其中:右端前六项源于对流项和扩散项的作用,最后一项源于压强梯度力项作用,bu_i 为整理后不含未知变量的一项。当所采用的差分格式不同时,系数 au、cu 以及 bu 会有一定的差别。利用该式即可获得 u^*,采用同样的方法也可以得到 v^* 和 w^*。

$$v_{i,j,k}^* = av_{i-1}v_{i-1,j,k}^* + av_{i+1}v_{i+1,j,k}^* + av_{i-1}v_{i,j-1,k}^* + av_{j+1}v_{i,j+1,k}^*$$
$$+ av_{k-1}v_{i,j,k-1}^* + av_{k+1}v_{i,j,k+1}^* + bv_j + cv_j(p_{i,j,k}^* - p_{i,j-1,k}^*) \tag{6.4.19}$$

$$w_{i,j,k}^* = aw_{i-1}w_{i-1,j,k}^* + aw_{i+1}w_{i+1,j,k}^* + aw_{j-1}w_{i,j-1,k}^* + aw_{j+1}w_{i,j+1,k}^*$$
$$+ aw_{k-1}w_{i,j,k-1}^* + aw_{k+1}w_{i,j,k+1}^* + bw_k + cw_k(p_{i,j,k}^* - p_{i,j,k-1}^*) \tag{6.4.20}$$

第三步,建立修正压强和修正速度之间的关系。

假定实际压强为 $p_{i,j,k}^{n+1}$,由此压强场得到实际的速度场为 $u_{i,j,k}^{n+1}$、$v_{i,j,k}^{n+1}$、$w_{i,j,k}^{n+1}$。则存在如下关系:

$$u_{i,j,k}^{n+1} = au_{i-1}u_{i-1,j,k}^{n+1} + au_{i+1}u_{i+1,j,k}^{n+1} + au_{j-1}u_{i,j-1,k}^{n+1} + au_{j+1}u_{i,j+1,k}^{n+1}$$
$$+ au_{k-1}u_{i,j,k-1}^{n+1} + au_{k+1}u_{i,j,k+1}^{n+1} + bu_i + cu_i(p_{i,j,k}^{n+1} - p_{i-1,j,k}^{n+1}) \tag{6.4.21}$$

$$v_{i,j,k}^{n+1} = av_{i-1}v_{i-1,j,k}^{n+1} + av_{i+1}v_{i+1,j,k}^{n+1} + av_{j-1}v_{i,j-1,k}^{n+1} + av_{j+1}v_{i,j+1,k}^{n+1}$$
$$+ av_{k-1}v_{i,j,k-1}^{n+1} + av_{k+1}v_{i,j,k+1}^{n+1} + bv_j + cv_j(p_{i,j,k}^{n+1} - p_{i,j-1,k}^{n+1}) \tag{6.4.22}$$

$$w_{i,j,k}^{n+1} = aw_{i-1}w_{i-1,j,k}^{n+1} + aw_{i+1}w_{i+1,j,k}^{n+1} + aw_{j-1}w_{i,j-1,k}^{n+1} + aw_{j+1}w_{i,j+1,k}^{n+1}$$
$$+ aw_{k-1}w_{i,j,k-1}^{n+1} + aw_{k+1}w_{i,j,k+1}^{n+1} + bw_k + cw_k(p_{i,j,k}^{n+1} - p_{i,j,k-1}^{n+1}) \tag{6.4.23}$$

令 $u'_{i,j,k} = u_{i,j,k}^{n+1} - u_{i,j,k}^*$,$v'_{i,j,k} = v_{i,j,k}^{n+1} - v_{i,j,k}^*$,$w'_{i,j,k} = w_{i,j,k}^{n+1} - w_{i,j,k}^*$,$p'_{i,j,k} = p_{i,j,k}^{n+1} - p_{i,j,k}^*$,

则有：

$$u'_{i,j,k} = cu_i(p'_{i,j,k} - p'_{i-1,j,k}) + \sum au \cdot u' \qquad (6.4.24)$$

$$v'_{i,j,k} = cv_j(p'_{i,j,k} - p'_{i,j-1,k}) + \sum av \cdot v' \qquad (6.4.25)$$

$$w'_{i,j,k} = cw_k(p'_{i,j,k} - p'_{i,j,k-1}) + \sum aw \cdot w' \qquad (6.4.26)$$

其中右端第一项为压强项所引起的误差项,后一项为对流扩散项所引起的误差项(该点受周围六个单元的综合影响)。

第四步,利用连续方程求解压强修正值。

将连续方程 $\dfrac{\partial u}{\partial x} + \dfrac{\partial v}{\partial y} + \dfrac{\partial w}{\partial z} = 0$ 离散为

$$\frac{u^{n+1}_{i+1,j,k} - u^{n+1}_{i,j,k}}{\Delta x} + \frac{v^{n+1}_{i,j+1,k} - v^{n+1}_{i,j,k}}{\Delta y} + \frac{w^{n+1}_{i,j,k+1} - w^{n+1}_{i,j,k}}{\Delta z} = 0 \qquad (6.4.27)$$

将式(6.4.18)至式(6.4.26)代入,可以整理为

$$a_c p'_{i,j,k} = a_w p'_{i-1,j,k} + a_e p'_{i+1,j,k} + a_s p'_{i,j-1,k} + a_n p'_{i,j+1,k} + a_d p'_{i,j,k+1} + a_u p'_{i,j,k-1} + b_p$$

$$(6.4.28)$$

该方程即为压强修正方程。其中: $a_w = cu_i \Delta y \Delta z$, $a_e = cu_{i+1} \Delta y \Delta z$, $a_s = cv_j \Delta x \Delta z$, $a_n = cv_{j+1} \Delta x \Delta z$, $a_u = cw_k \Delta x \Delta y$, $a_d = cw_{k+1} \Delta x \Delta y$, $a_c = a_w + a_e + a_s + a_n + a_u + a_d$, $b_p = -(u^*_{i+1,j,k} - u^*_{i,j,k})\Delta y \Delta z - (v^*_{i,j+1,k} - v^*_{i,j,k})\Delta x \Delta z - (w^*_{i,j,k+1} - w^*_{i,j,k})\Delta x \Delta y$

通过求解压强修正方程(6.4.28),可以求解得到压强修正值。

第五步,根据压强修正值对压强场进行修正,根据速度修正值和压强修正值之间的关系式得到速度修正值,并对速度场进行修正。

第六步,将上一步得到的压强作为猜测的压强场,返回第二步进行计算,重复这一过程,直到所得到的修正值 p' 或 u'、v'、w' 小于要求的误差为止。

SIMPLE 算法不需要引入静水假定,垂向动量方程的求解精度高于前述分层模型和内外模嵌套模型,尤其适用于不含自由面的有压流动或垂向加速度较大的流动。但是,由于 SIMPLE 算法在求解 $n+1$ 时刻的变量值时,需要经过多步的迭代修正得到,计算量相对较大,在河流、湖泊、海洋等计算区域非定常运动模拟的应用中尚非常少见。

第7章 岸线弥合模型

前面章节所介绍的数学模型,在计算区域剖分时,均采用矩形单元。但是,在自然界中,水域的边界总是曲折多变的。矩形网格无法完全拟合复杂水域的边界,而是将自然界中的水陆边界概化为锯齿形折线。这种概化将会引发一系列的问题,例如:边界失真导致的水域面积误差会引起水位、纳潮量、涨落潮流速的变化;由于固壁法向流速为零条件会导致锯齿边界附近出现虚拟的局部环流。由于取水口等水利工程或水生生物生存环境等多位于沿岸浅水靠近边界处,这些局部水域对于水质参数的模拟精度要求更高,边界处理引起误差可能导致严重的后果。虽然可以通过提高局部重点关注水域的地形分辨率即加密网格的方法提高计算精度,但是由于矩形网格的特点,其所在的横向和纵向的整个计算域内的网格均需要加密,计算量和存储量将会显著增加。对于水环境研究者而言,开发计算量小、模拟精度高、适于复杂水陆边界的水环境模型具有重要的意义。

7.1 正交曲线坐标系下的水环境模型

（1）控制方程

由于直线无法拟合复杂的边界,在平面上采用曲线坐标系是容易想到的解决办法。为了简化方程,此处仅对平面正交曲线坐标系进行讨论,单元示意如图 7.1.1 所示。

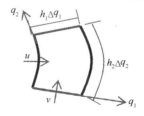

图 7.1.1　曲线正交坐标下单元示意

其中:q_1、q_2 为坐标系中的两个坐标轴;h_1、h_2 称为拉梅系数。h_1 表示 q_2 不变;q_1 增加单位值时,坐标矢量 $\vec{r} = \vec{r}(q_1, q_2)$ 所对应的长度变化,即 $h_1 = \left| \dfrac{\partial \vec{r}}{\partial q_1} \right|$;$h_2$ 表示 q_1 不变;q_2 增加单位值时,所对应的长度变化,即 $h_2 = \left| \dfrac{\partial \vec{r}}{\partial q_2} \right|$。在曲线坐标系中,$q_1$、$q_2$ 方向 Δq_1、

Δq_2 的微元弧长分别为 $h_1 \Delta q_1$、$h_2 \Delta q_2$。在正交坐标系中,单元的面积为 $h_1 h_2 \Delta q_1 \Delta q_2$。定义曲线坐标系中 q_1、q_2 两个方向的速度分量分别为

$$u = h_1 \frac{\mathrm{d}q_1}{\mathrm{d}t}, v = h_2 \frac{\mathrm{d}q_2}{\mathrm{d}t} \tag{7.1.1}$$

对于标量的控制方程,如第 6 章一样推导,在平面二维模型中,可以得到:

$$\frac{\partial D}{\partial t} + \frac{1}{h_1 h_2}\left(\frac{\partial D u h_2}{\partial q_1} + \frac{\partial D v h_1}{\partial q_2}\right) = 0 \tag{7.1.2}$$

$$\frac{\partial DC}{\partial t} + \frac{1}{h_1 h_2}\left(\frac{\partial DCuh_2}{\partial q_1} + \frac{\partial DCvh_1}{\partial q_2}\right) = \frac{1}{h_1 h_2}\frac{\partial}{\partial q_1}\left(\frac{h_2 D}{h_1}A_H \frac{\partial C}{\partial q_1}\right) + \frac{1}{h_1 h_2}\frac{\partial}{\partial q_2}\left(\frac{h_1 D}{h_2}A_H \frac{\partial C}{\partial q_2}\right) + D \cdot S \tag{7.1.3}$$

即

$$\frac{\partial C}{\partial t} + \frac{u}{h_1}\frac{\partial C}{\partial q_1} + \frac{v}{h_2}\frac{\partial C}{\partial q_2} = \frac{1}{Dh_1 h_2}\frac{\partial}{\partial q_1}\left(\frac{h_2 D}{h_1}A_H \frac{\partial C}{\partial q_1}\right) + \frac{1}{Dh_1 h_2}\frac{\partial}{\partial q_2}\left(\frac{h_1 D}{h_2}A_H \frac{\partial C}{\partial q_2}\right) + S \tag{7.1.4}$$

对于矢量,可得到和标量类似的控制方程:

$$\frac{\partial Du}{\partial t} + \frac{1}{h_1 h_2}\left(\frac{\partial Duuh_2}{\partial q_1} + \frac{\partial Duvh_1}{\partial q_2}\right) = \frac{1}{h_1 h_2}\frac{\partial}{\partial q_1}\left(\frac{h_2 D}{h_1}A_M \frac{\partial u}{\partial q_1}\right) + \frac{1}{h_1 h_2}\frac{\partial}{\partial q_2}\left(\frac{h_1 D}{h_2}A_M \frac{\partial u}{\partial q_2}\right)$$
$$+ D \cdot fv - Dg\frac{\partial \eta}{h_1 \partial q_1} + \frac{\tau_{a1} - \tau_{b1}}{\rho} + Dv^2 \frac{\partial h_2}{h_1 h_2 \partial q_1} - Dvu \frac{\partial h_1}{h_1 h_2 \partial q_2} \tag{7.1.5}$$

$$\frac{\partial Dv}{\partial t} + \frac{1}{h_1 h_2}\left(\frac{\partial Duvh_2}{\partial q_1} + \frac{\partial Dvvh_1}{\partial q_2}\right) = \frac{1}{h_1 h_2}\frac{\partial}{\partial q_1}\left(\frac{h_2 D}{h_1}A_M \frac{\partial v}{\partial q_1}\right) + \frac{1}{h_1 h_2}\frac{\partial}{\partial q_2}\left(\frac{h_1 D}{h_2}A_M \frac{\partial v}{\partial q_2}\right)$$
$$- D \cdot fu - Dg\frac{\partial \eta}{h_2 \partial q_2} + \frac{\tau_{a2} - \tau_{b2}}{\rho} + Duv \frac{\partial h_2}{h_1 h_2 \partial q_1} - Du^2 \frac{\partial h_1}{h_1 h_2 \partial q_2} \tag{7.1.6}$$

式中:τ_{a1}、τ_{b1} 分别为 q_1 方向的表面和底部切应力;τ_{a2}、τ_{b2} 分别为 q_2 方向的表面和底部切应力。和直角坐标系下的控制方程相比,每个方程均多出最后两项。该两项均与曲线坐标系的曲率有关,也称为曲率加速度,其物理意义如下。

在进行 q_2 方向的动量守恒计算时,Δt 时间内在 q_2 方向进入该单元的动量为 $(Dv_1 h_1 \Delta q_1)v_1 \Delta t$,流出该单元的动量为 $(Dv_2 h_1 \Delta q_1)\tilde{v}_2 \Delta t$,其中,$\tilde{v}_2$ 和 v_1 方向一致。但是,由于曲线正交网格中,坐标轴的方向发生变化,该处采用的速度为 v_2。由图 7.1.2 可知,$\tilde{v}_2$ 和 v_2 之差和坐标轴 q_1 平行,即 $\tilde{v}_2$ 和 v_2 之差与 u 同方向,因此该速度差值影响到的是速度 u。

根据图 7.1.2 可知:

$$v_2 \cdot \theta = v_2 \frac{\Delta q_2 \partial h_2}{h_1 \partial q_1} \tag{7.1.7}$$

在一个时间步长内需要调整的动量:

184

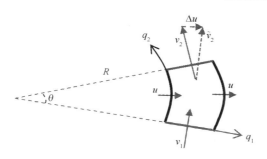

图 7.1.2　q_2 方向动量沿 q_2 方向的迁移示意

$$\Delta F = (Dv_2 h_1 \Delta q_1) v_2 \frac{\Delta q_2 \partial h_2}{h_1 \partial q_1} \Delta t \qquad (7.1.8)$$

单位时间单位面积上需要调整的量：

$$\frac{\Delta F}{h_1 \Delta q_1 h_2 \Delta q_2} \approx \frac{Dv^2 \partial h_2}{h_1 h_2 \partial q_1} \qquad (7.1.9)$$

在进行 q_2 方向的动量守恒计算时，Δt 时间内在 q_1 方向进入该单元的动量为 $(Du_1 h_2 \Delta q_2) v_1 \Delta t$，流出该单元的动量为 $(Du_2 h_2 \Delta q_2) \tilde{v}_2 \Delta t$，其中，$\tilde{v}_2$ 和 v_1 方向一致。同样，由于曲线正交网格中，坐标轴的方向发生变化，在流出界面上采用的速度为 v_2。由图 7.1.3 可知，$\tilde{v}_2$ 和 v_2 之差与坐标轴 q_1 平行，因此，该位置速度和 u 同方向，该差值影响到的是速度 u。

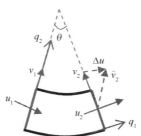

图 7.1.3　q_2 方向动量沿 q_1 方向的迁移示意

根据图 7.1.3 可知：

$$v_2 \cdot \theta = -v_2 \frac{\Delta q_1 \partial h_1}{h_2 \partial q_2} \qquad (7.1.10)$$

一个时间步长内需要调整的动量：

$$\Delta F = -(Du_2 h_2 \Delta q_2) v_2 \frac{\Delta q_1 \partial h_1}{h_2 \partial q_2} \Delta t \qquad (7.1.11a)$$

单位时间单位面积上需要调整的量：

$$\frac{\Delta F}{h_1 \Delta q_1 h_2 \Delta q_2} \approx -\frac{Duv \partial h_1}{h_1 h_2 \partial q_2} \tag{7.1.11b}$$

以上两项即为 q_1 方向的动量守恒方程式(7.1.5)中的最后两项,同样也可以得到 q_2 方向的动量守恒方程式(7.1.6)中的最后两项。

当平面坐标系采用曲线坐标,而垂向采用 z 坐标系时,三维控制方程如下:

$$\frac{1}{h_1 h_2}\left(\frac{\partial u h_2}{\partial q_1} + \frac{\partial v h_1}{\partial q_2}\right) + \frac{\partial w}{\partial z} = 0 \tag{7.1.12}$$

$$\frac{\partial u}{\partial t} + \frac{1}{h_1 h_2}\left(\frac{\partial uu h_2}{\partial q_1} + \frac{\partial uv h_1}{\partial q_2}\right) + \frac{\partial uw}{\partial z} = \frac{1}{h_1 h_2}\frac{\partial}{\partial q_1}\left(\frac{h_2}{h_1}A_M\frac{\partial u}{\partial q_1}\right) + \frac{1}{h_1 h_2}\frac{\partial}{\partial q_2}\left(\frac{h_1}{h_2}A_M\frac{\partial u}{\partial q_2}\right)$$

$$+ \frac{\partial}{\partial z}\left(K_M\frac{\partial u}{\partial z}\right) + fv - g\frac{\partial \eta}{h_1 \partial q_1} + v^2\frac{\partial h_2}{h_1 h_2 \partial q_1} - vu\frac{\partial h_1}{h_1 h_2 \partial q_2} \tag{7.1.13}$$

$$\frac{\partial v}{\partial t} + \frac{1}{h_1 h_2}\left(\frac{\partial vu h_2}{\partial q_1} + \frac{\partial vv h_1}{\partial q_2}\right) + \frac{\partial vw}{\partial z} = \frac{1}{h_1 h_2}\frac{\partial}{\partial q_1}\left(\frac{h_2}{h_1}A_M\frac{\partial v}{\partial q_1}\right) + \frac{1}{h_1 h_2}\frac{\partial}{\partial q_2}\left(\frac{h_1}{h_2}A_M\frac{\partial v}{\partial q_2}\right)$$

$$+ \frac{\partial}{\partial z}\left(K_M\frac{\partial v}{\partial z}\right) - fu - g\frac{\partial \eta}{h_2 \partial q_2} - u^2\frac{\partial h_1}{h_1 h_2 \partial q_2} + vu\frac{\partial h_2}{h_1 h_2 \partial q_1} \tag{7.1.14}$$

$$\frac{\partial C}{\partial t} + \frac{1}{h_1 h_2}\left(\frac{\partial Cu h_2}{\partial q_1} + \frac{\partial Cv h_1}{\partial q_2}\right) = \frac{1}{h_1 h_2}\frac{\partial}{\partial q_1}\left(\frac{h_2}{h_1}A_H\frac{\partial C}{\partial q_1}\right) + \frac{1}{h_1 h_2}\frac{\partial}{\partial q_2}\left(\frac{h_1}{h_2}A_H\frac{\partial C}{\partial q_2}\right)$$

$$+ \frac{\partial}{\partial z}\left(K_H\frac{\partial C}{\partial z}\right) + S \tag{7.1.15}$$

即

$$\frac{\partial C}{\partial t} + \frac{u}{h_1}\frac{\partial C}{\partial q_1} + \frac{v}{h_2}\frac{\partial C}{\partial q_2} + w\frac{\partial C}{\partial z} = \frac{1}{h_1 h_2}\frac{\partial}{\partial q_1}\left(\frac{h_2}{h_1}A_H\frac{\partial C}{\partial q_1}\right) + \frac{1}{h_1 h_2}\frac{\partial}{\partial q_2}\left(\frac{h_1}{h_2}A_H\frac{\partial C}{\partial q_2}\right)$$

$$+ \frac{\partial}{\partial z}\left(K_H\frac{\partial C}{\partial z}\right) + S \tag{7.1.15b}$$

当平面坐标系采用曲线坐标,而垂向采用 σ 坐标系时,三维控制方程为

$$\frac{1}{h_1 h_2}\left(\frac{\partial Du h_2}{\partial q_1} + \frac{\partial Dv h_1}{\partial q_2}\right) + \frac{\partial \omega}{\partial \sigma} + \frac{\partial \eta}{\partial t} = 0 \tag{7.1.16}$$

$$\frac{\partial Du}{\partial t} + \frac{1}{h_1 h_2}\left(\frac{\partial Duu h_2}{\partial q_1} + \frac{\partial Duv h_1}{\partial q_2}\right) + \frac{\partial u\omega}{\partial \sigma} = \frac{1}{h_1 h_2}\frac{\partial}{\partial q_1}\left(\frac{Dh_2}{h_1}A_M\frac{\partial u}{\partial q_1}\right) + \frac{1}{h_1 h_2}\frac{\partial}{\partial q_2}\left(\frac{Dh_1}{h_2}A_M\frac{\partial u}{\partial q_2}\right)$$

$$+ \frac{\partial}{\partial \sigma}\left(\frac{K_M}{D}\frac{\partial u}{\partial \sigma}\right) + fvD - gD\frac{\partial \eta}{h_1 \partial q_1} + v^2\frac{D\partial h_2}{h_1 h_2 \partial q_1} - vu\frac{D\partial h_1}{h_1 h_2 \partial q_2} \tag{7.1.17}$$

$$\frac{\partial Dv}{\partial t} + \frac{1}{h_1 h_2}\left(\frac{\partial Dvu h_2}{\partial q_1} + \frac{\partial Dvv h_1}{\partial q_2}\right) + \frac{\partial vw}{\partial \sigma} = \frac{1}{h_1 h_2}\frac{\partial}{\partial q_1}\left(\frac{Dh_2}{h_1}A_M\frac{\partial v}{\partial q_1}\right) + \frac{1}{h_1 h_2}\frac{\partial}{\partial q_2}\left(\frac{Dh_1}{h_2}A_M\frac{\partial v}{\partial q_2}\right)$$

$$+ \frac{\partial}{\partial \sigma}\left(\frac{K_M}{D}\frac{\partial v}{\partial \sigma}\right) - fuD - gD\frac{\partial \eta}{h_2 \partial q_2} - u^2\frac{D\partial h_1}{h_1 h_2 \partial q_2} + vu\frac{D\partial h_2}{h_1 h_2 \partial q_1} \tag{7.1.18}$$

$$\frac{\partial DC}{\partial t} + \frac{1}{h_1 h_2}\left(\frac{\partial DCu h_2}{\partial q_1} + \frac{\partial DCv h_1}{\partial q_2}\right) = \frac{1}{h_1 h_2}\frac{\partial}{\partial q_1}\left(\frac{Dh_2}{h_1}A_H\frac{\partial C}{\partial q_1}\right)$$

$$+ \frac{1}{h_1 h_2} \frac{\partial}{\partial q_2} \left(\frac{Dh_1}{h_2} A_H \frac{\partial C}{\partial q_2} \right) + \frac{\partial}{\partial \sigma} \left(\frac{K_H}{D} \frac{\partial C}{\partial \sigma} \right) + D \cdot S \qquad (7.1.19)$$

国际上许多知名的三维水环境数学模型,如 POM 模型、EFDC 模型就是采用以上控制方程进行变量求解的。

（2）曲线正交网格的生成方法

尽管已经建立了正交坐标系下水环境模型的控制方程,但是将一个不规则边界的计算区域划分为一系列正交四边形网格并不是一件容易实现的工作。正交曲线网格坐标线几何关系如图 7.1.4 所示。

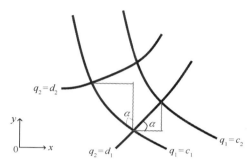

图 7.1.4　正交曲线网格坐标线几何关系

对于正交坐标系,根据图 7.1.4 的几何关系可知,需要满足的条件为两个三角形相似,当 $c_2 - c_1 \to 0$, $d_2 - d_1 \to 0$ 时,即有:

$$\sin \alpha = \frac{\partial y}{h_1 \partial q_1} = -\frac{\partial x}{h_2 \partial q_2} \qquad (7.1.20)$$

$$\cos \alpha = \frac{\partial x}{h_1 \partial q_1} = \frac{\partial y}{h_2 \partial q_2} \qquad (7.1.21)$$

以上方程也称为柯西 – 黎曼（Cauchy – Riemann）方程。根据以上两式分别消去 y 、x ,可以得到:

$$\begin{cases} \dfrac{\partial^2 x}{h_1^2 \partial q_1^2} + \dfrac{\partial^2 x}{h_2^2 \partial q_2^2} = P \dfrac{\partial x}{\partial q_1} + Q \dfrac{\partial x}{\partial q_2} \\[3mm] \dfrac{\partial^2 y}{h_1^2 \partial q_1^2} + \dfrac{\partial^2 y}{h_2^2 \partial q_2^2} = P \dfrac{\partial y}{\partial q_1} + Q \dfrac{\partial y}{\partial q_2} \end{cases} \qquad (7.1.22a)$$

或:

$$\begin{cases} h_2^2 \dfrac{\partial^2 x}{\partial q_1^2} + h_1^2 \dfrac{\partial^2 x}{\partial q_2^2} = h_1^2 h_2^2 \left(P \dfrac{\partial x}{\partial q_1} + Q \dfrac{\partial x}{\partial q_2} \right) \\[3mm] h_2^2 \dfrac{\partial^2 y}{\partial q_1^2} + h_1^2 \dfrac{\partial^2 y}{\partial q_2^2} = h_1^2 h_2^2 \left(P \dfrac{\partial y}{\partial q_1} + Q \dfrac{\partial y}{\partial q_2} \right) \end{cases} \qquad (7.1.22b)$$

其中,

$$\begin{cases} P = \dfrac{1}{h_1^3}\dfrac{\partial h_1}{\partial q_1} \\[3mm] Q = \dfrac{1}{h_2^3}\dfrac{\partial h_2}{\partial q_2} \end{cases} \qquad (7.1.23)$$

由式(7.1.23)可知,当 $P = Q = 0$ 时, $\dfrac{\partial h_1}{\partial q_1} = \dfrac{\partial h_2}{\partial q_2} = 0$,计算域内网格为均匀网格。当

$P > 0$ 时, $\dfrac{\partial h_1}{\partial q_1} > 0$,即 q_1 方向的网格尺度增加,网格布置越来越稀疏;当 $Q > 0$ 时, $\dfrac{\partial h_2}{\partial q_2} > 0$,即 q_2 方向的网格尺度增加,网格布置越来越稀疏。

根据 P 、 Q 的以上特点,我们可以通过设定 P 、 Q 的值来控制希望生成的正交曲线网格的疏密程度,因此 P 、 Q 也称为网格密度的控制函数。例如,将 P 、 Q 取为以下形式:

$$P = \sum_{i=1}^{m} a_i \mathrm{sign}(q_1 - u_i)\exp(-c_i|q_1 - u_i|)$$

$$+ \sum_{j=1}^{n} b_j \mathrm{sign}(q_1 - u_j)\exp\left[-d_j\sqrt{(q_1 - u_j)^2 + (q_2 - v_j)^2}\right] \qquad (7.1.24)$$

$$Q = \sum_{i=1}^{m} a_i \mathrm{sign}(q_2 - v_i)\exp(-c_i|q_2 - v_i|)$$

$$+ \sum_{j=1}^{n} b_j \mathrm{sign}(q_2 - v_j)\exp\left[-d_j\sqrt{(q_1 - u_j)^2 + (q_2 - v_j)^2}\right] \qquad (7.1.25)$$

式中: a_i 、 b_j 为密集强度; c_i 、 d_j 为衰减因子,这 4 个参数均大于零,$\mathrm{sign}(\ )$ 为符号函数。在该形式的网格密度控制函数中,右侧第一项分别使得 q_2 方向网格线在 $q_1 = u_i$ 处单元密集和 q_1 方向网格线在 $q_2 = v_i$ 处单元密集,右侧第二项将会使各单元向点 (u_j,v_j) 位置靠拢。

式(7.1.22)再附加上四条边的边界条件即可求得定解(即在计算域内生成曲线正交单元):

$$\begin{cases} x = f_1(q_1,q_2 = b_n),y = f_2(q_1,q_2 = b_n) \\ x = g_1(q_1,q_2 = b_s),y = g_2(q_1,q_2 = b_s) \\ x = h_1(q_1 = b_e,q_2),y = h_2(q_1 = b_e,q_2) \\ x = k_1(q_1 = b_w,q_2),y = k_2(q_1 = b_w,q_2) \end{cases} \qquad (7.1.26)$$

式中: b_n 、 b_s 、 b_e 、 b_w 分别为四个边界上 q_2 、 q_1 所设定的值。

偏微分方程(7.1.22a)或式(7.1.22b),在数学上也称为椭圆型偏微分方程。我们将其和如下仅包含扩散性和源(汇)项的物质对比可以清楚地了解该类方程的物理意义。

$$\frac{\partial C}{\partial t} = k_x \frac{\partial^2 C}{\partial x^2} + k_y \frac{\partial^2 C}{\partial x^2} - S \qquad (7.1.27)$$

当以上方程的边界条件和源(汇)项为恒定值时,经过足够长时间,物理量(即物质浓

度)将达到平衡状态$\left(\text{即} \dfrac{\partial C}{\partial t} = 0\right)$,此时方程将简化为椭圆型方程。当源(汇)项 S 为零时,称为拉普拉斯(Laplace)方程,而当源(汇)项 S 不为零时,也称为泊松(Poisson)方程。因此,椭圆型方程描述的物理现象为在恒定边界条件和源(汇)项 S 作用下,所形成的内部物理量的一种平衡分布状态。

设曲线网格单元的 $\Delta q_1 = \Delta q_2 = 1$,仿照扩散型方程的空间中心差分格式,我们也可以采用下式求解方程(7.1.22a):

$$x_{i,j}^{n+1} = x_{i,j}^n + \varepsilon \left(\frac{x_{i-1,j}^n - 2x_{i,j}^n + x_{i+1,j}^n}{h_1^2} + \frac{x_{i,j-1}^n - 2x_{i,j}^n + x_{i,j+1}^n}{h_2^2} - P \frac{x_{i+1,j}^n - x_{i-1,j}^n}{2} - Q \frac{x_{i,j+1}^n - x_{i,j-1}^n}{2} \right)$$

$$(7.1.28)$$

$$y_{i,j}^{n+1} = y_{i,j}^n + \varepsilon \left(\frac{y_{i-1,j}^n - 2y_{i,j}^n + y_{i+1,j}^n}{h_1^2} + \frac{y_{i,j-1}^n - 2y_{i,j}^n + y_{i,j+1}^n}{h_2^2} - P \frac{y_{i+1,j}^n - y_{i-1,j}^n}{2} - Q \frac{y_{i,j+1}^n - y_{i,j-1}^n}{2} \right)$$

$$(7.1.29)$$

式中:ε 为迭代中设定的参数(相当于非稳态向平衡态趋近时采用的时间步长 Δt);n 为迭代次数;h_1、h_2 为拉梅系数,表达式可采取如下形式:

$$h_1 = \frac{1}{2} \sqrt{(x_{i,j}^n - x_{i-1,j}^n)^2 + (y_{i,j}^n - y_{i-1,j}^n)^2} + \frac{1}{2} \sqrt{(x_{i+1,j}^n - x_{i,j}^n)^2 + (y_{i+1,j}^n - y_{i,j}^n)^2}$$

$$(7.1.30)$$

$$h_2 = \frac{1}{2} \sqrt{(x_{i,j}^n - x_{i,j-1}^n)^2 + (y_{i,j}^n - y_{i,j-1}^n)^2} + \frac{1}{2} \sqrt{(x_{i,j+1}^n - x_{i,j}^n)^2 + (y_{i,j+1}^n - y_{i,j}^n)^2}$$

$$(7.1.31)$$

当计算至两迭代步间的计算值之差满足设定精度标准时,即可认为达到平衡状态,即得到了方程的解。

在实际计算域中,虽然开边界可以取得较为规则,但是水陆边界线或工程边界非常复杂,在边界上并不能严格保持正交性,由边界条件所确定的方程解并不能保证在计算域内绝对正交。因此,在生成正交网格时,需要将拉普拉斯方程[或泊松(Poisson)方程]和 Cauchy–Riemann 方程联合使用。POM 模型提供了一种简单的处理方法:

首先,给定计算域内正交网格节点坐标的猜测值,作为迭代初值。例如,可以根据节点的疏密要求和边界约束条件给定若干控制节点的坐标值,然后利用插值方式得到整个计算域内节点的猜测值;也可以根据边界条件求解拉普拉斯方程(或泊松方程),将其解作为猜测场。

然后,利用 Cauchy–Riemann 方程调整单元的节点位置,使单元形状趋于正交四边形。

根据图 7.1.5 可知,当满足正交性条件时,三个三角形相似,即有:

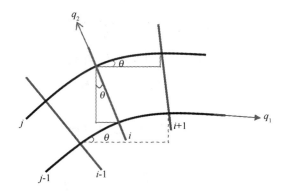

图 7.1.5　正交曲线网格坐标线几何关系

$$\sin \theta = \frac{x_{i,j} - x_{i,j-1}}{(\Delta s_2)_{i,j}} = \frac{y_{i+1,j} - y_{i,j}}{(\Delta s_1)_{i,j}} = \frac{y_{i+1,j-1} - y_{i-1,j-1}}{(\Delta \tilde{s}_1)_{i,j}} \qquad (7.1.32)$$

为提高精度,运用等比定理将式(7.1.32)转化为

$$\frac{x_{i,j} - x_{i,j-1}}{(\Delta s_2)_{i,j}} = \frac{y_{i+1,j} - y_{i,j} + y_{i+1,j-1} - y_{i-1,j-1}}{(\Delta s_1)_{i,j} + (\Delta \tilde{s}_1)_{i,j}} \qquad (7.1.33)$$

其中,

$$(\Delta s_2)_{i,j} = \sqrt{(x_{i,j} - x_{i,j-1})^2 + (y_{i,j} - y_{i,j-1})^2}, (\Delta s_1)_{i,j} = \sqrt{(x_{i+1,j} - x_{i,j})^2 + (y_{i+1,j} - y_{i,j})^2},$$

$$(\Delta \tilde{s}_1)_{i,j} = \sqrt{(x_{i+1,j-1} - x_{i-1,j-1})^2 + (y_{i+1,j-1} - y_{i-1,j-1})^2}$$

同理:

$$\cos \theta = \frac{y_{i,j} - y_{i,j-1}}{(\Delta s_2)_{i,j}} = \frac{x_{i+1,j} - x_{i,j}}{(\Delta s_1)_{i,j}} = \frac{x_{i+1,j-1} - x_{i-1,j-1}}{(\Delta \tilde{s}_1)_{i,j}} \qquad (7.1.34)$$

$$\frac{y_{i,j} - y_{i,j-1}}{(\Delta s_2)_{i,j}} = \frac{x_{i+1,j} - x_{i,j} + x_{i+1,j-1} - x_{i-1,j-1}}{(\Delta s_1)_{i,j} + (\Delta \tilde{s}_1)_{i,j}} \qquad (7.1.35)$$

因此,由式(7.1.33)和式(7.1.35)得迭代格式如下:

$$x_{i,j}^{(k+1)} = x_{i,j-1}^{(k+1)} + \frac{(\Delta s_2)_{i,j}^{(k)}}{(\Delta s_1)_{i,j}^{(k)} + (\Delta \tilde{s}_1)_{i,j}^{(k)}} (y_{i+1,j}^{(k)} - y_{i,j}^{(k)} + y_{i+1,j-1}^{(k)} - y_{i-1,j-1}^{(k)}) \qquad (7.1.36)$$

$$y_{i,j}^{(k+1)} = y_{i,j-1}^{(k+1)} + \frac{(\Delta s_2)_{i,j}^{(k)}}{(\Delta s_1)_{i,j}^{(k)} + (\Delta \tilde{s}_1)_{i,j}^{(k)}} (x_{i+1,j}^{(k)} - x_{i,j}^{(k)} + x_{i+1,j-1}^{(k)} - x_{i-1,j-1}^{(k)}) \qquad (7.1.37)$$

式中上标表示迭代的步数。

将 $j = 1$ 所在的节点设为需要拟合的岸边界,该排节点坐标不变,根据迭代公式,可以依次求得 $j = 2,3,\cdots$ 等各排节点的坐标值。当需要拟合的岸边界曲率非常大时,q_2 方向的网格线可能会出现相交的情况。此时,需要调整岸边界上节点的分布,也可以再次调用关于 y 的拉普拉斯方程(或泊松方程)使其分布避免相交。

当然,第 j_{max} 排的节点即边界的坐标和初始给定值会有一定差别。如果第 j_{max} 排的节点对应的边界为开边界,可以在调整后的节点上给定边界条件。如果第 j_{max} 排的节点也为岸边界,可以根据 j_{max} 排的边界条件,采用类似的方法,由 j_{max} 排向 j 减小的方向进行推算,当由 $j = 1$ 和 $j = j_{max}$ 都向区域内部推进一定排数之后,再采用最靠近的两排作为边界条件,利用拉普拉斯方程(或泊松方程)进行迭代求解内部未采用 Cauchy – Riemann 方程推算的区域的坐标。

以上过程反复迭代使用拉普拉斯方程(或泊松方程)和 Cauchy – Riemann 方程进行计算,直至计算精度满足要求为止。图 7.1.6 即为采用该方法生成的曲线正交网格案例。

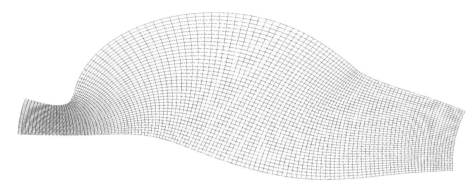

图 7.1.6　正交曲线网格示意

7.2　非结构网格的有限体积模型

7.2.1　非结构网格

在计算域的单元剖分中,前面章节所采用的都是矩形单元或正交四边形单元,这种类型的网格最大优点是单元之间的位置关系比较容易确定,比如在二维问题中,计算域内单元 (i,j) 的相邻单元有 4 个,分别为 $(i-1,j)$、$(i+1,j)$、$(i,j-1)$、$(i,j+1)$,其位置关系明确,这种类型的单元网格也称为结构网格。虽然通过化矩形单元为正交四边形单元或局部加密等手段可以提高对于边界的拟合程度,但是结构网格在边界中的锯齿化处理方式无法精确模拟边界,如圆形的平面区域。这种将光滑的边界处理为锯齿形单元的处理方法将导致附近的局部区域出现虚拟的涡,导致流场失真,进而影响边界附近污染物的迁移扩散模拟精度。

对于复杂边界的拟合,非结构网格具有独特的优势,即将平面计算域划分为一系列多边形单元(对于三维问题则为多面体单元)。如图 7.2.1 右图即利用三角形单元拟合含有弧线的边界区域,避免了计算域边界处的锯齿形,使水流能够沿边界运动。此外,由于陆地区域不需要覆盖计算网格,在复杂边界或水域中间出现大片陆地的情况下,非结

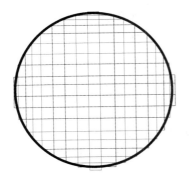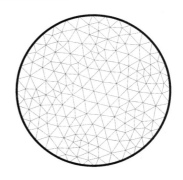

图 7.2.1　结构网格和非结构网格对复杂边界的拟合

构网格剖分可以节省一部分计算量和存储量。

非结构网格的缺点在于各单元之间的拓扑关系无法像结构网格一样可直接根据单元的编号确定。非结构网格需要在计算程序中额外给定单元之间的拓扑关系和界面之间的拓扑关系,即每个单元的相邻单元的编号、每个单元的界面、界面之间的相邻关系。目前,最常用的非结构单元一般为三角形单元。

本节以三角形单元为例介绍采用任意形状单元来进行计算域的剖分,以更好地解决边界的拟合和单元疏密度的调整。对于不均匀单元,即单元的尺度全场不一致,要求剖分时,单元的尺度光滑过渡,无畸形,接近等边三角形。

在物理量的布置中,可以将所有的物理量都布置在同一位置,相当于前面所述的 A 网格,也可以采用交错布置即 B 网格,将流速布置在各边的中点,而将水位等标量布置在三角单元的中心。

在 A 网格中,物理量可以全部布置在单元中心,也可以全部布置在三角形单元的三个顶点上,以下逐一论述(图 7.2.2)。

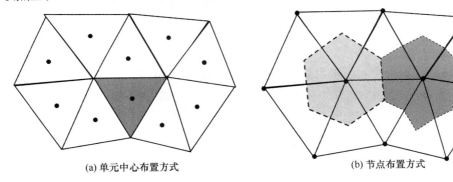

(a) 单元中心布置方式　　　　　(b) 节点布置方式

图 7.2.2　非结构单元的变量布置方式

1) 单元中心布置方式(cell centered,以下简称 CC 方式)。将物理量布置于三角形单元的形心(三条中线的交点)。在计算中,以三角形单元为控制体,根据进入控制体的物理量通量和源(汇)项,确定单元中心物理量随时间的变化。

2)单元节点布置方式(vertex centered,以下简称 VC 方式)。将物理量布置于三角形的顶点位置。将该顶点周围的重心以及通过该顶点的各边中点相连(或直接将 m 个三角形单元的重心相连),围成的 $2m$(或 m)条边多边形单元。将围绕该顶点的多边形作为控制体,根据进入该多边形单元的物理量通量以及源(汇)的影响,计算顶点位置物理量随时间的变化。

相比较而言,由于单元的节点要稍多于单元数目,CC 方式的存储量稍低于 CV 方式;在进行控制体内通量的计算时,由于 CV 方式的控制体边数多于 CC 方式(只有三条边),CV 方式的计算量要大于 CC 方式。但是,CC 方式的计算精度一般为一阶,而 CV 方式一般为二阶。

7.2.2 非结构网格的离散求解

(1)物质浓度方程的离散

$$\frac{\partial DC}{\partial t} + \frac{\partial DuC}{\partial x} + \frac{\partial DvC}{\partial y} = \frac{\partial}{\partial x}\left(DA_H \frac{\partial C}{\partial x}\right) + \frac{\partial}{\partial y}\left(DA_H \frac{\partial C}{\partial y}\right) + DS \qquad (7.2.1)$$

物质浓度方程(7.2.1)的物理意义为流体微元内污染物质量的变化率取决于对流通量、扩散通量以及内部源(汇)的影响。根据此物理意义,对于图 7.2.3 中顶点为 abc(逆时针排列)的三角形单元,将其表示为如下形式:

$$\frac{D_{Q1}^{n+1} C_{Q1}^{n+1} \Delta A - D_{Q1}^n C_{Q1}^n \Delta A}{\Delta t} + \sum_{i=1}^3 xflux_i + \sum_{i=1}^3 yflux_i = \sum_{i=1}^3 dflux_i + S_{Q1} D_{Q1} \cdot \Delta A$$

$$(7.2.2)$$

式中:$xflux_i$、$yflux_i$ 为单元三条边的 x、y 方向的对流通量;$dflux_i$($i = 1,2,3$)为扩散通量,通量以流出单元为正值,流入单元为负值,下标表示不同的边(对于平面三角形单元,

$i = 1,2,3$),$\Delta A = \dfrac{1}{2}\begin{vmatrix} x_a & y_a & 1 \\ x_b & y_b & 1 \\ x_c & y_c & 1 \end{vmatrix}$ 为三角单元 abc 的面积,下标 $Q1$ 表示变量所在位置,

位于单元 abc 的形心。

1)对流通量。

对于边 $a - b$ 中点 x 方向的速度,采用两侧单元形心处速度进行距离加权平均:

$$u_m = u_{Q1} \frac{d_{Q2}}{d_{Q2} + d_{Q1}} + u_{Q2} \frac{d_{Q1}}{d_{Q2} + d_{Q1}} \qquad (7.2.3)$$

其中:$d_{Q1} = \sqrt{(x_{Q1} - x_m)^2 + (y_{Q1} - y_m)^2}$;$d_{Q2} = \sqrt{(x_{Q2} - x_m)^2 + (y_{Q2} - y_m)^2}$;$x_m = \dfrac{1}{2}(x_a + x_b)$;$y_m = \dfrac{1}{2}(y_a + y_b)$

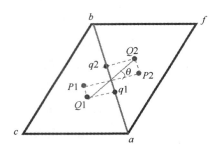

图 7.2.3　非结构单元对流效应示意

通过界面 $a-b$ 的 x 方向的对流通量,如果采用逆风格式,可以表示如下:

$$xflux_{a-b} = u_m D_{Q1} C_{Q1} (y_b - y_a), u_m > 0 \quad (7.2.4a)$$

$$xflux_{a-b} = u_m D_{Q2} C_{Q2} (y_b - y_a), u_m < 0 \quad (7.2.4b)$$

式中:D_{Q1}、C_{Q1} 分别为单元 abc 中心点的水深和浓度;D_{Q2}、C_{Q2} 分别为单元 fba 中心点的水深和浓度。

同样的道理,界面 $a-b$ 的 y 方向的对流通量,如果采用逆风格式,可表示如下:

$$yflux_{a-b} = -v_m D_{Q1} C_{Q1} (x_b - x_a), v_m > 0 \quad (7.2.5a)$$

$$yflux_{a-b} = -v_m D_{Q2} C_{Q2} (x_b - x_a), v_m < 0 \quad (7.2.5b)$$

其中,$v_m = v_{Q1} \dfrac{d_{Q2}}{d_{Q2} + d_{Q1}} + v_{Q2} \dfrac{d_{Q1}}{d_{Q2} + d_{Q1}}$ 为边 $a-b$ 中点 y 方向速度。

同理也可以得到其他两条边的通量。当然也可以根据三个点的函数值,构造高阶格式。

2)扩散通量。

界面处法向物理量浓度导数可以采用如下方法近似:

$$\frac{C_{P2} - C_{P1}}{d_{P2-P1}} = \frac{C_{Q2} - C_{Q1}}{d_{P2-P1}} - \frac{(C_{Q2} - C_{P2}) + (C_{P1} - C_{Q1})}{d_{P2-P1}} \approx \frac{C_{Q2} - C_{Q1}}{d_{P2-P1}} - \frac{C_{q2} - C_{q1}}{d_{P2-P1}}$$

$$(7.2.6a)$$

利用顶点的浓度值求解右侧第二项,上式转化为:

$$\frac{C_{P2} - C_{P1}}{d_{P2-P1}} \approx \frac{C_{Q2} - C_{Q1}}{d_{P2-P1}} - \frac{(C_b - C_a) d_{q2-q1}}{d_{a-b}} \frac{1}{d_{P2-P1}} \quad (7.2.6b)$$

其中:$d_{q2-q1} = \dfrac{\overrightarrow{Q1-Q2} \cdot \overrightarrow{a-b}}{|\overrightarrow{b-a}|} = \dfrac{(x_{Q2} - x_{Q1})(x_b - x_a) + (y_{Q2} - y_{Q1})(y_b - y_a)}{d_{a-b}}$,

$d_{a-b} = \sqrt{(x_a - x_b)^2 + (y_a - y_b)^2}$。

利用几何知识,

$$d_{P2-P1} = \frac{1}{d_{a-b}}(Area_{a,b,Q1} + Area_{a,b,Q2}) = \frac{1}{2d_{a-b}}\left[\begin{vmatrix} x_a & y_a & 1 \\ x_b & y_b & 1 \\ x_{Q1} & y_{Q1} & 1 \end{vmatrix} + \begin{vmatrix} x_a & y_a & 1 \\ x_b & y_b & 1 \\ x_{Q2} & y_{Q2} & 1 \end{vmatrix}\right]$$

因此,边 $a-b$ 的扩散通量为

$$dflux_{a-b} = D_m A_{\text{H}} d_{a-b} \frac{C_{P2} - C_{P1}}{d_{P2-P1}} = D_m A_{\text{H}} \frac{d_{a-b}}{d_{p2-p1}}(C_{Q_2} - C_{Q_1}) - D_m A_{\text{H}} \frac{d_{q2-q1}}{d_{p2-p1}}(C_b - C_a)$$

$$(7.2.7)$$

边线中心水深:

$$D_m = D_{Q1} \frac{d_{Q2}}{d_{Q2} + d_{Q1}} + D_{Q2} \frac{d_{Q1}}{d_{Q2} + d_{Q1}} \qquad (7.2.8)$$

由于变量定义于三角形单元的形心位置,顶点的浓度函数值 C_a、C_b 可由围绕该顶点的所有单元形心处函数值平均得到。当 $Q1$、$Q2$ 连线和边 $a-b$ 之交点位于边 $a-b$ 的中点时,以上扩散通量的差分格式均为中心差分格式,达到二阶精度。

3)源(汇)项可以表示为 $S_{Q1} D_{Q1} \Delta A$ 。

根据以上对流通量、扩散通量、源(汇)项的表达式即可以建立每一个单元的浓度守恒方程,将所有单元的浓度守恒方程(7.2.2)进行联立求解,就可以得到全场的浓度分布。

(2)水流方程的求解

对于连续方程的求解,只需将浓度方程中的浓度 C 设为常数 1,并略去扩散项,即可简化为连续方程的离散格式。

对于 x、y 方向的动量方程:

$$\frac{\partial Du}{\partial t} + \frac{\partial Duu}{\partial x} + \frac{\partial Dvu}{\partial y} = \frac{\partial}{\partial x}\left(DA_{\text{M}} \frac{\partial u}{\partial x}\right) + \frac{\partial}{\partial y}\left(DA_{\text{M}} \frac{\partial u}{\partial y}\right) + DS_u - gD \frac{\partial \eta}{\partial x} \qquad (7.2.9)$$

$$\frac{\partial Dv}{\partial t} + \frac{\partial Duv}{\partial x} + \frac{\partial Dvv}{\partial y} = \frac{\partial}{\partial x}\left(DA_{\text{M}} \frac{\partial v}{\partial x}\right) + \frac{\partial}{\partial y}\left(DA_{\text{M}} \frac{\partial v}{\partial y}\right) + DS_v - gD \frac{\partial \eta}{\partial y} \qquad (7.2.10)$$

分别将浓度方程中的浓度 C 替换为 u 和 v,按照同样的方式可以得到动量对流通量和扩散通量的表达方式。除压强梯度力外,其他各项类比浓度方程中的源项 S 进行离散。以 x 方向的动量方程(7.2.9)为例:

$$\frac{D_{Q1}^{n+1} u_{Q1}^{n+1} \Delta A - D_{Q1}^n u_{Q1}^n \Delta A}{\Delta t} + \sum_{i=1}^{3} xflux_{u,i} + \sum_{i=1}^{3} yflux_{u,i}$$

$$= \sum_{i=1}^{3} dflux_{u,i} + S_{u,Q1} D_{Q1} \cdot \Delta A - gD_{Q1} \frac{\partial \eta}{\partial x} \Delta A \qquad (7.2.11)$$

式(7.2.11)中,压强梯度力项的物理意义为单元各界面压强产生的力在 x 方向产生的合力,因此可以离散为

$$- gD_{Q1}\frac{\partial \eta}{\partial x}\Delta A = - gD_{Q1}\left[\eta_{ab,m}(y_b - y_a) + \eta_{bc,m}(y_c - y_b) + \eta_{ca,m}(y_a - y_c) \right]$$

式中：$\eta_{ab,m}$、$\eta_{bc,m}$、$\eta_{ca,m}$ 分别为三条边中点位置的水位，可以通过插值得到。

和以上推导相类似，也可以采用三时间层的蛙跳格式构造二阶精度的离散格式，此处不赘述。

（3）边界条件

闭边界条件的设置较为简单，只需将固壁边界对应的岸边界处的边 $a-c$ 上的对流通量和扩散通量都强制设为零。

开边界条件可以在边界单元中心 $Q1$ 点给定水位值（或流速值），流速值（或水位值）采用和该单元共边的内部单元中心点 $Q2$、$Q3$ 取平均（或插值）得到（图 7.2.4），浓度值由上游边界单元给定，下游边界采用和该单元共边的内部单元取平均（或插值）得到。

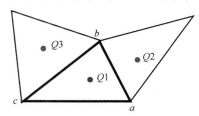

图 7.2.4　边界单元示意

以下算例为由一直线和弧线所围成的区域，水深在 x 方向由中间向两边线性增加，中间（$x = 0$）静水深为 5 m，两侧的最大水深为 8 m（图 7.2.5）。南北两侧边界为闭边界，西部边界为开边界，给定水位为：$\eta = 0.5\sin(2\pi t/86\,400)$，其中 t 表示时间（s），流速采用零梯度条件；东部边界单元 x 方向流速采用自由出流条件：$u = \sqrt{\dfrac{g}{H}}\eta$，$y$ 方向流速和水位均采用零梯度条件。计算采用二阶精度的三层时间格式，底部拖曳力系数取 0.005，水平扩散系数取 100 m²/s。计算区域的非结构单元部分如图 7.2.6 所示。

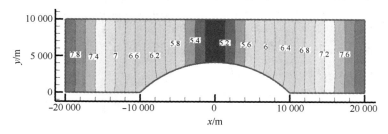

图 7.2.5　计算区域的水深分布（单位：m）

在第 20 天时，其流场和水位场如图 7.2.7 和图 7.2.8 所示。

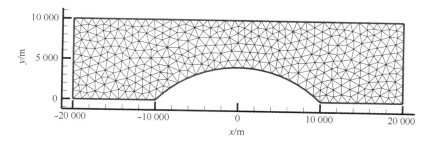

图 7.2.6　计算区域的非结构单元剖分

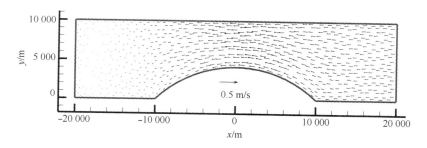

图 7.2.7　第 20 天流速分布

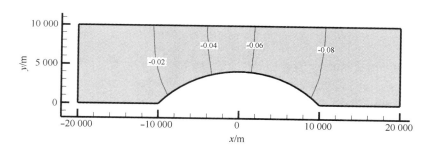

图 7.2.8　第 20 天水位分布(单位:m)

在第 20.25 天时,其流场和水位场如图 7.2.9 和图 7.2.10 所示。

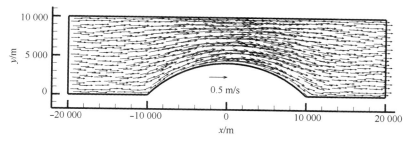

图 7.2.9　第 20.25 天流速分布

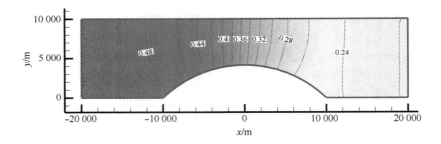

图 7.2.10　第 20.25 天水位分布(单位:m)

在第 20.50 天时,其流场和水位场如图 7.2.11 和图 7.2.12 所示。

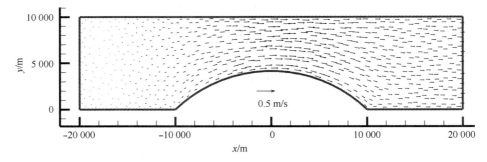

图 7.2.11　第 20.50 天流速分布

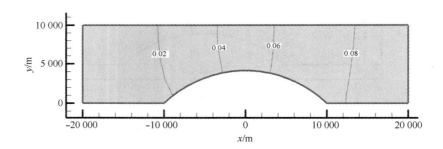

图 7.2.12　第 20.50 天水位分布(单位:m)

在第 20.75 天时,其流场和水位场如图 7.2.13 和图 7.2.14 所示。

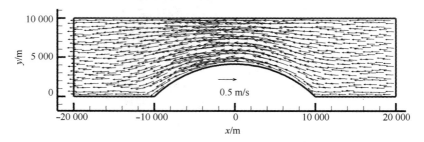

图 7.2.13　第 20.75 天流速分布

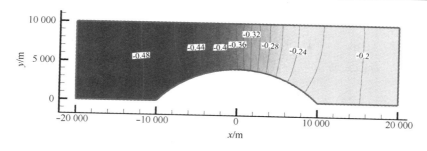

图 7.2.14　第 20.75 天水位分布(单位:m)

7.3　动边界模拟

自然界中水陆相接边界的复杂性不仅在于边界蜿蜒曲折的空间不规则性,还在于当水位出现波动时,该边界会随时间处于动态变化中。例如,在河滩或海岸附近,有些区域不断处于干湿交替状态,时而为水体所淹没,时而又露出水面,尤其是当坡度比较小时,交替出现干湿变化的区域覆盖面积非常大。由于流体力学的控制方程组无法处理露出水面的区域,对于出现动态变化的区域需要进行特殊处理。

7.3.1　干湿网格法

该方法将所有可能被水体淹没的区域都作为参与计算的单元,在计算中对由湿变干的网格进行特殊处理,使得计算能够继续进行。该方法的核心问题是如何判断单元的干湿情况和保证干网格可以进行计算。以下介绍具有代表性的控制水深法(或冻结法)。

为了保证流体力学方程的正常计算,需要保证计算域内所有单元均为水体所覆盖,即计算域内的所有单元水深不小于零,干网格保持有一定的虚拟水深。在水位下降或海水退潮过程中,虚拟水深可能导致干网格水位高于相邻网格,造成压强梯度力失真。在此作用下,水将流出干网格,导致干网格单元的水深不断下降直至出现负值,计算失败。同时,在水位上升或海水涨潮过程中,相邻网格逐步高于干网格水位,此时,相邻湿网格的水体须能顺利进入干网格,以模拟漫滩的过程。因此,干网格的处理是干湿网格法的核心内容。

干湿网格法设定一个较小的控制水深 h_c。在计算中,每一时刻均对单元干湿特性进行判断,当单元水深大于 h_c,则视为湿网格,正常计算;否则,被视为干网格需要特殊处理,如图 7.3.1 所示。

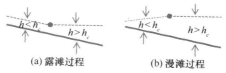

(a) 露滩过程　　　　(b) 漫滩过程

图 7.3.1　干网格单元示意

当采用显格式动量方程时,可以对干网格进行如下处理:对于四条边,当流速计算值指向干网格单元内部时,不做任何处理;当流速计算值指向干网格单元外部(即水体流出单元),将流速计算值强制设为0。对于 Arakawa C 网格布置方式的矩形单元,即为

$$当 D_{i,j} \leq h_c 时,\begin{cases} u_{i,j} = \max(u_{i,j},0), u_{i+1,j} = \min(u_{i+1,j},0) \\ v_{i,j} = \max(v_{i,j},0), v_{i,j+1} = \min(v_{i,j+1},0) \end{cases} \quad (7.3.1)$$

为了保证干网格水深不会继续减小,也有学者采用改变糙率的方法,将干网格单元位置的糙率给定为一个接近无穷大的正数,其效果相当于增加了底部摩擦力,使干网格周围四条边上的流速趋于0。

当采用隐格式计算时,可以采用如下方法:在计算过程中,对 $n+1$ 时刻(即所求解的时刻)网格中心的水深进行检查,如果网格水深大于控制水深 h_c,则该网格为湿网格,计算结果不做处理;如果网格水深小于控制水深 h_c 且小于前一时间步长的水深时,则该网格为干网格,将网格四周的 $n+1$ 时刻流速设为零,不参与计算,水位仍保持为 n 时刻的值;如果网格水深小于控制水深但大于前一时间步长的水深,则检查网格四周的流速,将 $n+1$ 时刻流向指向干网格单元外部的流速设为零。由于网格点的流速做了强制设定,该设定不仅影响该网格单元的计算值,而且由于隐格式的特点,还会影响其他单元的水位、流速。因此,需要重复以上迭代过程,直到每个网格的干湿状态不随后面迭代结果的变化而变化。一般情况下需要2个或3个迭代过程。在执行干湿判断过程中,全部遵循质量守恒定律。

值得注意的是:①如果每一时间步都对网格的干湿特性进行检验,在控制水深附近的网格可能会出现高频干湿变化,这种高频的扰动会对计算稳定性带来不利影响。为了减小这种干扰,可以设置网格一旦变干必须在若干时间步内保持干网格特性(即水体不能流出该网格单元)不变。②在控制水深设置方面,当设置值过大时,容易导致计算域的水量误差较大;当设置值过小时,容易在一个时间步内导致水体全部流出,出现负水深,计算无法进行。水深一般设置在 10~30 cm 之间,时间步长越大,该值需要设定得越大;反之,则可以设得小一些。

7.3.2 线边界法

由于干网格和湿网格中均假定整个网格覆盖水体或完全没有水体覆盖,但是在水陆交界处,更多情况是网格单元的一部分为水体所覆盖,一部分露出水面。针对这种情况可以采用线边界的方法。例如,对于图 7.3.2 所示矩形网格,利用四条边和对角线可以将该矩形分为四部分。当采用 Arakawa C 网格时,水深布置于单元中心点,可以通过共边的两个网格中心点水深判断该边的水深是否小于控制水深。如果某边小于控制水深,则设定该边相邻的 1/4 单元面积露出水面,在计算中令该边中点位置的速度为零,为了保持水量平衡,在连续方程中,需要将单元的面积扣除露出水面的部分,相当于在连续方程中增加一淹没系数 β。

$$\beta\frac{\partial\eta}{\partial t} + \frac{\partial UD}{\partial x} + \frac{\partial VD}{\partial x} = 0 \tag{7.3.2}$$

根据四条边的淹没情况,β 可以出现如下取值:当所有边均未变干时,$\beta = 1$;当只有一条边变干时,$\beta = 0.75$;两条边变干时,$\beta = 0.5$;三条边变干时,$\beta = 0.25$;四条边变干时,$\beta = 0$。代表性情况如图 7.3.2 所示(实线表示被淹没状态,虚线表示露出水面状态)。

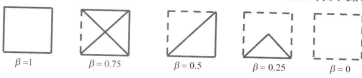

$$\beta=1 \qquad \beta = 0.75 \qquad \beta = 0.5 \qquad \beta = 0.25 \qquad \beta = 0$$

图 7.3.2　单元淹没情况及其对应的淹没系数

7.3.3　动边界的动态拟合

干湿边界方法可以适应复杂的水陆交界区域,只需在原有的固定岸边界模型中加入干湿网格的判断并对干网格进行针对性处理即可,较为简单,成为目前动边界处理中应用最为广泛的方法。但是,该方法有一个缺点,即不符合漫(露)滩的自然现象。干湿网格法将干湿网格交界的动边界的法向流速设为 0,而实际上正是由于动边界具有一定的法向速度才导致水域面积的增加或减小。

动边界是一条深度始终为零(一侧深度大于零)的线,因此动边界满足如下条件:

$$D = h + \eta = 0 \tag{7.3.3}$$

$$\frac{\mathrm{d}D}{\mathrm{d}t} = \frac{\partial D}{\partial t} + u\frac{\partial D}{\partial x} + v\frac{\partial D}{\partial y} = 0 \text{ 或}\frac{\partial D}{\partial t} + v_n\frac{\partial D}{\partial n} = 0 \tag{7.3.4}$$

因此,动边界的运动速度为

$$v_n = -\frac{\partial D}{\partial t}\bigg/\frac{\partial D}{\partial n} = -\frac{\partial\eta}{\partial t}\bigg/\frac{\partial D}{\partial n} \tag{7.3.5}$$

根据式(7.3.5),只有水位在高平或低平时刻$\left(\frac{\partial\eta}{\partial t} = 0\right)$或地形非常陡峭的位置$\left(\frac{\partial D}{\partial n} = \frac{\partial(h + \eta)}{\partial n} \to \infty\right)$,水陆边界的法向速度才为零。在一般情况下,将水陆边界的法向速度设为零,将会出现误差,导致反射波,进而干扰边界附近的流场和水位场结构。

(1)岸界自适应模型

前面章节的内容介绍了固定岸界(即水陆边界不发生变化)水域水环境模型的求解,可以利用曲线网格使单元分布和固壁岸界相吻合。按照同样的思路,当岸界发生变化时,实时调整单元的大小和位置使其和岸界相吻合即可。例如,对于曲线网格,在固定岸界时,在岸界位置(笛卡儿坐标 x、y 值)给定曲线坐标系下的 q_1、q_2 坐标值:

$$\begin{cases} x_{\mathrm{n}} = f_1(q_1, q_2 = b_{\mathrm{n}}), y_{\mathrm{n}} = f_2(q_1, q_2 = b_{\mathrm{n}}) \\ x_{\mathrm{s}} = g_1(q_1, q_2 = b_{\mathrm{s}}), y_{\mathrm{s}} = g_2(q_1, q_2 = b_{\mathrm{s}}) \\ x_{\mathrm{e}} = h_1(q_1 = b_{\mathrm{e}}, q_2), y_{\mathrm{e}} = h_2(q_1 = b_{\mathrm{e}}, q_2) \\ x_{\mathrm{w}} = k_1(q_1 = b_{\mathrm{w}}, q_2), y_{\mathrm{w}} = k_2(q_1 = b_{\mathrm{w}}, q_2) \end{cases} \tag{7.3.6}$$

在岸界为动边界时,由于岸界位置与时间有关,因此岸界位置(笛卡儿坐标 x、y 值)不仅和 q_1、q_2 坐标值有关,还与时间 t 相关,即

$$\begin{cases} x_{\mathrm{n}} = f_1(q_1, q_2 = b_{\mathrm{n}}, t), y_{\mathrm{n}} = f_2(q_1, q_2 = b_{\mathrm{n}}, t) \\ x_{\mathrm{s}} = g_1(q_1, q_2 = b_{\mathrm{s}}, t), y_{\mathrm{s}} = g_2(q_1, q_2 = b_{\mathrm{s}}, t) \\ x_{\mathrm{e}} = h_1(q_1 = b_{\mathrm{e}}, q_2, t), y_{\mathrm{e}} = h_2(q_1 = b_{\mathrm{e}}, q_2, t) \\ x_{\mathrm{w}} = k_1(q_1 = b_{\mathrm{w}}, q_2, t), y_{\mathrm{w}} = k_2(q_1 = b_{\mathrm{w}}, q_2, t) \end{cases} \tag{7.3.7}$$

利用式(7.3.6)或式(7.3.7),即可根据曲线坐标系的控制方程生成计算求解的正交曲线网格。二者之间的区别为,式(7.3.6)不随时间而变化,生成的网格单元的位置和大小等几何属性为恒定值,在模型计算中只需进行一次网格生成过程。而式(7.3.7)所描述的边界条件随时间变化,因此,在每一时刻都需要执行一次网格生成过程,且不同时刻的网格单元位置和大小等几何属性为非恒定值。

以西侧边界为动边界为例,介绍西侧动边界位置 x_{w}、y_{w} 的确定方式。在曲线坐标系中,式(7.3.4)转化为

$$\frac{\partial D}{\partial t} + \frac{u}{h_1}\frac{\partial D}{\partial q_1} + \frac{v}{h_2}\frac{\partial D}{\partial q_2} = 0 \tag{7.3.8}$$

式中:h_1、h_2 为拉梅系数;u、v 为 q_1、q_2 方向的速度分量,且 $u = h_1\dfrac{\mathrm{d}q_1}{\mathrm{d}t}$,$v = h_2\dfrac{\mathrm{d}q_2}{\mathrm{d}t}$。

在 $q_1 = b_{\mathrm{w}}$ 的动边界上 $u = 0$ 且 $\dfrac{\partial D}{\partial q_2} = 0$(因动边界上 $D = 0$),根据式(7.3.8)有:$\dfrac{\partial D}{\partial t} = 0$,即

$$\frac{\partial \eta}{\partial t} + \frac{\partial h}{\partial t} = 0 \tag{7.3.9}$$

式(7.3.9)左侧 $\dfrac{\partial h}{\partial t}$ 表示边界 $q_1 = b_{\mathrm{w}}$ 的水深随时间变化,但是由于边界 $q_1 = b_{\mathrm{w}}$ 对应的实际物理坐标处于随时间动态变化中,一般有 $\dfrac{\partial h}{\partial t} \neq 0$。由式(7.3.9)知,在 $q_1 = b_{\mathrm{w}}$ 的动边界上:

$$\frac{\partial h}{\partial t} = -\frac{\partial \eta}{\partial t} \tag{7.3.10}$$

又因为:

$$\frac{\partial h}{\partial t} = \left(\frac{\partial h}{h_1\partial q_1}\right)_{q_1 = b_{\mathrm{w}}}\frac{\mathrm{d}B_{\mathrm{w}}}{\mathrm{d}t} \tag{7.3.11}$$

式中:B_w 为边界点的位置。

式(7.3.10)和式(7.3.11)联立,得:

$$\frac{\mathrm{d}B_w}{\mathrm{d}t} = -\left(\frac{\partial \eta}{\partial t}\right)_{q_1 = b_w} \Big/ \left(\frac{\partial h}{h_1 \partial q_1}\right)_{q_1 = b_w} \qquad (7.3.12)$$

其离散形式为

$$\Delta B_w = -\Delta \eta_{q_1 = b_w} \Big/ \left(\frac{\partial h}{h_1 \partial q_1}\right)_{q_1 = b_w} \qquad (7.3.13)$$

以上关系式的物理意义可以参考图 7.3.3,由于动边界上的全水深($D = h + \eta$)始终为零,当动边界由 B_w^n 移动至 B_w^{n+1} 时,水位 η 的增加值必须等于水深 h 的减小值,该关系式即为式(7.3.10)。根据图 7.3.3 知,水深的减小值为动边界底坡 $\left(\frac{\partial h}{h_1 \partial q_1}\right)_{q_1 = b_w}$ 与移动距离 $\Delta B_w = B_w^{n+1} - B_w^n$ 之积,由此得到式(7.3.13)。

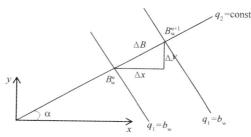

图 7.3.3　动边界移动位置几何示意

根据以上分析,可以采取如下步骤,实时确定动边界位置:

1)利用 n 时刻的变量计算出全场的水位值 $\eta_{i,j}^{n+1}$。需要指出的是,由于 $n + 1$ 时刻的动边界位置尚未得到,水位值 $\eta_{i,j}^{n+1}$ 完全基于 n 时刻的动边界位置得到。

2)如果采用 Arakawa C 网格的变量布置形式,通过单元中心点水位值外插得到动边界 $q_1 = b_w$ 上 $n + 1$ 时刻的水位值,即

$$\eta_{bdw,k}^{n+1} = \frac{1}{2}(3\eta_{1,k}^{n+1} - \eta_{2,k}^{n+1})$$

式中:$\eta_{bdw,k}^{n+1}$ 表示动边界 $q_1 = b_w$ 上 $n + 1$ 时刻的水位值,下标 k 表示第 k 行。

3)根据式(7.3.13)得到动边界的新位置 ΔB_w 和动边界的移动距离 $\Delta B_w = B_w^{n+1} - B_w^n$,从而得到:

$$\begin{cases} x_w^{n+1} = x_w^n + \Delta B\cos \alpha \\ y_w^{n+1} = y_w^n + \Delta B\sin \alpha \end{cases} \qquad (7.3.14)$$

4)利用 2)和 3)相似的方法得到其他三条动边界在新时刻的位置。

5)根据新时刻的动边界位置重新划分网格单元,由于单元的几何属性发生变化,重

新确定单元上的属性如水深、界面性质等,进行控制方程的求解。

利用以上方法动态生成的曲线网格求解水流水质控制方程的方法称为自适应网格法。该方法由于网格的大小和位置动态变化,网格的面积、对应的水深以及计算通量时单元间的界面面积也需要重新计算,一般而言计算量远较固定岸边界模型大。

(2)半湿网格法

为了避免每一时间步重新布置所有单元所引起的巨大计算量,可以采用一种折中的办法。计算域内部湿网格单元大小的位置保持不变,仅仅改变动边界所在的网格单元形状,亦即部分网格法,该方法一般采用非结构网格剖分计算域。

假定 n 时刻水域的运动边界与单元的边线相吻合(图 7.3.4),计算方法如下:

图 7.3.4　单元动边界的移动示意

1)首先计算整个计算域的水位 η^{n+1} 和水域内部单元的流速 u^{n+1}、v^{n+1}。

2)通过内部单元变量值外插得到 n 时刻水陆边界位置在 $n+1$ 时刻的水位值 η_b^{n+1}、水深值 D_b^{n+1},并计算该边界的水深法向梯度 $\left(\dfrac{\partial D}{\partial n}\right)_b^{n+1}$。由于 n 时刻该边界水深值 $D_b^n = 0$,故 $\left(\dfrac{\partial D}{\partial t}\right)_b^{n+1} \approx \dfrac{D_b^{n+1}}{\Delta t}$,以此计算出该动边界的法向移动速度:$v_b^{n+1} = -\left(\dfrac{\partial D}{\partial t}\middle/\dfrac{\partial D}{\partial n}\right)_b^{n+1}$;进一步得到动边界的移动距离 $l = v_b^{n+1}\Delta t$。

3)当移动边界前进 l 距离后,该边界一般不是恰好与单元的边界相吻合,在 $n+1$ 时刻该单元的原有湿润部分与动边界构成一个单元。相对于初始剖分的该单元形状而言,其实是一个部分湿网格。湿润部分网格的面积 $A_w^{(sw)}$ 与整个网格的面积 $A^{(sw)}$ 之比定义为

$$\alpha = A_w^{(sw)}/A^{(sw)}$$

式中:$A^{(sw)}$ 为动边界所在单元的面积;$A_w^{(sw)}$ 为动边界涉及单元的淹没面积。

4)在部分湿润网格中,根据体积(质量)守恒定律,并且假定除动边界外的其他边流量为零,得到:$\alpha A^{(sw)}\dfrac{\partial \eta^{sw}}{\partial t} = D_b v_n \lambda_b$,其中 D_b、λ_b 为边线(或动边界)的水深和长度。根据该式可以解得部分湿润网格的水位和全水深。

5)进行下一个时刻整个计算域内全湿网格的水位和流速值。

6)将2)中推进 l 距离后的动边界作为部分湿网格旧的动边界,重新利用2)中的方法计算动边界的法向速度以及水陆边界新位置,更新网格淹没的面积比 α;同时按照2)中

的方法计算部分湿润网格和相邻湿网格公共边上的法向速度 v_{nb}，利用方程 $\alpha A^{(sw)} \dfrac{\partial \eta^{sw}}{\partial t} = D_b v_{nb} \lambda_b$ 更新部分湿润网格的水位和全水深。

7）重复以上步骤。

比较 5）和 6）可知，在部分湿网格法中，部分湿润网格未参与全计算域求解，而是采用 4）中的求解方式进行单独求解，类似于在干湿网格方法中对干网格进行单独处理。但是，部分湿润网格法没有采用干湿网格之间的网格边线法向速度为零的问题，而是采用 2）中计算值进行全计算域求解，即求解中将湿网格和部分湿润网格之间的流速采用 2）的计算结果或采用 4）中的水位作为边界条件。该处理方式有效避免了干湿网格中运动边界法向速度为零引发的虚拟反射以及干网格水位所引发的表面压强梯度力失真问题。

虽然，动边界的研究非常多，但是由于动边界附近水深较小，非线性效应显著，在计算中容易出现计算不稳定等一系列问题。一般而言，包含动边界的数学模型在求解中，时间步长要远小于固定边界模型。

第8章 生态系统动力学模型

水环境质量评价是根据水的用途,按照一定的评价标准、评价参数和评价方法,对水域的水质或水域综合体的质量进行定性或定量的评定。根据水环境评价的不同要求,其需要确定的评价参数多种多样,包括一般评价参数、氧平衡参数、重金属参数、有机污染物参数、无机污染物参数、生物参数等。在水环境模型中,将这些参数的变化规律统一概化为如下形式的方程。

$$\frac{\partial C}{\partial t} + u\frac{\partial C}{\partial x} + v\frac{\partial C}{\partial y} + w\frac{\partial C}{\partial z} = A_\mathrm{H}\left(\frac{\partial^2 C}{\partial x^2} + \frac{\partial^2 C}{\partial y^2}\right) + K_\mathrm{H}\frac{\partial^2 C}{\partial z^2} + S$$

由上式可见,影响水质参数变化的因素主要分为两部分,一部分体现为对流扩散效应的物理作用部分,另一部分为除此之外的化学分解、生物降解等各种作用所形成的转化部分。这两部分分别体现为物质输移转化方程中的对流扩散项和源(汇)项。对于对流扩散部分的物理意义和求解,前面章节已经做了大量的论述,而源(汇)项 S 则是本章所要论述的核心内容。

8.1 零维模型

(1)溶解态物质平衡计算

本节考虑最简单的零维模型,即假定计算域中水质参数的空间分布均匀一致,或称为完全混合系统(图8.1.1)。在此假定下,水质参数的控制方程简化为

$$\frac{\mathrm{d}C}{\mathrm{d}t} = S \tag{8.1.1}$$

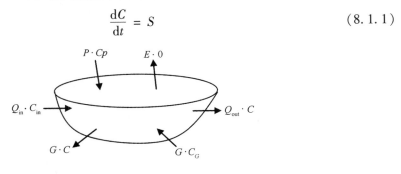

图 8.1.1 完全混合系统的物质通量示意

假定完全混合系统内水体体积 V 不变,所计算的物质为溶解态(或密度和环境水体一致的悬移质),同时不考虑物质的转化,则有:

$$V \frac{\mathrm{d}C}{\mathrm{d}t} = Q_{\mathrm{in}} \cdot C_{\mathrm{in}} - Q_{\mathrm{out}} \cdot C + P \cdot C_P - E \cdot 0 + \max(G,0) \cdot C_G + \min(G,0) \cdot C$$

$$(8.1.2)$$

式中:Q_{in}、Q_{out} 分别为系统的入流流量、出流流量;C_{in} 为入流的物质浓度;P、E 分别为单位时间内降水、蒸发的水体体积;C_P 为降水中所含的物质浓度;G 为单位时间地下水对系统的补充(取正值)或渗漏量(取负值);C_G 为地下水中所含的物质浓度。

当 $G > 0$ 时,

$$\frac{\mathrm{d}C}{\mathrm{d}t} = \frac{Q_{\mathrm{in}} \cdot C_{\mathrm{in}} + P \cdot C_P + G \cdot C_G}{V} - \frac{Q_{\mathrm{out}}}{V} \cdot C \qquad (8.1.3)$$

当 $G < 0$ 时,

$$\frac{\mathrm{d}C}{\mathrm{d}t} = \frac{Q_{\mathrm{in}} \cdot C_{\mathrm{in}} + P \cdot C_P}{V} - \frac{Q_{\mathrm{out}} - G}{V} \cdot C \qquad (8.1.4)$$

两式右端均可以视作两部分,一部分与浓度 C 无关,一部分和浓度 C 成正比,因此可以统一为如下形式:

$$\frac{\mathrm{d}C}{\mathrm{d}t} = I - \frac{C}{\theta} \qquad (8.1.5)$$

第一项 I 称为荷载函数,第二项中 $\frac{1}{\theta}\left(即 \frac{Q_{out}}{V} 或 \frac{Q_{out} - G}{V}\right)$ 称为系统的稀释率,表示单位时间内系统体积的变化。系统稀释率的倒数 θ 表示了流体流出系统平均所需要的时间,因此也称为水力停留时间。

以下讨论荷载函数和水力停留时间为常数时方程(8.1.5)的解。

当式(8.1.5)达到恒定状态,即 $\frac{\mathrm{d}C}{\mathrm{d}t} = I - \frac{C}{\theta} = 0$ 时,此时的浓度 $C_E = I\theta$,称为平衡浓度。

对于非恒定状态,式(8.1.5)分离变量:$\frac{\mathrm{d}C}{I\theta - C} = \frac{\mathrm{d}t}{\theta}$,积分得到方程解:

$C - C_e = \mathrm{const} \cdot \mathrm{e}^{-t/\theta}$,利用初始条件,$t = t_0$,$C = C_0$,则有

$$\frac{C - C_E}{C_0 - C_E} = \mathrm{e}^{-(t-t_0)/\theta} \qquad (8.1.6)$$

图 8.1.2 给出了浓度 C 随时间的变化过程,当时间趋于无穷大时,浓度趋于平衡浓度 C_E。

（2）完全混合系统中磷负荷模型

根据李毕格(J. Liebing)最小量定律,植物生长取决于供应量最缺少的成分。对于大多数淡水湖泊或水库,磷为最缺少的控制生物生长的元素。通过控制水域内磷的供给量

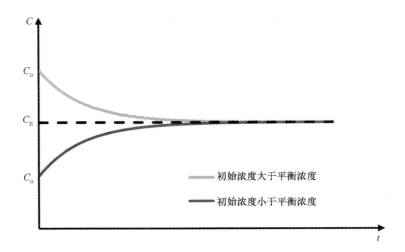

图 8.1.2　零维模型中物质浓度随时间变化过程

是解决水体富营养化问题的合理途径。

对于磷,如果忽略地下水和降水、蒸发引起的质量变化,考虑磷在水体中沉降和底部沉积磷的释放效应,磷的质量平衡方程可以写作:

$$V\frac{\mathrm{d}C}{\mathrm{d}t} = Q_{\mathrm{in}} \cdot C_{\mathrm{in}} + r \cdot A - Q_{\mathrm{out}} \cdot C - A \cdot S \cdot C \tag{8.1.7}$$

式中:C_{in} 为系统的入流中磷的浓度;r 为单位时间系统底部单位面积上释放的磷的质量;A 为水面面积;S 为磷的表观沉降速度,假定磷的沉积率与水域中磷的浓度成正比,故单位时间磷的沉积量为 $A \cdot S \cdot C$。

整理式(8.1.7),有:

$$\frac{\mathrm{d}C}{\mathrm{d}t} = \frac{Q_{\mathrm{in}} \cdot C_{\mathrm{in}}}{V} + \frac{r \cdot A}{V} - \frac{Q_{\mathrm{out}} + A \cdot S}{V} \cdot C \tag{8.1.8}$$

可见,负荷函数

$$I = \frac{Q_{\mathrm{in}} \cdot C_{\mathrm{in}}}{V} + \frac{r \cdot A}{V} = \frac{Q_{\mathrm{in}} \cdot C_{\mathrm{in}}}{V} + I_r \tag{8.1.9}$$

磷的停留时间

$$\theta_p = \frac{V}{Q_{\mathrm{out}} + A \cdot S} \tag{8.1.10}$$

需要指出的是,由于沉降作用,磷的停留时间小于水力停留时间。例如,美国 Minnetonka 湖的水力停留时间为 25 年,而该湖磷的停留时间仅为 0.9 年。

当磷的负荷函数和磷的停留时间达到恒定状态时,磷的平衡浓度:

$$C_E = I\theta_p = \frac{Q_{\mathrm{in}} \cdot C_{\mathrm{in}} + r \cdot A}{Q_{\mathrm{out}} + A \cdot S} = \frac{l + r}{q_s + S} \tag{8.1.11}$$

其中，$l = \dfrac{Q_{in} \cdot C_{in}}{A}$，称为面积磷负荷；$q_s = \dfrac{Q_{out}}{A}$ 称为面积水负荷。

未达到平衡状态时：

$$\frac{C - C_E}{C_0 - C_E} = e^{-(t-t_0)/\theta_p} \tag{8.1.12}$$

根据大量的数据观测确定叶绿素 a 的浓度和磷浓度之间的关系，通过该关系可以预测水体中的生物量。然后，可以根据生物量研究水域的营养状况。

8.2　水生态系统

生态动力学模型是水环境模型中最复杂和最高级的模型。复杂是因为其涉及的物理量多种多样，包括水位、流速等水动力学变量，水温、pH 值等水体自身性质变量，营养盐、光强等环境变量，还包括生物学变量；高级是指生态动力学不仅描述非生命现象的演变过程还包括了高级生命体生长过程演变的数值模拟。生态动力学模型是生命科学和非生命科学的交叉学科，研究核心为生物和水环境之间的相互作用关系。

由于生命科学本身处于快速发展的过程中，其中许多生命现象隐含的本质尚未被人类全面认识。生态动力学模型的计算精度和普适性目前尚不足以和前面章节无生命物质的计算模型相比拟。生态系统模拟中营养级也有区别，其模拟的生态学变量选择有所不同，内部相互作用过程的概化方式也有较大的区别。

在生态系统中，浮游植物是系统中的生产者，在光合作用下将无机物合成有机物。生产者在生态系统中的作用是进行初级生产，因此它们就是初级生产者或第一性生产者，其产生的生物量称为初级生产量。浮游植物的活动是从环境中得到二氧化碳和水，在太阳光能或化学能的作用下合成碳水化合物。因此太阳辐射能只有通过浮游植物，才能不断地输入到生态系统中转化为化学能即生物能，成为生物链更高级生物生命活动唯一的能源。同时，浮游植物的数量过多也可能给水环境带来负面影响，影响到水体的功能或对更高级生命体造成威胁。例如，当藻类生物量过多时会造成水中溶解氧大幅变化，对鱼类造成致命的后果；同时，藻类的大量繁殖也会对其自身造成不利影响，大量藻类的死亡会引发异味甚至堵塞取水口的过滤装置。当人类活动或自然过程向水域中输入了过量营养盐后，极易引发藻类等水生生物大量地生长繁殖，使有机物产生的速度远远超过消耗速度，水体中有机物继续增加，破坏水生生态平衡，这一后果也称为富营养化。因此，在生态数学模型或富营养化模拟中，浮游植物及其影响因素中，营养盐、温度、光强、溶解氧等都是必不可少的模拟参数。

本章以 EFDC 模型所采用的 ICM 模型为例，介绍生态环境内部各变量相互作用机制的典型概化方法。在 ICM 模型中，生态动力学系统的状态变量除了温度、盐度和悬浮颗粒物(这三种变量在水动力学中计算)外,还有22个生物学指标和水环境指标,如表8.2.1所列。生态系统内部的各变量之间相互作用机制如图8.2.1所示。

表 8.2.1　EFDC 水质模块状态变量

序号	状态变量	特性描述
1	蓝藻(Bc)	①在盐水或淡水区域中易形成水华;②某些种类可固定大气中的氮
2	硅藻(Bd)	①需要硅形成细胞壁;②体积较大,沉降速度大;③春季硅藻爆发后沉积是底泥耗氧量的重要源
3	绿藻(Bg)	①沉降速度介于蓝藻和硅藻之间;②摄食压力大于蓝藻
4	稳定态颗粒有机碳(RPOC)	①分解时间大于不稳定颗粒态;②沉积物中较多,分解后沉积若干年会增加底泥耗氧量
5	不稳定态颗粒有机碳(LPOC)	分解时间为几天到数周
6	溶解态有机碳(DOC)	
7	稳定颗粒态有机磷(RPOP)	①分解时间大于不稳定颗粒态;②沉积物中较多,分解后沉积若干年会增加底泥耗氧量
8	不稳定颗粒态有机磷(LPOP)	分解时间为几天到数周
9	溶解态有机磷(DOP)	
10	总磷酸盐(PO4t)	无机磷,在计算中利用平衡分配系数分为三部分:溶解态,无机颗粒上吸附态,藻类细胞中磷酸盐
11	稳定颗粒态有机氮(RPON)	
12	不稳定颗粒态有机氮(LPON)	
13	溶解态有机氮(DON)	
14	氨氮(NH4)	①基于热动力学原因,无机氮被吸收时,氨氮优先;②氨氮氧化生成硝酸盐氮,会消耗水体和沉积物中的溶解氧
15	硝酸盐氮(NO23)	由于亚硝酸盐氮含量一般较低,硝酸盐氮包含硝酸盐氮和亚硝酸盐氮
16	颗粒态生物硅(SAp)	①无法为硅藻利用;②产生于硅藻的死亡;③可以转化为溶解态有效硅或沉积于水域底部
17	溶解态有效硅(SAd)	①主要为溶解态;②可为硅藻利用
18	化学需氧量(COD)	可氧化的还原性物质的浓度,其基本组成部分为底泥释放的硫化物
19	溶解氧(DO)	高级生命体存在的基础,决定了微生物的分布以及能量、营养盐在系统内部的流动,是水质模型的核心变量
20	总活性金属(TAM)	①铁和锰是吸附磷酸盐和溶解硅的主要无机颗粒;②其沉降也是水体中磷酸盐和溶解硅减少的重要原因;③通过和溶解氧相关的分配系数分为颗粒态和溶解态;④磷酸盐和溶解态硅的吸附载体
21	大肠杆菌(FCB)	
22	大型藻(Bm)	只存在于最底层计算单元且不随水体运动,主要存在于港湾和浅水区域

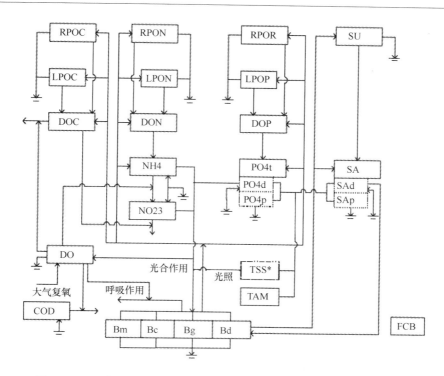

图 8.2.1　生态系统内部物理量相互作用机制(各参数的意义见表 8.2.1)

8.3　藻类生长动力学

藻类在生态系统中处于中心地位(见图 8.2.1)。根据藻类性质不同,在水域中通常起主要作用的藻类可分为四类:蓝藻(蓝细菌)、硅藻、绿藻、大型藻。下标 x 用来区别各种藻类,c 代表蓝藻(蓝细菌)、d 代表硅藻、g 代表绿藻、m 代表大型藻。藻类的源和汇包括四部分,即生长(生产率)、基础代谢、捕食、沉降、外部负荷。除了其中的参数有所区别,描述三种藻类生物过程的方程基本一致。藻类生物量动力学方程如下:

$$\frac{\partial B_x}{\partial t} = (P_x - BM_x - PR_x)B_x + \frac{\partial}{\partial z}(WS_x \cdot B_x) + \frac{WB_x}{V} \qquad (8.3.1)$$

式中: B_x 为藻类 x 的生物量(g·m^{-3}); t 为时间(d); P_x 为藻类 x 的生产率(d^{-1}); BM_x 为藻类 x 的基础代谢率(d^{-1}); PR_x 为藻类 x 的捕食率(d^{-1}); WS_x 为藻类 x 的沉降速率(m·d^{-1}); WB_x 为藻类 x 的外部负荷(g·d^{-1}); V 为计算单元的体积(m^3)。

由于大型藻类附着于海底,它们只存在于最底层计算单元,不随水体运动,迥异于上面所提的三种藻类。因此,大型藻类作为一种单独的藻类进行特殊处理。

(1) 生产率(藻类生长)

藻类的生长率取决于环境中营养盐的含量、周边光强和水温。这些因素的综合影响

211

可以采用连乘的方式来描述：

$$P_x = PM_x \cdot f_1(N) \cdot f_2(I) \cdot f_3(T) \tag{8.3.2}$$

式中：PM_x 为藻类 x 的最大生长率（d^{-1}）；$f_1(N)$ 为营养盐影响因子（$0 \leqslant f_1(N) \leqslant 1$）；$f_2(I)$ 为光强影响因子（$0 \leqslant f_2(I) \leqslant 1$）；$f_3(T)$ 为水温影响因子（$0 \leqslant f_3(T) \leqslant 1$）。

由于咸水会导致淡水中蓝藻快速死亡，为了反映盐度对于淡水蓝藻产生的毒性，可以在蓝藻生长率方程中增加盐度影响因子 $f_4(S)$（$0 \leqslant f_4(S) \leqslant 1$）：

$$P_x = PM_x \cdot f_1(N) \cdot f_2(I) \cdot f_3(T) \cdot f_4(S) \tag{8.3.3}$$

（2）营养盐对藻类生长的影响

藻类生长过程中需要的营养盐主要包括碳、氮、磷，对于硅藻而言还需要硅。无机碳在水环境中比较充裕，一般对生物生长不构成限制，一般模型不予考虑。其他营养盐对于生物生长的限制因子 K 一般采用 Monod 动力学方程表示：

$$K = \frac{C}{KH + C} \tag{8.3.4}$$

式中：C 为营养盐的浓度；KH 为参数，当浓度 $C = KH$，生长率的限制因子为 0.5，因此 KH 也称为半饱和浓度。Monod 动力学方程显示在营养盐浓度较低时，生长率受到限制，当营养盐浓度较高时，生长率不受影响，如图 8.3.1 所示。

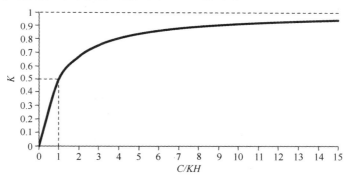

图 8.3.1　Monod 动力学方程营养限制因子和浓度的关系

根据李毕格最小量定律，生物生长决定于供应量最少的营养盐。对于蓝藻和绿藻，营养盐影响因子可以表示为

$$f_1(N) = \min\left(\frac{NH4 + NO3}{KHN_x + NH4 + NO3}, \frac{PO4d}{KHP_x + PO4d}\right) \tag{8.3.5}$$

式中：$NH4$ 为氨氮浓度（$g \cdot m^{-3}$）；$NO3$ 为硝酸盐氮浓度（$g \cdot m^{-3}$）；KHN_x 为藻类 x 的氮摄取半饱和常数（$g \cdot m^{-3}$）；$PO4d$ 为溶解态磷酸盐磷浓度（$g \cdot m^{-3}$）；KHP_x 为藻类 x 的磷摄取半饱和常数（$g \cdot m^{-3}$）。

某些蓝藻（如鱼腥藻）具备从大气中固氮的能力，氮不会成为约束其生长的营养盐。

式(8.3.5)仅适用于不具备固氮能力的藻类。

由于硅藻在生长中除了氮、磷外,还需要硅,营养盐影响因子可以表示为

$$f_1(N) = \min\left(\frac{NH4 + NO3}{KHN_x + NH4 + NO3}, \frac{PO4d}{KHP_x + PO4d}, \frac{SAd}{KHS + SAd}\right) \tag{8.3.6}$$

式中:SAd 为溶解态可利用硅的浓度($g \cdot m^{-3}$);KHS 为硅藻的硅摄取半饱和常数($g \cdot m^{-3}$)。

（3）光强对藻类生长的影响

光强是影响藻类生长的重要因素之一,当光强较小时,生长率按近似的线性规律增加,随后趋近至最大值时,生长率的增加速度下降。当光强大于最大生产率对应的光强时,光强会成为藻类生长的抑制因素。为了描述这种规律,Steele 采用如下形式的方程:

$$f(I) = \frac{I}{I_s}\exp\left(1 - \frac{I}{I_s}\right) \tag{8.3.7}$$

式中:$f(I)$ 为光强限制因子,介于 $0 \sim 1$;I_s 为最大生长率对应的饱和光强。

对于光强,一般可以认为其随深度呈指数式衰减,即

$$I_h = I_{\text{surface}} \cdot e^{-Kess \cdot h} \tag{8.3.8}$$

式中:I_h 为水面以下 h 深度的光强;I_{surface} 为水体表面处的光强;$Kess$ 为总的光强衰减系数(m^{-1})。光强在水柱中的衰减系数可以分为三部分:水色所决定的背景值、悬移质导致的衰减、水中叶绿素对光的吸收:

$$Kess = Ke_b + Ke_{TSS} \cdot TSS + Ke_{Chl} \cdot \sum_{x=c,d,g}\left(\frac{B_x}{CChl_x}\right) \tag{8.3.9}$$

式中:Ke_b 为背景衰减系数(m^{-1});Ke_{TSS} 为悬移质所致光强衰减系数(m^{-1});TSS 为总悬移质(悬浮颗粒物)浓度($g \cdot m^{-3}$),该值由水动力模型提供;Ke_{Chl} 为叶绿素 a 吸收所致光强衰减系数(m^{-1});$CChl_x$ 为藻类 x 的碳叶绿素之比($g \cdot mg^{-1}$)。

由于大型藻类附着于水底,在计算光强衰减系数时不计入影响。同样,藻类所形成的光线遮挡效应也未考虑。如果水动力模型没有模拟悬移质,可以将 Ke_{TSS} 设为 0,而将悬移质的影响纳入到背景衰减系数 Ke_b 的取值中。

将式(8.3.8)代入式(8.3.7),可以得到某一瞬时特定深度 h 的光强限制因子:

$$f(I_h) = \frac{I_{\text{surface}} \cdot e^{-Kess \cdot h}}{I_s}\exp\left(1 - \frac{I_{\text{surface}} \cdot e^{-Kess \cdot h}}{I_s}\right) \tag{8.3.10}$$

为了简化问题,假定日均光强 I_0 在一天内的变化可以用如下函数近似:

$$I_{\text{surface}}(t) = \frac{I_0}{FD}, 0 < t < FD \tag{8.3.11}$$

$$I_{\text{surface}}(t) = 0, FD < t < 1 \tag{8.3.12}$$

其中,FD 为一天内白天所占的比例,即光照周期($0 \leqslant FD \leqslant 1$),单位为天。

由于应用中,在每一高度为 Δz 的水体单元内视为生物量一致,因此式(8.3.11)光强限制因子需要从单元顶部 H_T 到底部 $H_{T+\Delta z}$ 范围内进行积分,求该层平均值。除了沿深度积分外,为了方便还会在一定的时间段 T 内积分,一般采用一天作为积分时段,即

$$f_2(I) = \frac{1}{\Delta z}\int_{H_T}^{H_T+\Delta z} \frac{1}{T}\int_0^{FD} \frac{I_0}{FD \cdot I_s} \cdot e^{-Kess \cdot h} \exp\left(1 - \frac{I_0}{FD \cdot I_s} \cdot e^{-Kess \cdot h}\right) dh dt$$

$$(8.3.13a)$$

对时间积分得到:

$$f_2(I) = FD \cdot \frac{1}{\Delta z}\int_{H_T}^{H_T+\Delta z} \frac{I_0}{FD \cdot I_s} \cdot e^{-Kess \cdot h} \exp\left(1 - \frac{I_0}{FD \cdot I_s} \cdot e^{-Kess \cdot h}\right) dh \qquad (8.3.13b)$$

进一步进行垂向积分得到:

$$f_2(I) = \frac{2.718 \cdot FD}{Kess \cdot \Delta z}(e^{-\alpha_B} - e^{-\alpha_T}) \qquad (8.3.14)$$

$$\alpha_B = \frac{I_0}{FD \cdot (I_s)_x} \cdot \exp[-Kess(H_T + \Delta z)] \qquad (8.3.15)$$

$$\alpha_T = \frac{I_0}{FD \cdot (I_s)_x} \cdot \exp(-Kess \cdot H_T) \qquad (8.3.16)$$

式中: FD 为光照周期($0 \leqslant FD \leqslant 1$)(d); Δz 为层厚(m); $(I_s)_x$ 为藻类 x 生长的饱和光强($Ly \cdot d^{-1}$); H_T 为计算单元所在层的上表面距离自由水面的深度(m)。

光照周期 FD 出现在式(8.3.13b)中的乘数因子和指数函数中,但是其作用却是近似线性的,如图8.3.2所示。当 $FD = 0.4 \sim 0.6$ 时, $f(I)$ 介于 $0.25 \sim 0.44$ 。

水下生物光合作用的饱和光强(I_s)取决于藻类的种类、暴露时间、水温、营养盐、驯化时间。饱和光强(I_s)的变化主要源于藻类通过调整使在环境中的生产量最大化。研究表明,这种调整的结果就是饱和光强为日均光强的固定比例(约为50%),也可以认为藻类的最大生长率出现在水柱的特定深度(约1m)。据此饱和光强可以表示为

$$(I_s)_x = \max\{(I_0)_{avg} \cdot e^{-Kess \cdot (D_{opt})_x}, (I_s)_{min}\} \qquad (8.3.17)$$

式中: $(D_{opt})_x$ 为藻类 x 的最大生长率出现的水深(m); $(I_0)_{avg}$ 为自我调整适应后的表面光强($Ly \cdot d^{-1}$), $(I_s)_{min}$ 为最优生长光强的最小值 $(I_s)_{min}$ 。

为了体现藻类适应光强变化所需要的时间影响,在计算 $(I_s)_x$ 时采用按照时间加权平均的日光强:

$$(I_0)_{avg} = CI_a \cdot I_0 + CI_b \cdot I_1 + CI_c \cdot I_2 \qquad (8.3.18)$$

I_1 为计算日前一天的日光强($Ly \cdot d^{-1}$);

I_2 为计算日前两天的日光强($Ly \cdot d^{-1}$);

CI_a 、 CI_b 、 CI_c 为光强 I_0 、 I_1 、 I_2 所对应的权重, $CI_a + CI_b + CI_c = 1$ 。

当 FD 为固定值(0.5)时,图8.3.3给出了 $Kess \cdot \Delta z$ 和 $Kess \cdot D_{opt}$ 对光强限制因子的

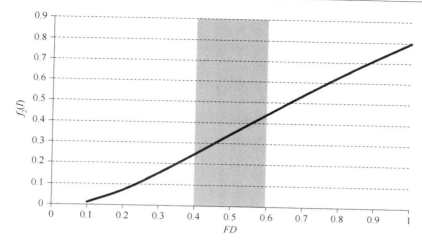

图 8.3.2　光照周期对光强限制因子的作用（ $Kess = 0.5$, $D_{opt} = 1$ m , $H_T = 0$ m , $\Delta z = 5$ m ）

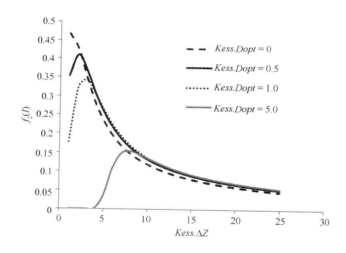

图 8.3.3　光照衰减系数、最优水深、水深对光强限制因子的作用（ $FD = 0.5$, $H_T = 0$ ）

作用。当 $Kess \cdot \Delta z >> Kess \cdot D_{opt}$ ，生物的生长率随 $Kess \cdot \Delta z$ 的增加而减小，即生长率随着光强的衰减或水深的增大而下降。在大部分 $Kess \cdot \Delta z$ 适合生物增长的区间内，生长率和 D_{opt} 之间呈弱相关。最大生长率出现在 $Kess \cdot \Delta z$ 稍大于 $Kess \cdot D_{opt}$ 的位置（即 Δz 稍大于 D_{opt} 的位置）。当 $Kess \cdot \Delta z < Kess \cdot D_{opt}$ （ $\Delta z < D_{opt}$ ）时，由于单元内的大部分水体接受的光强对于生物生长处于过饱和状态，生长率会小于最大值。当 $Kess \cdot \Delta z$ 较小（即浅水地区光强衰减较小）时，最大生长率出现在 $D_{opt} = 0$ 时。因为 $D_{opt} = 0$ 条件下，单元中没有水体的光强处于生物生长的过饱和状态。不过，对于适宜生物生长的 $Kess \cdot \Delta z$ 大部分区间内，最大生长率一般出现在 $D_{opt} > 0$ 条件下，这时表面水体光强过饱和引起生长率减小会被深处的生长率增加所抵消。

（4）温度对藻类生长的影响

温度对藻类生长的影响因子采用高斯概率曲线进行描述：

$$f_3(T) = \exp[-KTG1_x(T - TM_x)^2] \qquad T < TM_x$$
$$= \exp[-KTG2_x(TM_x - T)^2] \qquad T \geqslant TM_x \qquad (8.3.19)$$

式中：T 为水温（℃），水动力学模块提供；TM_x 为藻类 x 的最优生长温度（℃）；$KTG1_x$ 为水温低于 TM_x 时，温度对藻类 x 的影响（℃$^{-2}$）；$KTG2_x$ 为水温高于 TM_x 时，温度对藻类 x 的影响（℃$^{-2}$）。温度的作用如图 8.3.4 所示。

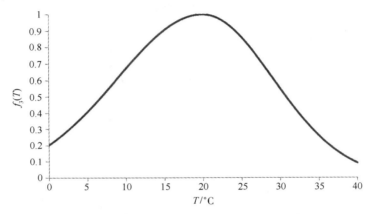

图 8.3.4　温度限制因子的作用（ $TM = 20℃$ ，$KTG1 = 0.004℃^{-2}$ ，$KTG2 = 0.006℃^{-2}$ ）

（5）盐度对淡水蓝藻生长的影响

盐度对淡水蓝藻生长的影响表示为

$$f_4(S) = \frac{STOX^2}{STOX^2 + S^2} \qquad (8.3.20)$$

$STOX$ 为微胞藻生长速率为最优值 1/2 时对应的盐度；S 为水体盐度，由水动力学模块计算得到。盐度影响如图 8.3.5 所示。

（6）流速和密度对大型藻类（底栖生物）的影响

大型附着藻类和自由漂浮藻类在模型处理中的主要区别如下：①大型附着藻类用面积浓度（areal density）而不是体积浓度（volumetric density）表示；②附着藻类生长可能受限于水域底部可以获取的物质；③大型藻类可获取的营养盐受流速影响；④大型藻类和水动力学输运条件无关。

采用碳表征大型藻类的生物量，建立质量平衡方程。在模型中的每一个网格单元上，大型藻类生长的动力学方程和浮游藻类有微小的差别，表示为下式：

$$P_m = PM_m \cdot f_1(N) \cdot f_2(I) \cdot f_3(T) \cdot f_4(V) \cdot f_5(D) \qquad (8.3.21)$$

式中：PM_m 为理想条件下大型藻类的最大生长速度；$f_1(N)$ 为营养盐浓度的影响函数；

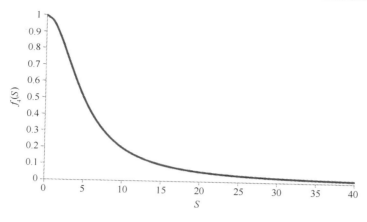

图 8.3.5　盐度限制因子的作用（$STOX = 5$）

$f_2(I)$ 为光照强度的影响函数；$f_3(T)$ 为温度的影响函数；$f_4(V)$ 为流速限制因素函数；$f_5(D)$ 为密度对生长速度的影响函数。

　　在模拟中，将所有大型藻类作为一个整体，由总生物量来表示，不考虑物种差异以及相关的环境动力学过程的差异。最佳温度生长条件和光照、营养盐、水流和密度限制有关。每一个生长限制因子都介于 0 和 1 之间。值为 1 表示该因子对生长无限制作用，而值为 0 表示该因子对于生长产生严重制约，使其完全停止生长。

　　流速对于淡水溪流中附着生物的生产力有两方面的影响：在一定范围内，流速的增加可以提高生物量的增长，但是更高的流速会将物质冲走。

　　作为生物群落的底栖藻类分为下层（understory）和上层（overstory）。整个群落称作基质（matrix）。随着基质（matrix）的发展，附着生物群落会发生分层，外层为具有光合作用的活性细胞，内层由老化的和正在分解的细胞构成。同时，附着生物群落中的不同物种间也会发生分层。基质（matrix）内部的环境条件也会随附着生物的物理结构发生变化，并进一步影响到营养盐吸收和藻类的初级生产力。流速超过特定值之后，水流促使单元和其上方贫营养水体的混合，对附着生物产生类似新陈代谢的影响。附着生物群落的物理结构和营养物的吸收会通过微生物基质（matrix）影响营养盐通量。

　　水流会对底部附着生物起到持续的冲刷作用。当流速足够大时，剪切应力会导致生物量大幅减小（即使在低流速条件下，流速的突然增加也会导致生物量损失，只不过持续时间较短）。因此，当流速超过底栖生物适应的水流条件，会导致损失速率增加引起生物量减小。不过，在生物量减少之后，底栖生物向该处的迁移和生长会增加。

　　流速对生长的影响在模型中采用流速限制函数表示。模型提供了两个流速限制函数可供选择：①Michaelis – Menton 方程（或 Monod 方程）；②5 参数的 logistic 函数。Monod 方程只能反映低流速对大型藻类生长的限制而 5 参数 logistic 函数既能反映低流速也能反映高流速对大型藻类生长的限制（见图 8.3.6）。

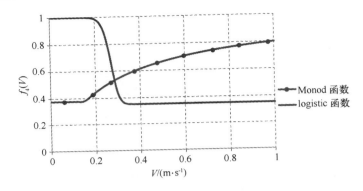

图 8.3.6　流速限制函数

注：Monod 方程，其中 $KMV = 0.25$ m/s 和 $KMV\min = 0.15$ m/s。5 参数 logistic 函数，

其中 $a = 1.0, b = 12.0, c = 0.3, d = 0.35, e = 3.0$（高流速对生长的限制）

第一种流速限制函数，Michaelis – Menton 方程表示如下：

$$f_4(V) = \frac{U}{KMV + U} \tag{8.3.22}$$

式中：U 为流速（m/s）；KMV 为半饱和流速（m/s）。

式(8.3.22)中的半饱和流速是达到最大生长速率一半时的流速。这种影响类似于营养盐限制，因为非理想状态下流速对于附着生物生长的影响，源于水流会促进藻类基质和上覆水之间的营养盐交换。但是，该公式对于低流速条件下的藻类生长抑制过甚，以致附着生物在静水中无法生长，但实际上附着生物在湖水等静水中仍会生长。因此，此函数仅能应用于流速大于某最小阈值（$KMV_{\min}$）的情况。当流速等于或低于该阈值时，此限制函数采用该阈值对应的函数值。当流速大于该阈值时，水流使附着生物产生较大的混合梯度。对氮、磷和流速等限制因素进行综合考虑，取其中最小值的公式，即单独采用最苛刻的限制因子来限制附着生物的生长。

第二种流速限制函数，5 参数 logistic 函数表示如下：

$$f_4(V) = d + \frac{a - d}{\left[1 + \left(\frac{U}{c}\right)^b\right]^e} \tag{8.3.23}$$

式中：U 为流速（m/s）；a 为速度最小时趋近的函数值；b 为函数值小于 a 之后曲线的斜率；c 为将 U 平移为 x 采用的值；d 为速度增加时趋近的函数值；e 为函数值未达到 d 之前的斜率。

需要指出，式(8.3.23)中将参数 d 设为大于参数 a 可以反映低流速对藻类生长的限制，反之可反映高流速对生物生长的限制。在营养盐充足的水中，附着生物的生长不会受低流速限制。但是，高流速却会导致大型藻类被冲走，造成生物量的减少。5 参数 logistic 函数可以通过参数设置近似反映高流速对藻类生长限制引起的生物量减少。

218

大型藻类(附着生物)生长也会受到底部可利用营养盐含量限制。大型藻类群落在生物量水平较小时达到最大生产率,基于此认识,现有生物量和生产率关系采用 Michaelis – Menton 动力学方程,则:

$$f_5(D) = \frac{KBP}{KBP + P_m}$$

(8.3.24)

式中:KBP 为半饱和生物量($g \cdot m^{-2}$);P_m 为大型藻类生物量水平($g \cdot m^{-2}$)。

半饱和生物量(KBP)是在最大生长率一半时的生物量。式(8.3.24)考虑了低生物量时的最大初级生产率随着群落基质的扩展而减小的规律。

(7)藻类的基础代谢

在模型中,藻类生物量的汇为基础代谢和捕食。基础代谢综合了所有使生物量减少的内部过程,主要分为两部分:呼吸和排泄。在基础代谢中,藻类所含物质(碳、氮、磷和硅)重新返回到水环境中,主要体现为溶解态的有机物和无机物。呼吸作用消耗溶解氧,可以视为生产过程的逆过程。基础代谢率可以取为随温度指数增长的函数:

$$BM_x = BMR_x \cdot \exp[KTB_x(T - TR_x)]$$

(8.3.25)

式中:BMR_x 为藻类 x 在温度 TR_x 下的基础代谢率(d^{-1});KTB_x 为温度对藻类 x 基础代谢率的影响($℃^{-1}$);TR_x 为藻类 x 基础代谢率的参考温度($℃$)。温度对藻类基础代谢的影响如图 8.3.7 所示。

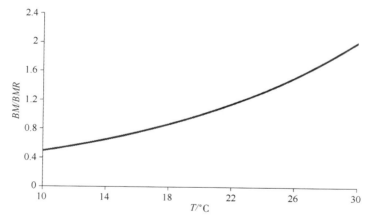

图 8.3.7　温度对于藻类基础代谢的影响($KTB_x = 0.07 ℃^{-1}$,$TR_x = 20 ℃$)

(8)藻类捕食

由于模型不包含浮游动物的模拟,所以采用固定比例来模拟藻类的捕食消耗量,该方法隐含了浮游动物量与藻类生物量之比为常数的假定。采用式(8.3.25)相似的公式来描述捕食消耗量:

$$PR_x = PRR_x \cdot \exp[KTB_x(T - TR_x)]$$

(8.3.26)

式中：PRR_x 为藻类 x 在温度 TR_x 下的捕食消耗率（d^{-1}）。

基础代谢和捕食消耗的区别在于两种过程产生的物质不同。在捕食消耗中,藻类所含物质(碳、氮、磷和硅)以无机或有机形式返回到环境中时,主要以颗粒态有机物为主。大型藻类的捕食消耗是一个综合性因子,包括了浮游动物吞噬、叶片损伤和其他损失。同样,隐含了消耗量与生物量呈特定比例的假定。

（9）藻类沉降

四种藻类的沉降速度 WS_c、WS_d、WS_g、WS_m 作为给定值。为体现硅藻沉降速度的季节变化,可以分时段给定。

8.4 有机碳

目前模型采用三种状态变量来模拟有机碳(图 8.4.1)：稳定颗粒态、不稳定颗粒态和不稳定溶解态。

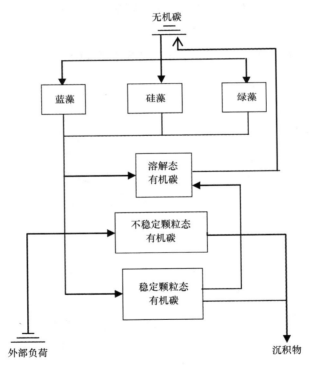

图 8.4.1 有机碳在水环境中的循环过程

（1）颗粒态有机碳

颗粒态有机碳可以分为稳定和不稳定颗粒态有机碳,二者的区别在于其分解所需要的时间尺度不同。不稳定颗粒态有机碳在水相或沉积相中分解较快,时间尺度从几天到几周。而稳定颗粒态有机碳主要存在于沉积物中,分解速度较慢,时间尺度为若干周,并且在分解后的若干年内会增加沉积物中的底泥耗氧。对于不稳定和稳定颗粒态有机碳,模型中包括的源和汇有藻类捕食、分解为溶解态有机碳、沉降和外部负荷。

稳定和不稳定的颗粒态有机碳的主要方程式为

$$\frac{\partial RPOC}{\partial t} = \sum_{x=c,d,g,m} FCRP \cdot PR_x \cdot B_x - K_{RPOC} \cdot RPOC + \frac{\partial}{\partial z}(WS_{RP} \cdot RPOC) + \frac{WRPOC}{V}$$

$$(8.4.1)$$

$$\frac{\partial LPOC}{\partial t} = \sum_{x=c,d,g,m} FCLP \cdot PR_x \cdot B_x - K_{LPOC} \cdot LPOC + \frac{\partial}{\partial z}(WS_{LP} \cdot LPOC) + \frac{WLPOC}{V}$$

$$(8.4.2)$$

式中:$RPOC$ 为稳定颗粒态有机碳的浓度($g \cdot m^{-3}$);$LPOC$ 为不稳定颗粒态有机碳的浓度($g \cdot m^{-3}$);$FCRP$ 为被捕食有机碳中转化为稳定颗粒态的比例;$FCLP$ 为被捕食有机碳中转化为不稳定颗粒态的比例;K_{RPOC} 为稳定颗粒态有机碳的分解速度(d^{-1});K_{LPOC} 为不稳定颗粒态有机碳的分解速度(d^{-1});WS_{RP} 为稳定颗粒态有机物的沉降速率($m \cdot d^{-1}$);WS_{LP} 为不稳定颗粒态有机物的沉降速率($m \cdot d^{-1}$);$WRPOC$ 为稳定颗粒态有机碳的外部负荷($g \cdot d^{-1}$);$WLPOC$ 为不稳定颗粒态有机碳的外部负荷($g \cdot d^{-1}$)。

（2）溶解态有机碳

模型中溶解态有机碳的源和汇包括:藻类的排泄(渗出)和捕食;稳定和不稳定颗粒态有机碳的分解;颗粒态有机碳的异养呼吸(分解);脱氮作用;外部负荷。溶解态有机碳的动力学方程为

$$\frac{\partial DOC}{\partial t} = \sum_{x=c,d,g,m} \left\{ \left[FCD_x + (1 - FCD_x) \frac{KHR_x}{KHR_x + DO} \right] BM_x + FCDP \cdot PR_x \right\} \cdot B_x$$

$$+ K_{RPOC} \cdot RPOC + K_{LPOC} \cdot LPOC - K_{HR} \cdot DOC - Denit \cdot DOC + \frac{WDOC}{V} \quad (8.4.3)$$

式中:DOC 为溶解态有机碳的浓度($g \cdot m^{-3}$);FCD_x 为藻类 x 中在溶解氧充足条件下基础代谢中排泄的溶解态有机碳比例;KHR_x 为藻类 x 中排泄溶解态有机碳的溶解氧半饱和常数($g \cdot m^{-3}$);DO 为溶解氧浓度($g \cdot m^{-3}$);$FCDP$ 为被捕食碳中转化为溶解态有机碳的比例;K_{HR} 为溶解性有机碳的异养呼吸速率(d^{-1}),$Denit$ 为后文方程式(8.4.15)中的脱氮作用速率(d^{-1});$WDOC$ 为溶解态有机碳的外部负荷($g \cdot d^{-1}$)。式(8.4.1)至式(8.4.3)中各项意义详见下文。

（3）藻类对有机碳的影响

藻类对有机碳的影响体现为式(8.4.1)至式(8.4.3)中的求和符号($\sum$)内各项。

1）基础代谢。藻类通过基础代谢(呼吸和排泄两个过程)将碳、氮、磷、硅等物质返

回到环境中。基础代谢引起的藻类生物量损失可以表示为

$$\frac{\partial B_x}{\partial t} = - BM_x \cdot B_x \qquad (8.4.4)$$

上式表明基础代谢引起的藻类生物量的总消耗和周围环境的溶解氧浓度无关,因此该模型隐含如下假定:藻类呼吸所需溶解氧充足,呼吸和排泄在总消耗量中所占比例为常数。在此条件下,呼吸和排泄的消耗可以写为

呼吸项:

$$(1 - FCD_x) \cdot BM_x \cdot B_x \qquad (8.4.5)$$

排泄项:

$$FCD_x \cdot BM_x \cdot B_x \qquad (8.4.6)$$

式中:FCD_x 为介于 0 与 1 之间的常数。基于藻类在无氧条件下无法呼吸这一认识,虽然基础代谢引起的藻类生物量的总消耗与溶解氧无关[式(8.4.4)],但是呼吸和排泄作用在总消耗量的分配比例上取决于溶解氧浓度。当溶解氧水平较高时,呼吸消耗在总量中所占比例较大。当溶解氧不足时,排泄消耗将占主导作用。因此,式(8.4.5)仅代表高溶解氧浓度下呼吸作用引起的生物量损失。对于一般情况,式(8.4.5)可以分解为两个关于溶解氧的函数:

呼吸项:

$$(1 - FCD_x) \frac{DO}{KHR_x + DO} BM_x \cdot B_x \qquad (8.4.7)$$

排泄项:

$$(1 - FCD_x) \frac{KHR_x}{KHR_x + DO} BM_x \cdot B_x \qquad (8.4.8)$$

式(8.4.7)表示呼吸引起的藻类的生物量消耗,式(8.4.8)表示溶解氧浓度不足时额外的排泄。参数 KHR_x 在式(8.4.3)中为藻类的溶解态有机碳排泄时的溶解氧半饱和常数,在式(8.4.7)中为藻类的呼吸作用时溶解氧的半饱和常数。

合并式(8.4.6)和式(8.4.8),可得排泄引起的生物量总损失为

$$\left[FCD_x + (1 - FCD_x) \frac{KHR_x}{KHR_x + DO} \right] BM_x \cdot B_x \qquad (8.4.9)$$

综合式(8.4.7)和式(8.4.9)可得基础代谢引起的藻类生物量总损失为 $BM_x \cdot B_x$。

排泄产碳的最终产物主要是溶解态有机碳;呼吸产碳的最终产物主要是二氧化碳,因其为无机物在模型中未考虑其循环过程。式(8.4.3)中 FCD_x 的意义在式(8.4.9)更容易理解:即在无限浓度溶解氧条件下基础代谢中渗出的溶解态有机碳所占比例。在无氧条件下,基础代谢中生物量的总消耗量全部源于排泄,和 FCD_x 无关。因此,式(8.4.9)在式(8.4.3)中,仅包含排泄对溶解性有机碳的贡献,而在式(8.4.1)和式(8.4.2)中颗粒态有机碳方程中不包含藻类基础代谢的影响。

2）捕食。藻类被捕食后形成有机碳。浮游动物通过摄取、消化、呼吸和排泄作用实现藻类碳的吸收和再分配。浮游动物引起的藻类碳转移过程体现于式（8.4.1）至式（8.4.3）中，具体比例按照如下经验分配系数进行模拟：$FCRP$、$FCLP$ 和 $FCDP$，三者之和应为 1。

（4）异养呼吸和分解

式（8.4.1）和式（8.4.2）中右端第二项表示颗粒态有机碳分解为溶解态，式（8.4.3）中右侧倒数第三项表示溶解态有机碳的异养呼吸。好氧条件下异养呼吸是关于溶解氧的函数：溶解氧浓度越低，呼吸项越小。因此，异养呼吸率可以表示为溶解氧的 Monod 函数：

$$K_{HR} = \frac{DO}{KHOR_{DO} + DO} K_{DOC} \tag{8.4.10}$$

式中：$KHOR_{DO}$ 为有氧呼吸作用的溶解氧半饱和常数（$g \cdot m^{-3}$）；K_{DOC} 为溶解氧浓度无限大时溶解态有机碳的异养呼吸速率（d^{-1}）。

分解和异养呼吸速率取决于底质中碳的可利用率以及异养活性。虽然分解和异养呼吸并不需要藻类存在，但是外部碳的摄入会促进这一过程。因此，藻类产生的不稳定碳会提高异养活性。在分解和异养呼吸率公式中采用藻类的生物量来表征异养活性：

$$K_{RPOC} = \left(K_{RC} + K_{RCalg} \sum_{x=c,d,g} B_x \right) \cdot \exp\left[KT_{HDR}(T - TR_{HDR}) \right] \tag{8.4.11}$$

$$K_{LPOC} = \left(K_{LC} + K_{LCalg} \sum_{x=c,d,g} B_x \right) \cdot \exp\left[KT_{HDR}(T - TR_{HDR}) \right] \tag{8.4.12}$$

$$K_{DOC} = \left(K_{DC} + K_{DCalg} \sum_{x=c,d,g} B_x \right) \cdot \exp\left[KT_{MNL}(T - TR_{MNL}) \right] \tag{8.4.13}$$

式中：K_{RC} 为稳定颗粒态有机碳的最小分解速率（d^{-1}）；K_{LC} 为不稳定颗粒态有机碳的最小分解速率（d^{-1}）；K_{DC} 为溶解态有机碳的最小呼吸速率（d^{-1}）；K_{RCalg}、K_{LCalg} 分别是藻类生物量对应的稳定和不稳定颗粒态有机碳分解常数（$d^{-1} \cdot g \cdot m^{-3}$）；$K_{DCalg}$ 为藻类生物量呼吸作用对应常数（$d^{-1} \cdot g \cdot m^{-3}$）；$KT_{HDR}$ 为颗粒态有机物水解的温度作用因子（$\math℃^{-1}$）；TR_{HDR} 为颗粒态有机物水解的参考温度（$\math℃$）；KT_{MNL} 为溶解性有机物质矿化的温度作用因子（$\math℃^{-1}$）；TR_{MNL} 为溶解态有机物质矿化作用的参考温度（$\math℃$）。

此处，"水解"指颗粒态有机物转化为溶解态有机物的过程，既包括颗粒态碳的分解，也包括颗粒态磷和氮的水解。因此，参数 KT_{HDR} 和 TR_{HDR} 也用于表示温度对颗粒态磷［式（8.5.10）和式（8.5.11）］和氮［式（8.5.20）和式（8.5.21）］分解作用的影响。"矿化"是指溶解态有机物转化为溶解态无机物的过程，既包括溶解态有机碳的异养呼吸也包括溶解态有机磷和氮的矿化作用。因而，参数 KT_{MNL} 和 TR_{MNL} 可以用于表示温度对溶解态磷（式 8.5.12）和氮［式（8.5.21）］矿化的影响作用。

（5）脱氮作用对溶解态有机碳的影响

在天然系统中，氧气作为氧化剂（即电子受体）存在，获取有机物中的电子，氧化有机物。当系统中的氧气被消耗尽时,其他的具有氧化能力的物质作为氧化剂。氧化剂充当电子受体,获得有机物中的电子而自身被还原,从而氧化有机物。从热力学角度讲,在没有氧气存在的条件下,硝酸盐优先作为氧化剂接受电子氧化有机物。大量异养性厌氧微生物导致的硝酸盐减少称为脱氮作用,相应的化学方程式为

$$4NO_3^- + 4H^+ + 5CH_2O \rightarrow 2N_2 + 7H_2O + 5CO_2 \tag{8.4.14}$$

式(8.4.3)中右侧倒数第二项包含了脱氮作用对溶解态有机碳的影响。脱氮作用为一级反应动力学,满足:

$$Denit = \frac{KHOR_{DO}}{KHOR_{DO} + DO} \frac{NO3}{KHDN_N + NO3} AANOX \cdot K_{DOC} \tag{8.4.15}$$

式中:$KHDN_N$ 为脱氮作用中硝酸盐的半饱和常数($g \cdot m^{-3}$);$AANOX$ 为脱氮作用速率和溶解态有机碳有氧呼吸速率的比值。

式(8.4.15)相当于对溶解态有机碳呼吸速率 K_{DOC} 进行修正,因为只有硝酸盐量足够且溶解氧耗尽时,脱氮作用形成的分解才会起到显著作用。比值 $AANOX$ 使厌氧呼吸比有氧呼吸缓慢。需要指出的是,K_{DOC} 已经包括了温度对于脱氮作用的影响[见式(8.4.13)]。

8.5　营养盐

8.5.1　磷

采用四种状态变量模拟磷(见图8.5.1):三种有机形态(稳定颗粒态、不稳定颗粒态和溶解态)和一种无机形态(总磷酸盐)。

（1）颗粒态有机磷（POP）

对于稳定和不稳定颗粒态有机磷,模型包括的源和汇有:藻类的基础新陈代谢和捕食,转化为溶解态有机磷,沉降,外部负荷(见图8.5.1)。稳定和不稳定颗粒态有机磷的动力学方程如下:

$$\frac{\partial RPOP}{\partial t} = \sum_{x=c,d,g,m} (FPR_x \cdot BM_x + FPRP \cdot PR_x) APC \cdot B_x - K_{RPOP} \cdot RPOP$$
$$+ \frac{\partial}{\partial z}(WS_{RP} \cdot RPOP) + \frac{WRPOP}{V} \tag{8.5.1}$$

$$\frac{\partial LPOP}{\partial t} = \sum_{x=c,d,g,m} (FPL_x \cdot BM_x + FPLP \cdot PR_x) APC \cdot B_x - K_{LPOP} \cdot LPOP$$
$$+ \frac{\partial}{\partial z}(WS_{LP} \cdot LPOP) + \frac{WLPOP}{V} \tag{8.5.2}$$

式中:$RPOP$ 为稳定颗粒态有机磷的浓度($g \cdot m^{-3}$);$LPOP$ 为不稳定颗粒态有机磷的浓度($g \cdot m^{-3}$);FPR_x 为藻类团 x 基础代谢产生磷中稳定颗粒态有机磷所占比例;FPL_x 为

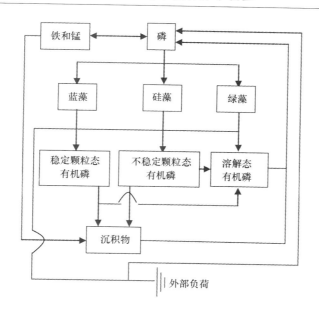

图 8.5.1　系统内的磷循环

藻类 x 基础代谢产生磷中不稳定颗粒态有机磷所占比例；$FPRP$ 为捕食的磷中稳定颗粒态有机磷所占比例；$FPLP$ 为捕食的磷中不稳定颗粒态有机磷所占比例；APC 为所有藻类的磷与碳的平均比值；K_{RPOP} 为稳定颗粒态有机磷的水解速率(d^{-1})；K_{LPOP} 为不稳定颗粒态有机磷的水解速率(d^{-1})；$WRPOP$ 为稳定颗粒态有机磷的外部负荷量($\mathrm{g} \cdot \mathrm{d}^{-1}$)；$WLPOP$ 为不稳定颗粒态有机磷的外部负荷量($\mathrm{g} \cdot \mathrm{d}^{-1}$)。

（2）溶解态有机磷

溶解态有机磷的源和汇包括：藻类基础新陈代谢和捕食、稳定和不稳定颗粒态有机磷的分解、磷酸盐磷的矿化、外部负荷。溶解态有机磷的动力学方程式如下：

$$\frac{\partial DOP}{\partial t} = \sum_{x=c,d,g,m} (FPD_x \cdot BM_x + FPDP \cdot PR_x) APC \cdot B_x$$

$$+ K_{RPOP} \cdot RPOP + K_{LPOP} \cdot LPOP - K_{DOP} \cdot DOP + \frac{WDOP}{V} \qquad (8.5.3)$$

式中：DOP 为溶解态有机磷的浓度($\mathrm{g} \cdot \mathrm{m}^{-3}$)；$FPD_x$ 为藻类 x 基础代谢产生磷中溶解态有机磷所占比例；$FPDP$ 为捕食的磷中溶解态有机磷所占比例；K_{DOP} 为溶解态有机磷的矿化速率(d^{-1})；$WDOP$ 为溶解态有机磷的外部负荷($\mathrm{g} \cdot \mathrm{d}^{-1}$)。

（3）总磷酸盐

总磷酸盐包括溶解态磷酸盐和吸附态磷酸盐，模型中包括的源和汇有：藻类的基础新陈代谢、捕食和吸收，溶解态有机磷的矿化，吸附态磷酸盐的沉降，底层网格中溶解态磷酸盐在沉积物－水界面的交换，外部负荷。总磷酸盐的动力学方程如下：

$$\frac{\partial PO4t}{\partial t} = \sum_{x=c,d,g,m} \left(FPI_x \cdot BM_x + FPIP \cdot PR_x - P_x \right) APC \cdot B_x + K_{DOP} \cdot DOP$$

$$+ \frac{\partial}{\partial z} \left(WS_{TSS} \cdot PO4p \right) + \frac{BFPO4d}{\Delta z} + \frac{WPO4t}{V} \quad (8.5.4)$$

$$PO4t = PO4d + PO4p \quad (8.5.5)$$

式中：$PO4t$ 为总磷酸盐（$\text{g} \cdot \text{m}^{-3}$）；$PO4d$ 为溶解态磷酸盐（$\text{g} \cdot \text{m}^{-3}$）；$PO4p$ 为颗粒（吸附态）磷酸盐（$\text{g} \cdot \text{m}^{-3}$）；$FPI_x$ 为藻类 x 基础代谢产生磷中无机磷所占比例；$FPIP$ 为捕食的磷中无机磷所占比例；WS_{TSS} 为悬移质沉降速度（$\text{m} \cdot \text{d}^{-1}$）；$BFPO4d$ 为磷酸盐在沉积物–水界面的通量（$\text{g} \cdot \text{m}^{-2} \text{d}^{-1}$），仅在底层网格中存在；$WPO4t$ 为总磷酸盐的外部负荷（$\text{g} \cdot \text{d}^{-1}$）。

在式（8.5.4）中，如果总活性金属为吸附介质，总悬移质沉降速率 WS_{TSS} 则取作颗粒态金属的沉降速率 WS_S（见后文）。式（8.5.1）和式（8.5.4）中的每项确定方式如下。

（4）总磷酸盐系统

在河流和河口水域，悬移质和底部沉积物颗粒（黏土、淤泥和金属氢氧化物）会对磷酸盐产生吸附和解吸过程。一般认为，吸附–解吸过程可以对水体中的磷酸盐浓度起到调节作用，同时提高外部源的输入能力。为了简化，将溶解态磷酸盐和吸附磷酸盐合并作单一状态变量，即定义总磷酸盐为溶解性磷酸盐和吸附磷酸盐的总和[式（8.5.5）]，其中每一部分的浓度由其总量的平衡分配系数决定。

美国切萨皮克湾（Chesapeake Bay）主流区域的监测数据显示，秋季的复氧过程会导致底部缺氧水体中的磷酸盐快速减少。有关学者认为其原因是，底部水体复养导致溶解态铁和锰析出，磷酸盐吸附于析出的金属颗粒上，并迅速沉降至沉积物中。因此，模型考虑了铁、锰等颗粒态金属对磷酸盐的吸附作用。定义状态变量总活性金属作为吸附体，并且通过平衡分配系数（见后文）将其分为颗粒态和溶解态两部分。这样，就可以使磷酸盐仅吸附于颗粒态重金属上。

在处理磷酸盐吸附时，底部水体缺氧环境下颗粒态金属氢氧化物是非常重要的吸附体。磷是一种非常活泼的元素，水中磷酸盐在颗粒表面快速发生反应，被吸收或释放。模型中有两种磷酸盐吸附体，即总悬移质和总活性金属。溶解态和吸附态所占比例决定于总量的平衡分配系数，该系数为总悬浮颗粒物或总活性金属浓度的函数。

$$PO4p = \frac{K_{PO4p} \cdot TSS}{1 + K_{PO4p} \cdot TSS} PO4t \text{ 或 } PO4p = \frac{K_{PO4p} \cdot TAMp}{1 + K_{PO4p} \cdot TAMp} PO4t \quad (8.5.6)$$

$$PO4d = \frac{1}{1 + K_{PO4p} \cdot TSS} PO4t \text{ 或 } PO4d = \frac{1}{1 + K_{PO4p} \cdot TAMp} PO4t \quad (8.5.7)$$

式中：K_{PO4p} 为单位浓度总悬浮颗粒物（$\text{g} \cdot \text{m}^{-3}$）或总活性金属颗粒（$\text{mol} \cdot \text{m}^{-3}$）的磷酸盐经验吸附系数；$TAMp$ 为颗粒态总活性金属（$\text{mol} \cdot \text{m}^{-3}$）。

式(8.5.7)除以式(8.5.6),得:

$$K_{PO4p} = \frac{PO4p}{PO4d}\frac{1}{TSS} \text{ 或 } K_{PO4p} = \frac{PO4p}{PO4d}\frac{1}{TAMp} \tag{8.5.8}$$

由上可知,K_{PO4p} 的意义为,单位浓度总悬浮颗粒物或颗粒态总活性金属(即单位有效吸附体)的磷酸盐吸附量和溶解态磷酸盐的比值。

(5)藻类中磷碳比(APC)

藻类生物量采用单位水体中的碳来表征。为了表示藻类生物量对磷和氮的影响,必须给定生物量中的磷碳比和氮碳比。虽然这些比值的全球平均值已为人们所熟知,但是环境中营养盐的含量差异会导致藻类的组成种类不同。当磷和氮变少时,藻类会调整它们的组成种类,以降低含碳生物量对这些重要元素的需求。例如,观测场资料显示,美国上游切萨皮克湾表层中氮碳比基本一致,可以采用常数 ANC_x 表示藻类 x 的氮碳比。但是,藻类磷碳比具有较强的差异性,显示藻类对周围磷浓度场具有一定自我调整作用:周围环境中磷充足时,藻类含磷量高;周围环境中磷缺少时,藻类含磷量低。因此,在模型的参数化中,藻类磷碳比 APC 作为变量处理。所有藻类的平均比值 APC,采用如下经验公式:

$$APC = [CP_{prm1} + CP_{prm2} \cdot \exp(-CP_{prm3} \cdot PO4d)]^{-1} \tag{8.5.9}$$

式中:CP_{prm1} 为碳磷比最小值;CP_{prm2} 为碳磷比的变化范围;CP_{prm3} 为溶解态磷酸盐浓度对碳磷比的影响因子($\mathrm{m^3 \cdot g^{-1}}$)。

(6)藻类对磷的影响

式(8.5.1)至式(8.5.4)中,求和符号 $\sum$ 中表示各藻类对磷的影响,既包括基础新陈代谢(呼吸和排泄)也包括捕食,参数化后反映了对有机磷和磷酸盐磷的贡献。也就是说,基础新陈代谢引起的总消耗量[式(8.3.1)中 $BM_x \cdot B_x$]根据分配系数 FPR_x、FPL_x、FPD_x 和 FPI_x 将磷分配到不同形式。捕食的总消耗量[式(8.3.1)中 $PR_x \cdot B_x$]也通过分配系数 $FPRP$、$FPLP$、$FPDP$ 和 $FPIP$ 分配到不同形式。基础代谢的四种分配系数之和应为1。同样,捕食的四种分配系数也要满足总和为1。藻类生长过程对溶解性磷酸盐的吸收,采用式(8.5.4)中 $\sum P_x \cdot APC \cdot B_x$ 表示。

(7)矿化和水解

式(8.5.1)和式(8.5.2)右端倒数第三项表示颗粒态有机磷的水解,式(8.5.3)倒数第二项表示溶解态有机磷的矿化。有机磷的矿化是通过细菌和藻类生物量释放核苷酸酶和磷酸酶催化完成的。由于藻类自身释放酶,而细菌量又取决于藻类生物量,因此,模型参数化过程将有机磷矿化速率仅设为藻类生物量的函数。模型参数化考虑的另外一点是,磷酸盐缺少时会激发藻类产生一种酶,这种酶将会促使有机磷矿化为磷酸盐。综合考虑这些生化过程,水解和矿化速率公式可以概化为

$$K_{RPOP} = \left(K_{RP} + \frac{KHP}{KHP + PO4d} K_{RPalg} \sum_{x = c,d,g} B_x \right) \cdot \exp\left[KT_{HDR}(T - TR_{HDR}) \right] \quad (8.5.10)$$

$$K_{LPOP} = \left(K_{LP} + \frac{KHP}{KHP + PO4d} K_{LPalg} \sum_{x = c,d,g} B_x \right) \cdot \exp\left[KT_{HDR}(T - TR_{HDR}) \right] \quad (8.5.11)$$

$$K_{DOP} = \left(K_{DP} + \frac{KHP}{KHP + PO4d} K_{DPalg} \sum_{x = c,d,g} B_x \right) \cdot \exp\left[KT_{MNL}(T - TR_{MNL}) \right] \quad (8.5.12)$$

式中：K_{RP} 为稳定颗粒态有机磷的最小水解速率（d^{-1}）；K_{LP} 为不稳定颗粒态有机磷的最小水解速率（d^{-1}）；K_{DP} 为溶解态有机磷的最小矿化速率（d^{-1}）；K_{RPalg}、K_{LPalg} 分别表示单位藻类生物量稳定和不稳定颗粒态有机磷的水解常数（$m^3 \cdot d^{-1} \cdot g^{-1}$）；$K_{DPalg}$ 为单位藻类生物量的矿化作用常数（$m^3 \cdot d^{-1} \cdot g^{-1}$）；$KHP$ 为藻类磷吸收的平均半饱和常数（$g \cdot m^{-3}$），满足：

$$KHP = \frac{1}{3} \sum_{x = c,d,g} KHP_x \quad (8.5.13)$$

相对于 KHP，当磷酸盐非常充足时，此速率将接近最小值，对藻类生物量几乎没有影响。当磷酸盐缺少时，此速率将随藻类生物量的增加而增加。从式（8.5.10）到式（8.5.12），还可以看出速率和温度呈指数函数。

8.5.2 氮

采用5种状态变量来模拟氮（见图 8.5.2）：三种有机形式（稳定颗粒态、不稳定颗粒态和溶解态）和两种非有机形态（氨和硝酸盐）。本模型中硝酸盐状态变量包括了硝酸盐和亚硝酸盐。

（1）颗粒态有机氮

对于稳定的和不稳定的颗粒态有机氮，源和汇有：藻类的基础代谢和捕食；分解为溶解态有机氮；沉降；外部负荷。稳定和不稳定颗粒态有机氮的动力学方程为

$$\frac{\partial RPON}{\partial t} = \sum_{x = c,d,g,m} (FNR_x \cdot BM_x + FNRP \cdot PR_x) ANC_x \cdot B_x - K_{RPON} \cdot RPON$$
$$+ \frac{\partial}{\partial z}(WS_{RP} \cdot RPON) + \frac{WRPON}{V} \quad (8.5.14)$$

$$\frac{\partial LPON}{\partial t} = \sum_{x = c,d,g,m} (FNL_x \cdot BM_x + FNLP_x \cdot PR_x) ANC_x \cdot B_x - K_{LPON} \cdot LPON$$
$$+ \frac{\partial}{\partial z}(WS_{LP} \cdot LPON) + \frac{WLPON}{V} \quad (8.5.15)$$

式中：$RPON$ 为稳定颗粒态有机氮的浓度（$g \cdot m^{-3}$）；$LPON$ 为不稳定颗粒态有机氮的浓度（$g \cdot m^{-3}$）；FNR_x 为由藻类 x 基础代谢产生的氮中稳定颗粒态有机氮所占比例；FNL_x 为由藻类 x 基础代谢产生的氮中不稳定颗粒态有机氮所占比例；$FNRP$ 为被捕食的氮中稳定颗粒态有机氮所占比例；$FNLP$ 为被捕食的氮中不稳定颗粒态有机氮所占比例；ANC_x 为藻类 x 中的氮碳比；K_{RPON} 为稳定颗粒态有机氮的水解速度（d^{-1}）；K_{LPON} 为不稳

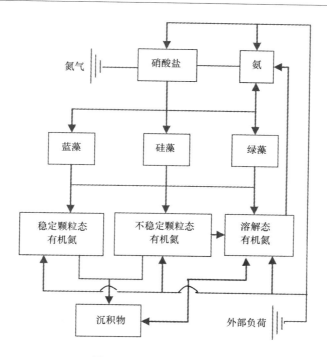

图 8.5.2　系统内的氮循环

定颗粒态有机氮的水解速率(d^{-1})；$WRPON$ 为稳定颗粒态有机氮的外部负荷($g \cdot d^{-1}$)；$WLPON$ 为不稳定颗粒态有机氮的外部负荷($g \cdot d^{-1}$)。

（2）溶解态有机氮

模型中溶解态有机氮的源和汇有：藻类基础新陈代谢和捕食，稳定的和不稳定的颗粒态有机氮的分解，矿化为氨，外部负荷。溶解态有机氮的动力学方程表示为

$$\frac{\partial DON}{\partial t} = \sum_{x=c,d,g,m} (FND_x \cdot BM_x + FNDP \cdot PR_x)ANC_x \cdot B_x$$

$$+ K_{RPON} \cdot RPON + K_{LPON} \cdot LPON - K_{DON} \cdot DON + \frac{WDON}{V} \qquad (8.5.16)$$

式中：DON 为溶解性有机氮的浓度($g \cdot m^{-3}$)；FND_x 为由藻类 x 基础代谢产生的氮中溶解态有机氮所占比例；$FNDP$ 为被捕食的氮中溶解态有机氮所占比例；K_{DON} 为溶解性有机氮的矿化速率(d^{-1})；$WDON$ 为溶解性有机氮的外部负荷($g \cdot d^{-1}$)。

（3）氨氮

氨氮的源和汇有：藻类的基础新陈代谢、捕食和吸收，溶解态有机氮的矿化，硝化为硝酸盐，底层沉积物－水界面的氮交换，外部负荷。氨氮的动力学方程式为

$$\frac{\partial NH4}{\partial t} = \sum_{x=c,d,g,m} (FNI_x \cdot BM_x + FNIP \cdot PR_x - PN_x \cdot P_x)ANC_x \cdot B_x + K_{DON} \cdot DON$$

$$- Nit \cdot NH4 + \frac{BFNH4}{\Delta z} + \frac{WNH4}{V} \qquad (8.5.17)$$

式中：FNI_x 为藻类团 x 基础代谢产生的氮中无机氮所占比例；$FNIP$ 为被捕食的氮中无机氮所占比例；PN_x 为藻类吸收氨氮的偏好因子（$0 \leqslant PN_x \leqslant 1$）；$Nit$ 为硝化作用速率（d^{-1}）；$BFNH4$ 为沉积物－水界面的氨通量（$\mathrm{g} \cdot \mathrm{m}^{-2} \mathrm{d}^{-1}$）（仅出现在底层）；$WNH4$ 为氨的外部负荷（$\mathrm{g} \cdot \mathrm{d}^{-1}$）。

（4）硝酸盐氮

模型中包括的硝酸盐氮的源和汇有：藻类的吸收，氨盐基中的硝化作用，氮气的脱氮作用，底层氮在沉积物－水相交换，外部负荷。这些过程的动力学方程式为

$$\frac{\partial NO3}{\partial t} = - \sum_{x=c,d,g,m} (1 - PN_x) P_x \cdot ANC_x \cdot B_x + Nit \cdot NH4 - ANDC \cdot Denit \cdot DOC$$
$$+ \frac{BFNO3}{\Delta z} + \frac{WNO3}{V} \qquad (8.5.18)$$

式中：$ANDC$ 为单位溶解性有机碳氧化时消耗的硝酸氮［由式（8.4.14）知，其值为 0.933］；$BFNO3$ 为沉积物－水界面的硝酸盐通量（$\mathrm{g} \cdot \mathrm{m}^{-2} \mathrm{d}^{-1}$），仅出现于底层；$WNO3$ 为硝酸盐外部负荷（$\mathrm{g} \cdot \mathrm{d}^{-1}$）。以下为对式（8.5.14）至式（8.5.18）中右端各项的讨论。

（5）藻类对氮的影响

在式（8.5.14）至式（8.5.18）中，求和符号 $\sum$ 中各项为藻类对氮的影响。和磷一样，其中基础代谢（呼吸和排泄）和捕食的影响通过参数化处理，给出对有机氮和氨氮的贡献。也就是说，藻类基础新陈代谢和捕食释放的氮采用分配系数 FNR_x、FNL_x、FND_x、FNI_x、$FNRP$、$FNLP$、$FNDP$ 和 $FNIP$ 来分配到氮的不同形式。基础新陈代谢的四种分配系数之和应为 1，同样，捕食的四种分配系数也要满足总和为 1。

藻类生长需要吸收氨和硝酸盐。基于热力学方面的原因，尤其会优先吸收氨。藻类吸收氨的偏好因子可以表示为

$$PN_x = NH4 \frac{NO3}{(KHN_x + NH4)(KHN_x + NO3)} + NH4 \frac{KHN_x}{(NH4 + NO3)(KHN_x + NO3)}$$
$$(8.5.19)$$

由上式可知，当环境中不存在硝酸盐时，氨的偏好因子会达到 1；当不存在氨时，偏好因子为 0。

（6）矿化和水解

式（8.5.14）和式（8.5.15）右端倒数第三项表示颗粒态有机氮的水解，式（8.5.16）中的倒数第二项表示溶解态有机氮的矿化。与磷的矿化和水解部分相同，营养盐限制条件下水解和矿化会加速。这些过程的参数化处理如下：

$$K_{RPON} = \left(K_{RN} + \frac{KHN}{KHN + NH4 + NO3} K_{RNalg} \sum_{x=c,d,g} B_x \right) \cdot \exp[KT_{HDR}(T - TR_{HDR})]$$
$$(8.5.20)$$

$$K_{LPON} = \left(K_{LN} + \frac{KHN}{KHN + NH4 + NO3} K_{LNalg} \sum_{x=c,d,g} B_x \right) \cdot \exp[KT_{HDR}(T - TR_{HDR})]$$

$$\tag{8.5.21}$$

$$K_{DN} = \left(K_{DN} + \frac{KHN}{KHN + NH4 + NO3} K_{DNalg} \sum_{x=c,d,g} B_x \right) \cdot \exp[KT_{MNL}(T - TR_{MNL})]$$

$$\tag{8.5.22}$$

式中: K_{RN} 为稳定颗粒态有机氮的最小水解速率(d^{-1}); K_{LN} 为不稳定颗粒态有机氮的最小水解速率(d^{-1}); K_{DN} 为溶解性有机氮的最小矿化速率(d^{-1}); K_{RNalg}、K_{LNalg} 分别表示单位藻类生物量稳定和不稳定颗粒态有机氮的水解常数($m^3 \cdot d^{-1} \cdot g^{-1}$); K_{DNalg} 为单位藻类生物量的矿化作用常数($m^3 \cdot d^{-1} \cdot g^{-1}$); KHN 为藻类氮吸收的平均半饱和常数($g \cdot m^{-3}$),满足:

$$KHN = \frac{1}{3} \sum_{x=c,d,g} KHN_x \tag{8.5.23}$$

相对于 KHP,当磷酸盐非常充足时,此速率将接近最小值,藻类生物量几乎没有影响。当磷酸盐缺少时,此速率将随藻类生物量的增加而增加。从式(8.5.20)至式(8.5.22),还可以看出速率和温度呈指数函数。

(7)硝化作用

硝化作用是通过自养硝化细菌将氨氧化为亚硝酸盐或亚硝酸盐氧化为硝酸盐过程中获取能量的中间过程。完整化学计算反应式为

$$NH_4^+ + 2O_2 \rightarrow NO_3^- + H_2O + 2H^+ \tag{8.5.24}$$

式(8.5.17)右端第三项和式(8.5.18)右端第二项分别表示硝化作用对氨和硝酸盐的影响。硝化作用速率可以概化为关于有效氨、溶解氧和温度的函数,即

$$Nit = \frac{DO}{KHNit_{DO} + DO} \frac{NH4}{KHNit_{NH4} + NH4} Nit_m \cdot f_{Nit}(T) \tag{8.5.25}$$

$$f_{Nit}(T) = \exp[-KNit1(T - TNit)^2] \quad 当 T \leqslant TNit$$
$$= \exp[-KNit2(TNit - T)^2] \quad 当 T \geqslant TNit \tag{8.5.26}$$

式中: $KHNit_{DO}$ 为硝化作用关于溶解氧的半饱和常数($g \cdot m^{-3}$); $KHNit_N$ 为硝化作用关于氨的半饱和常数($g \cdot m^{-3}$); Nit_m 为温度为 $TNit$ 时的最大硝化速率($g \cdot m^{-3} d^{-1}$); $TNit$ 为硝化作用最适宜温度(℃); $KNit1$ 为温度低于 $TNit$ 时,硝化作用速率的温度影响因子(℃$^{-2}$), $KNit2$ 为温度高于 $TNit$ 时,硝化作用速率的温度影响因子(℃$^{-2}$)。

式(8.5.25)中的溶解氧 Monod 函数表明低氧水平对硝化作用有抑制作用,氨的 Monod 函数表明了在氨充分时,硝化作用主要受限于有效硝化细菌(图 8.5.3)。温度的影响采用高斯形式表示。

(8)脱氮作用

脱氮作用对于溶解性有机碳的影响在 8.4 节已有描述。如化学方程式(8.4.14)所

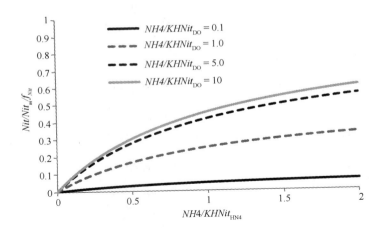

图 8.5.3　溶解氧和氨氮浓度对硝化速率的影响

示,脱氮作用就是系统中硝酸盐发生反应的过程,其反应量和系统中有机碳的矿化量成比例。式(8.5.18)右侧第一行倒数第三项表示了硝酸盐的脱氮效应。

8.5.3　硅

本模型有两种硅的状态变量:颗粒态生物硅和有效硅。

（1）颗粒态生物硅

对于颗粒态生物硅,模型中源和汇有(图 8.5.4):硅藻的基础代谢和捕食,分解为有效硅,沉降,外部负荷。

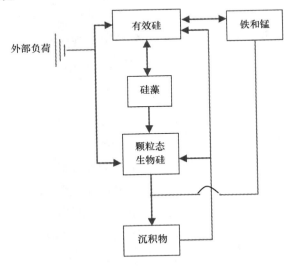

图 8.5.4　系统内硅的循环示意

描述这些过程的动力学方程式为

$$\frac{\partial SU}{\partial t} = (FSP_d \cdot BM_d + FSPP \cdot PR_d)ASC_d \cdot B_d - K_{SUA} \cdot SU + \frac{\partial}{\partial z}(WS_d \cdot SU) + \frac{WSU}{V}$$

$$(8.5.27)$$

式中：SU 为颗粒态生物硅的浓度（$g \cdot m^{-3}$）；FSP_d 为硅藻基础代谢产生的硅中颗粒态生物硅所占比例；$FSPP$ 为被捕食的硅藻中颗粒态生物硅所占比例；ASC_d 为硅藻中的硅碳比；K_{SUA} 为颗粒态生物硅的水解速率（d^{-1}）；WSU 为颗粒态生物硅的外部负荷（$g \cdot d^{-1}$）。

（2）有效硅

模型中有效硅的源和汇有：硅藻的基础代谢、捕食和摄入，吸收态（颗粒态）有效硅的沉降，颗粒态生物硅的分解，底层溶解态硅在沉积相和水相中的交换，外部负荷。这些过程的动力学方程式表示为

$$\frac{\partial SA}{\partial t} = (FSI_d \cdot BM_d + FSIP \cdot PR_d - P_d)ASC_d \cdot B_d + K_{SUA} \cdot SU + \frac{\partial}{\partial z}(WS_{TSS} \cdot SAp)$$

$$+ \frac{BFSAd}{\Delta z} + \frac{WSA}{V} \qquad (8.5.28)$$

$$SA = SAd + SAp \qquad (8.5.29)$$

式中：SA 为有效硅的浓度（$g \cdot m^{-3}$）；SAd 为溶解态有效硅（$g \cdot m^{-3}$）；SAp 为颗粒态有效硅（$g \cdot m^{-3}$）；FSI_d 为硅藻基础代谢产生的硅中有效硅所占比例；$FSIP$ 为被捕食的硅藻中有效硅所占比例；$BFSAd$ 为有效硅在沉积物 – 水界面的通量（$g \cdot m^{-2} d^{-1}$）（仅出现在底层）；WSA 为有效硅的外部负荷（$g \cdot d^{-1}$）。

在式（8.5.28）中，如果将总活性金属选作吸附体，总悬浮颗粒物的沉降速率 WS_{TSS} 由后文中的颗粒态金属沉降速率 WS_s 替代。

（3）可利用硅的循环系统

一般而言，硅的吸附 – 解吸过程和磷酸盐的行为非常相似。因此，和磷一样，有效硅也可以认为由溶解态和吸附态两部分组成［式（8.5.29）］。模型中有效硅的处理方法也与总磷酸盐相同，即将有效硅总量按比例分配到吸附态和溶解态上：

$$SAp = \frac{K_{SAp} \cdot TSS}{1 + K_{SAp} \cdot TSS}SA \ \text{或} \ SAp = \frac{K_{SAp} \cdot TAMp}{1 + K_{SAp} \cdot TAMp}SA \qquad (8.5.30)$$

$$SAd = \frac{1}{1 + K_{SAp} \cdot TSS}SA = SA - SAp \ \text{或} \ SAd = \frac{1}{1 + K_{SAp} \cdot TAMp}SA \qquad (8.5.31)$$

式中：K_{SAp} 为总悬浮颗粒物（$m^3 \cdot g^{-1}$）或颗粒态总活性金属（$m^3 \cdot mol^{-1}$）关于浓度的有效硅吸附经验系数；K_{SAp} 和 8.5.1 节中 K_{PO4p} 相似，表示单位浓度总悬浮颗粒物或颗粒态总活性金属（即单位有效吸附体）的有效硅吸附量和溶解态有效硅的比值。

（4）硅藻对硅的影响

式（8.5.28）和式（8.5.29）中和硅藻生物量（B_d）相关的各项表示硅藻对硅含量的

影响。像磷和氮一样,其中包括基础代谢(呼吸和排泄)和捕食,这些过程进行了参数化以反映其对颗粒态生物硅和有效硅的贡献。也就是说,基础代谢和捕食释放的硅藻硅采用分配系数 FSP_d、FSI_d、$FSPP$、$FSIP$ 进行分配。基础新陈代谢的两种分配系数之和为1,捕食的两种分配系数之和也为1。硅藻生长需要硅也需要磷和氮。硅藻对有效硅的吸收表示为式(8.5.28)中的 $P_d \cdot ASC_d \cdot B_d$。

(5)水解

式(8.5.27)中 $K_{SUA} \cdot SU$ 和式(8.5.28)的对应项分别表示颗粒态生物硅和有效硅的水解。水解速率为关于温度的指数函数:

$$K_{SUA} = K_{SU} \cdot \exp\left[KT_{SUA}(T - TR_{SUA})\right] \tag{8.5.32}$$

式中:K_{SU} 表示温度为 TR_{SUA} 时颗粒态生物硅的水解速率(d^{-1});KT_{SUA} 表示温度对于颗粒态生物硅的影响因子($^\circ\mathrm{C}^{-1}$);TR_{SUA} 表示颗粒态生物硅水解的参考温度($^\circ\mathrm{C}^{-1}$)。

8.6 溶解氧

8.6.1 化学需氧量

本模型中,化学需氧量是指可以通过无机方式氧化的还原性物质。在海水中化学需氧量的源主要是沉积物释放的硫化物,其循环方式为:硫酸盐在沉积物中被还原为硫化物,在水相中硫化物被重新氧化为硫酸盐。在淡水中,化学需氧量主要为沉积物释放到水体中的甲烷。硫化物和甲烷全部采用化学需氧量来衡量,并使用同样的动力学方程式。考虑外部负荷,动力学方程式如下:

$$\frac{\partial COD}{\partial t} = -\frac{DO}{KH_{COD} + DO}KCOD \cdot COD + \frac{BFCOD}{\Delta z} + \frac{WCOD}{V} \tag{8.6.1}$$

式中:COD 为化学需氧量浓度($\mathrm{g \cdot m^{-3}}$);KH_{COD} 为化学需氧量氧化的溶解氧半饱和常数($\mathrm{g \cdot m^{-3}}$);$KCOD$ 为化学需氧量的氧化速率(d^{-1});$BFCOD$ 为沉积物-水界面的化学需氧量通量($\mathrm{g \cdot m^{-2} \cdot d^{-1}}$),仅出现在底层;$WCOD$ 为化学需氧量的外部负荷($\mathrm{g \cdot d^{-1}}$)。

采用指数函数反映温度对化学需氧量氧化时的影响:

$$KCOD = K_{CD} \cdot \exp\left[KT_{COD}(T - TR_{COD})\right] \tag{8.6.2}$$

式中:K_{CD} 表示温度为 TR_{COD} 时的化学需氧量氧化速率(d^{-1});KT_{COD} 表示温度对化学需氧量氧化的影响因子($^\circ\mathrm{C}^{-1}$);TR_{COD} 表示化学需氧量氧化的参考温度($^\circ\mathrm{C}$)。

8.6.2 溶解氧

水相中溶解氧的源和汇包括(见图8.6.1):藻类的光合作用产氧和呼吸作用耗氧,硝化作用耗氧,溶解性有机碳的异养呼吸耗氧,COD耗氧,水体表层复氧,底层沉积物耗氧(仅存在于最底层水体),外部负荷。

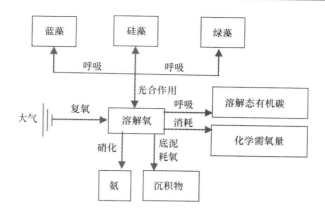

图 8.6.1　溶解氧的循环过程示意

描述这些过程的动力学方程为

$$\frac{\partial DO}{\partial t} = \sum_{x=c,d,g,m} \left[(1.3 - 0.3 \cdot PN_x)P_x - (1 - FCD_x)\frac{DO}{KHR_x + DO}BM_x \right] AOCR \cdot B_x$$

$$- AONT \cdot Nit \cdot NH4 - AOCR \cdot K_{HR} \cdot DOC - \frac{DO}{KH_{COD} + DO}KCOD \cdot COD$$

$$+ K_r(DO_s - DO) + \frac{SOD}{\Delta z} + \frac{WDO}{V} \qquad (8.6.3)$$

式中：$AONT$ 为单位氨氮硝化消耗的溶解氧；$AOCR$ 为呼吸作用所消耗的溶解氧与碳比率；K_r 为大气复氧系数(d^{-1})，复氧项仅存在于表层水体；DO_s 为溶解氧在水中的饱和浓度($g \cdot m^{-3} \cdot d^{-1}$)；$SOD$ 为沉积物需氧量($g \cdot m^{-2} \cdot d^{-1}$)，仅存在于底层水体，其值为负值；$WDO$ 为溶解氧的外部负荷($g \cdot d^{-1}$)。藻类、硝化作用和表面复氧作用对溶解氧浓度的影响按照如下方式确定。

（1）藻类对溶解氧的影响

式(8.6.3)右端第一项表示藻类对溶解氧的影响。藻类通过光合作用产氧，并通过呼吸作用耗氧。产氧量决定于藻类生长过程中氮的利用形式，化学方程式为

$$106CO_2 + 16NH_4^+ + H_2PO_4^- + 106H_2O \rightarrow protoplasm + 106O_2 + 15H^+ \quad (8.6.4)$$

$$106CO_2 + 16NO_3^- + H_2PO_4^- + 122H_2O + 17H^+ \rightarrow protoplasm + 138O_2 \quad (8.6.5)$$

当氨是氮源时，每固定 1 mol 二氧化碳可以生产 1 mol 氧气。当硝酸盐是氮源时，固定 1 mol 二氧化碳可以生产 1.3 mol 氧气。式(8.6.3)中的 $(1.3 - 0.3 \cdot PN_x)$ 为光合作用比，代表每固定 1 mol 二氧化碳可以制造氧气的量。当藻类对于氨的偏好系数趋近 1 时，光合作用比也会趋近于 1。

藻类呼吸过程的化学方程式为

$$CH_2O + O_2 = CO_2 + H_2O \qquad (8.6.6)$$

（2）硝化作用对溶解氧的影响

硝化反应的化学计算反应式[式(8.5.24)]表明 1 mol 氨硝化为硝酸盐需要 2 mol 氧气。但是式(8.5.24)并非完全准确,硝化细菌的细胞合成过程是通过固定二氧化碳完成,利用 1 mol 氨实际消耗的氧气不超过 2 mol,因此呼吸作用所消耗的溶解氧与碳比率 $AOCR$ 为 2.67。

（3）表面复氧对溶解氧的影响

溶解氧在气－液界面的复氧速率与界面间氧梯度[$DO_s - DO$ (假定空气中氧气饱和)]成正比。当温度和盐度增高时,溶解氧的饱和浓度也随之增高,采用如下经验公式给定:

$$DO_s = 14.553\,2 - 0.382\,17 \cdot T + 5.425\,8 \times 10^{-3} \cdot T^2$$
$$- CL \cdot (1.665 \times 10^{-4} - 5.866 \times 10^{-6} \cdot T + 9.796 \times 10^{-8} \cdot T^2) \quad (8.6.7)$$

式中:CL 为氯化物浓度,可以根据水体的盐度得到。若采用氯化物浓度单位 mg/L,则 $CL = S/1.806\,55$ 。

复氧系数包括底部摩擦和表层风应力导致的紊动特性影响:

$$K_r = \left(K_{ro} \sqrt{\frac{u_{eq}}{h_{eq}}} + W_{rea} \right) \frac{1}{\Delta z} \cdot KT_r^{T-20} \quad (8.6.8)$$

式中:K_{ro} 为比例系数,当采用国际单位制时为 3.933;u_{eq} 为断面的加权平均速度;h_{eq} 为断面的加权平均深度(m)(断面面积除以水面宽度);KT_r 为溶解氧复氧速率温度调整常数;W_{rea} 为风致复氧(m·d^{-1})。

$$u_{eq} = \sum u_k V_k / \sum V_k \quad (8.6.9)$$

$$h_{eq} = \sum V_k / B_\eta \quad (8.6.10)$$

$$W_{rea} = 0.728 U_w^{1/2} - 0.317 U_w + 0.037\,2 U_w^2 \quad (8.6.11)$$

式中:U_w 为表面 10 m 高度的风速(m·s^{-1});B_η 为自由表面宽度(m);V_k 表示速度 u_k 对应的水体体积。

8.7　总活性金属

由于活性金属是磷和硅的吸附体,因此总活性金属也是数学模型的模拟变量。本节总活性金属浓度为铁和锰浓度之和,既包括颗粒态也包括溶解态。总活性金属主要源自底泥沉积物中的释放,此外颗粒态部分也会发生沉降。包括考虑外部负荷时,总活性金属动力学方程如下:

$$\frac{\partial TAM}{\partial t} = \frac{KHbmf}{KHbmf + DO} \frac{BFTAM}{\Delta z} e^{Ktam(T-Ttam)} + \frac{\partial}{\partial Z}(WS_s \cdot TAMp) + \frac{WTAM}{V} \quad (8.7.1)$$

$$TAM = TAMd + TAMp \tag{8.7.2}$$

式中: TAM 为总活性金属浓度 ($mol \cdot m^{-3}$); $TAMd$ 为溶解态总活性金属 ($mol \cdot m^{-3}$); $TAMp$ 为颗粒态总活性金属 ($mol \cdot m^{-3}$); $BFTAM$ 为缺氧条件下总活性金属释放速率 ($mol \cdot m^{-2} d^{-1}$)(仅存在于底层); $KHbmf$ 为在达到缺氧条件下总活性金属释放率 $BFTAM$ 一半时对应的溶解氧浓度 ($g \cdot m^{-3}$); $Ktam$ 为温度对沉积物释放总活性金属的影响参数 ($^{\circ}C^{-1}$); $Ttam$ 为沉积物释放总活性金属的参考温度 ($^{\circ}C$); WS_s 为颗粒态金属的沉降速率 ($m \cdot d^{-1}$); $WTAM$ 为总活性金属的外部负荷量 ($mol \cdot d^{-1}$)。

　　在河口地区,铁和锰以颗粒态还是以溶解态形式存在取决于溶解氧浓度。在溶解氧充足时,大部分铁和锰以颗粒态存在,而在缺氧条件下,虽然有固相硫化物和碳酸盐存在甚至占主导地位,但是大部分活性金属仍为溶解态。总活性金属在颗粒态和溶解态之间的分配基于如下假定:总活性金属只有在浓度大于特定临界浓度值时才会析出为颗粒态(图 8.4.1),该临界浓度值为溶解氧的函数:

$$TAMd = \min[TAMdmx \cdot \exp(-Kdotam \cdot DO), TAM] \tag{8.7.3}$$

$$TAMp = TAM - TAMd \tag{8.7.4}$$

式中: $TAMdmx$ 为无氧状态下总活性金属析出时临界浓度值 ($mol \cdot m^{-3}$); $Kdotam$ 为总活性金属析出时临界浓度值和溶解氧之间的相关常数 ($g \cdot m^{-3}$)。

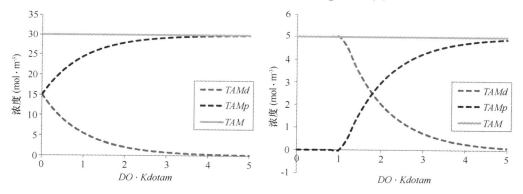

图 8.4.1　总活性金属在颗粒相与溶解相之间的分配

左图: $TAM > TAMdmx$;右图: $TAM < TAMdmx$

8.8　粪大肠杆菌

　　粪大肠杆菌是源于人类和其他动物肠道内的有机体含量的指标,可以作为衡量公众健康的指示细菌。模型中粪大肠杆菌与其他状态变量没有考虑相互间的作用,只有一项汇,即死亡。考虑外部负荷的动力学方程式为

$$\frac{\partial FCB}{\partial t} = -KFCB \cdot TFCB^{T-20} \cdot FCB + \frac{WFCB}{V} \tag{8.8.1}$$

式中：FCB 为细菌浓度（MPN per 100 ml）；$KFCB$ 为温度为 20℃ 时一级反应速率（d^{-1}）；$TFCB$ 为温度对细菌降解的影响（℃$^{-1}$）；$WFCB$ 为大肠杆菌的外部负荷（MPN per 100 ml m^3 d^{-1}）。

8.9　求解方法

在生态模型中，为了减少问题的复杂性，常将水质参数的求解分为两步：第一步，求解输移扩散的物理作用对水质参数的影响；第二步，在物理作用的基础上增加本章所提到生物、化学、沉降等作用引起的源（汇）项影响。输移扩散的计算方法前面章节多有论述，本节介绍第二步求解的常用方法。将所有水质变量记为向量 C，将源（汇）项记作向量 S，即对于动力学方程 $\dfrac{\mathrm{d}C}{\mathrm{d}t} = S$ 的求解。

动力学方程求解中，可以采用显格式也可以采用隐格式。当采用显格式时，则有：

$$C^{n+1} = C^n + \Delta t \cdot S^n \tag{8.9.1}$$

当采用隐格式时，差分形式为

$$C^{n+1} = C^n + \Delta t \cdot S^{n+1} \tag{8.9.2}$$

其中，源项 S 为关于水质参数向量 C 的函数。为了简化方程求解，将其中的非线性项线性化后，可以写作如下形式：$S = AC + R$，其中 A 为方阵，向量 R 为源（汇）项中与水质参数无关的部分。

$$C^{n+1} = C^n + \Delta t \cdot (A \cdot C^{n+1} + R) \tag{8.9.3}$$

故有：

$$C^{n+1} = (E - \Delta t \cdot A)^{-1}(C^n + \Delta t R) \tag{8.9.4}$$

式中：E 为单位矩阵；A、R 中元素如涉及水质变量皆采用已知时刻的值计算。

当水域在垂向分为若干层，并且由于沉降作用存在各层之间的相互影响时，可以将每层记作一个水质参数向量 C_k。下标 k 表示单元位于垂向第 k 层，指标 k 由上向下增加，$k = 1$ 为最表层，$k = k_{\max}$ 为底层。由于沉降作用，总是上层单元的水体对下层单元产生影响，因此有：

$$C_k^{n+1} = C_k^n + \Delta t \cdot (A_k \cdot C_k^{n+1} + R_k), \quad k = 1; \tag{8.9.5}$$

$$C_k^{n+1} = C_k^n + \Delta t \cdot (A_k \cdot C_k^{n+1} + R_k) + \Delta t \cdot \widetilde{A}_k \cdot C_{k-1}^{n+1}, \quad k > 1 \tag{8.9.6}$$

式中：R_k 分别为源（汇）项中与第 k 层水质参数无关的部分；A_k 为源（汇）项中与第 k 层水质参数相关部分的系数矩阵；$\Delta t \cdot \widetilde{A}_k \cdot C_{k-1}^{n+1}$ 为上层沉降进入本层的源项，其中 $\widetilde{A}_k$ 为对角阵。求解时，由上层向下层逐步求解可以避免不同层之间耦合求解的复杂性：

$$C_k^{n+1} = (E - \Delta t A_k)^{-1}(C_k^n + \Delta t R_k), \quad k = 1 \tag{8.9.7}$$

$$C_k^{n+1} = (E - \Delta t A_k)^{-1}(C_k^n + \Delta t R_k + \Delta t \widetilde{A}_k \cdot C_{k-1}^{n+1}), \quad k > 1 \tag{8.9.8}$$

式(8.9.7)和式(8.9.8)中,状态变量可以通过适当的顺序求解,以避免矩阵求逆。除了显格式和隐格式外,也可以采用加权平均格式,具体解法此处不再列出。

附录1　矩阵特征值和向量、矩阵范数

1　矩阵的特征值

定义：设 $A \in \mathbf{C}^{n \times n}$，如果存在 $\lambda \in \mathbf{C}$ 和非零向量 $x = (x_1, x_2, \cdots, x_n)^{\mathrm{T}} \in \mathbf{C}^n$，使得

$$Ax = \lambda x \qquad\qquad (a.1.1)$$

则称 λ 为矩阵 A 的特征值；x 为 A 的属于特征值 λ 的特征向量。

定理：设 $A \in \mathbf{C}^{n \times n}$，其特征值 λ 满足关系式 $|A - \lambda E| = 0$，其中 E 为 n 阶单位矩阵即对角线元素为 1，其他元素为 0。特征值 λ 对应的特征向量为 $(A - \lambda E)x = 0$ 的非零解向量。

根据该定理可知，求特征值的问题即为解方程 $|A - \lambda E| = 0$；求特征向量的问题即求方程 $(A - \lambda E)x = 0$ 非零解的问题。

2　向量的范数

向量范数是用来描述向量大小的一种度量。

定义：如果 V 是数域 P 上的线性空间，且对于 V 中任意一个向量 x，均对应一个实值函数 $\|x\|$，该函数满足：

（1）非负性：当 $x \neq 0$ 时，$\|x\| > 0$；当且仅当 $x = 0$ 时，$\|x\| = 0$。

（2）齐次性：$\|kx\| = |k| \cdot \|x\|$，$k \in P$。

（3）三角不等式：$\|x + y\| \leqslant \|x\| + \|y\|$，$x, y \in V$。

则称该实值函数 $\|x\|$ 为 V 上向量 x 的范数（norm）。

定理：对于任意向量 $x = (x_1, x_2, \cdots, x_n)^{\mathrm{T}} \in \mathbf{R}^n$，实值函数：

$$\|x\|_p = \Big(\sum_{i=1}^n |x_i|^p \Big)^{\frac{1}{p}} \qquad (1 \leqslant p < +\infty) \qquad (a.1.2)$$

可以定义为 R^n 上的向量范数，$\|x\|_p$ 称为向量 x 的 p - 范数或 l_p 范数。

3　矩阵范数和算子范数

定义：对于任意矩阵 $A \in \mathbf{C}^{m \times n}$，对应一个实值函数 $\|A\|$，该函数满足：

（1）非负性：当 $A \neq 0$ 时，$\|A\| > 0$；当且仅当 $A = 0$ 时，$\|A\| = 0$。

（2）齐次性：$\|kA\| = |k| \cdot \|A\|$，$k \in \mathbf{C}$。

（3）三角不等式：$\|A + B\| \leqslant \|A\| + \|B\|$，$A, B \in \mathbf{C}^{m \times n}$。

（4）相容性，当矩阵 A、B 乘积 AB 有意义时，$\|AB\| \leqslant \|A\| \|B\|$，$A, B \in \mathbf{C}^{m \times n}$。

则称 $\|A\|$ 为矩阵 A 的范数（norm）。

定义：设 $A \in \mathbf{C}^{m \times n}$，$x \in \mathbf{C}^n$，如果取定的向量范数 $\|x\|$ 和矩阵范数 $\|A\|$ 满足不等式

$$\|Ax\| \leqslant \|A\| \cdot \|x\| \tag{a.1.3}$$

则称矩阵范数 $\|A\|$ 和向量范数 $\|x\|$ 是相容的。本书中所采用的矩阵范数与向量范数总是相容的。

定理：设 $A \in \mathbf{C}^{m \times n}$，$x = (x_1, x_2, \cdots, x_n)^{\mathrm{T}} \in \mathbf{C}^n$，且在 C^n 中规定了向量的某种范数 $\|x\|$，则与向量范数 $\|x\|$ 相容的矩阵范数可以取作 $\|x\| = 1$ 条件下的范数最大值，即

$$\|A\| = \max_{\|x\|=1} \|Ax\| \tag{a.1.4}$$

以上方式定义的矩阵范数称为算子范数或向量范数的从属范数。

4　谱半径

定义：设 $A \in \mathbf{C}^{n \times n}$，$\lambda_1, \lambda_2, \cdots, \lambda_n$ 为矩阵 A 的特征值，谱半径为

$$\rho(A) = \max_i |\lambda_i| \tag{a.1.5}$$

谱半径的几何意义为：以原点为圆心，能够包含 A 的全部特征值的最小圆的半径。

定理（特征值上界定理）：对任意矩阵 $A \in \mathbf{C}^{n \times n}$，总有 $\rho(A) \leqslant \|A\|$，即 A 的谱半径 $\rho(A)$ 不大于 A 的任何一种范数。

附录 2 傅里叶级数

1 傅里叶系数

对于以 2π 为周期的函数 f,假定:

(1)可以展开成三角级数:

$$f(x) = \frac{a_0}{2} + \sum_{n=1}^{+\infty} (a_n \cos nx + b_n \sin nx) \qquad (a.2.1)$$

(2)上式右端级数在 $[-\pi, \pi]$ 上一致收敛,则有:

$$\begin{cases} a_n = \dfrac{1}{\pi} \displaystyle\int_{-\pi}^{\pi} f(x) \cos nx \mathrm{d}x, n = 0,1,2,\cdots \\ b_n = \dfrac{1}{\pi} \displaystyle\int_{-\pi}^{\pi} f(x) \sin nx \mathrm{d}x, n = 1,2,\cdots \end{cases} \qquad (a.2.2)$$

对于更一般的以 T 为周期的函数 f,假定:

(1)可以展开成三角级数:

$$f(x) = \frac{a_0}{2} + \sum_{n=1}^{+\infty} (a_n \cos n\omega x + b_n \sin n\omega x) \qquad (a.2.3)$$

式中: $\omega = \dfrac{2\pi}{T}$ 称为圆频率。

(2)式(a.2.3)右端级数在 $\left[-\dfrac{T}{2}, \dfrac{T}{2}\right]$ 上一致收敛,则有:

$$\begin{cases} a_n = \dfrac{2}{T} \displaystyle\int_{-T/2}^{T/2} f(x) \cos n\omega x \mathrm{d}x, n = 0,1,2,\cdots \\ b_n = \dfrac{2}{T} \displaystyle\int_{-T/2}^{T/2} f(x) \sin n\omega x \mathrm{d}x, n = 1,2,\cdots \end{cases} \qquad (a.2.4)$$

定义:设 f 在 $\left[-\dfrac{T}{2}, \dfrac{T}{2}\right]$ 上可积,式(a.2.4)中 $a_n(n = 0,1,2,\cdots)$, $b_n(n = 1,2,\cdots)$

称为傅里叶系数, $\dfrac{a_0}{2} + \sum\limits_{n=1}^{+\infty} (a_n \cos n\omega x + b_n \sin n\omega x)$ 称为 f 的傅里叶级数,记为

$$f(x) \sim F(f) = \frac{a_0}{2} + \sum_{n=1}^{+\infty} (a_n \cos n\omega x + b_n \sin n\omega x) \qquad (a.2.5)$$

2 傅里叶级数收敛性判断

设以 T 为周期的函数 f 在区间 $\left[-\dfrac{T}{2}, \dfrac{T}{2}\right]$ 上分段单调,且在该区间上至多有有限个

第一类间断点,则式(a.2.5)中函数的傅里叶级数 $F(f)$ 和函数 f 的关系为

$F(f) = f(x)$, x 是连续点;

$F(f) = \dfrac{f(x-0)+f(x+0)}{2}$, x 是间断点;

$F(f) = \dfrac{f\left(\dfrac{T}{2}-0\right)+f\left(-\dfrac{T}{2}+0\right)}{2}$, x 是端点。

3　傅里叶级数的复数形式

设以 T 为周期的函数 f 在 $\left[-\dfrac{T}{2},\dfrac{T}{2}\right]$ 上可积,则由 f 导出的傅里叶级数的复数形式为

$$F(f) = \sum_{n=-\infty}^{n=+\infty} c_n e^{In\omega t} \tag{a.2.6}$$

式中: $\omega = \dfrac{2\pi}{T}$, $I = \sqrt{-1}$, $c_n = \displaystyle\int_{-T/2}^{T/2} f(t)\cdot e^{-In\omega t}\mathrm{d}t$, $n \in Z$ 。

在信息处理中,以 T 为周期的信息函数 $f(t)$,第 n 次谐波为 $a_n\cos n\omega x + b_n\sin n\omega x$,振幅为 $A_n = \sqrt{a_n^2+b_n^2}$ 。在复数形式中,第 n 次谐波为 $c_n e^{In\omega t} + c_{-n} e^{-In\omega t}$,其中 $c_n = \dfrac{1}{2}(a_n - Ib_n)$, $c_{-n} = \dfrac{1}{2}(a_n + Ib_n)$, $|c_n| = |c_{-n}| = \dfrac{1}{2}\sqrt{a_n^2+b_n^2} = \dfrac{1}{2}A_n$ 。

附录3 FORTRAN语言简介

FORTRAN,是英文"FORmula TRANslator"的缩写,译为"公式翻译器",它是世界上最早出现的计算机高级程序设计语言,广泛应用于科学和工程计算领域。FORTRAN 语言以其特有的功能在数值、科学和工程计算领域发挥着重要作用。

1 FORTRAN77 四则运算符

加,减,乘,除,乘方五种运算的符号分别为:$+$,$-$,$*$,$/$,$**$。

在表达式中按优先级次序由低到高为:$+$或$-$ < $*$或$/$ < $**$ < 函数 < ()。

2 FORTRAN77 变量类型

2.1 隐含约定:I—N 规则

凡是以字母 I,J,K,L,M,N 六个字母开头的变量,即认为是整型变量,其他为实型变量。

2.2 用类型说明语句确定变量类型:可以改变 I—N 规则

数据类型	相关说明
INTEGER	整型
REAL	实型
DOUBLE PRECISION	双精度实型
COMPLEX	复型,赋值形式为(实部,虚部),如 $D=(8.76E+0.5,-67.8E-3)$,如果含表达式则用 CMPLX,如 $C=CMPLX(3.0*A,6.0+B)$
LOGICAL	逻辑型,逻辑常量有"T"和"F","T"表示".TRUE.","F"表示".FALSE."
CHARACTER * N	字符型,N 为字符串长度,可以在变量名称后重新指定长度,如 CHARACTER *8 STR1,STR2 *10,赋值形式为 STR2 = I'M A BOY.'

2.3 用 IMPLICIT 语句将某一字母开头的全部变量指定为所需类型

如 IMPLICIT REAL (I,J)。

三种定义的优先级别由低到高顺序为:I—N 规则→IMPLICIT 语句→类型说明语句,因此,在程序中 IMPLICIT 语句应放在类型说明语句之前。

2.4　数组的说明与使用

使用 I—N 规则时用 DIMENSION 说明数组,也可在定义变量类型同时说明数组,说明格式为:数组名(下标下界,下标上界),也可省略下标下界,此时默认为 1,例:

```
#        DIMENSION IA(0:9),ND(80:99),W(3,2),NUM( -1:0),A(0:2,0:1,0:3)
#        REAL IA(10),ND(80:99)
```

使用隐含 DO 循环进行数组输入输出操作:例如

```
#        WRITE( * ,10) ('I = ',I,'A = ',A(I),I = 1,10,2)
#10      FORMAT(1X,5(A2,I2,1X,A2,I4))
```

语句中"#"表示语句的起始位置,"#"后为正式部分,以下同。

2.5　使用 DATA 语句给数组赋初值

变量表中可出现变量名,数组名,数组元素名,隐含 DO 循环,但不许出现任何形式的表达式:例如

```
#        DATA A,B,C/ - 1.0, - 1.0, - 1.0/
#        DATA A/ - 1.0/,B/ - 1.0/,C/ - 1.0/
#        DATA A,B,C/3 * - 1.0/CHARACTER * 6 CHN(10)
#        DATA CHN/10 * '        '/INTEGER NUM(1000)
#        DATA (NUM(I),I = 1,500)/500 * 0/,(NUM(I),I = 501,1000)/500 * 1/
```

3　FORTRAN77 程序书写规则

程序中的变量名,不分大小写,例如:变量 A 和 a 将视为同一个变量;

变量名称是以字母开头再加上 1~5 位字母或数字构成的,即变更名字串中只有前 6 位有效;

一行只能写一个语句;

某行的第 1 个字符至第 5 个字符位为标号区,只能书写语句标号或空着或注释内容;

某行的第 1 个字符为 C 或 * 号时,则表示该行为注释行,其后面的内容为注释内容;

某行的第 6 个字符位为非空格和非 0 字符时,则该行为上一行的续行,一个语句最多可有 19 个续行,为了使续行符不易和语句内容混淆,常采用" $ "等非常用字符作续行符;

某行的第 7 至 72 字符位为语句区,语句区内可以任加空格以求美观;

某行的第 73 至 80 字符位为注释区,80 字符位以后不能有内容。

4 FORTRAN77 关系运算符

运算符	. GT.	. GE.	. LT.	. LE.	. EQ.	. NE.
含义	大于	大于等于	小于	小于等于	等于	不等于
运算符	. AND.	. OR.	. NOT.	. EQV.	. NEQV.	
含义	逻辑与	逻辑或	逻辑非	逻辑等	逻辑不等	

运算符优先级由高到低顺序为：( ) < $**$ < $*$ 或 / < + 或 $-$ < . GT. 或 . GE. 或 . LT. 或 . LE. 或 . EQ. 或 . NE. < . NOT. < . AND. < . OR. < . EQV. 或 . NEQV

5 FORTRAN77 语句

语句	说明	备注
WRITE（$*$，$*$）X1，X2	输出语句	第一个 $*$ 号是指输入输出文件设备号或其他设备，如果不指定则是指显示器或打印机，第二个 $*$ 号是指表控格式语句的行号，如不指定则用默认格式
READ $*$，X1，X2	输入语句	$*$ 号是指表控格式语句的行号，如不指定则用默认格式
FORMAT（格式符）	见后文	
END	结束程序或子程序	
STOP［N］	结束程序并输出信息［N］	［N］为数字或字符串信息
PAUSE［N］	暂停程序执行并输出信息［N］，输入回车后继续执行	［N］为数字或字符串信息
PARAMETER（PI = 3. 14）	参数语句，用来定义常量，在程序中应放在类型说明语句之后	
EQUIVALENCE（变量表）	等价语句，( )内变量共用一个存储单元	EQUIVALENCE(X1，X2，…，XN)，(X1，X2，…，XN)，…
COMMON X1，…	公用语句，其后变量相等，用来在程序单位间传递数据，同时可以用来说明数组。程序中可有一个无名公用区和多个有名公用区	无名公用区：在主程序各子程序中相同，均在可执行语句之前，如 COMMON A(5)，I 有名公用区：名称放在两个"/"之间，如 COMMON/C1/X4，X5，X6

续表

语句	说明	备注
OPEN（说明项 1）	打开旧文件或创建新文件	说明项 1 中内容：UNIT = N，FILE = NAM，STATUS = STR1，ACCESS = STR2，FORM = STR3，RECL = C，BLANK = STR4，ERR = BH，IOSTAT = M 其中： 1. N = 1 ~ 99； 2. NAM 为文件名,可以是字符常量或变量； 3. STR1 = ′NEW′时新建文件；′OLD′时打开文件；′SCRATCH′时表示临时文件,关闭时自动删除,且不能与 FILE = NAM 项共存；′UNKNOWN′时由计算机系统规定文件状态； 4. STR2 为文件存取方式,′SEQUENTIAL′表示顺序存取,′DIRECT′表示直接存取,省略此项时表示按顺序存取； 5. STR3 为记录格式说明,′FORMATTED′表示记录按有格式形式存放,′UNFORMATTED′表示记录按无格式形式存放。省略此项时,对于顺序文件是有格式的,对于直接存取文件是无格式的； 6. C 表示记录长度,以字节为单位,直接存取文件必指定,顺序文件必省略； 7. STR4 表示数字值格式输入字段中空格含意,′NULL′时表示忽略不计,′ZERO′时表示按 0 计。省略此项时按 0 计； 8. BH 表示出错时处理语句行标号,可以省略此项； 9. M 为整数,出错时返回该整数,可以省略此项。
CLOSE（说明项 2）	关闭已打开文件	说明项 2 中内容：UNIT = N,STATUS = STR5,ERR = BH,IOSTAT = M 　其中 STR5 为文件关闭状态,′KEEP′时保留,′DELETE′删除,省略此项时为保留； ERR = BH,IOSTAT = M 可以省略
REWIND（说明项 3）	将文件读写指针置于文件开头	说明项 3 中内容：UNIT = N,ERR = BH,IOSTAT = M ERR = BH,IOSTAT = M 可以省略
BACKSPACE（说明项 3）	将文件读写指针回退一行	

6　FORTRAN77 选择判断语句

（1）逻辑 IF 语句

IF（逻辑表达式）程序语句

（2）无 ELSE 块

IF（逻辑表达式）THEN

程序块

END IF

（3）标准选择

IF（逻辑表达式）THEN

程序块 1

ELSE

程序块 2

END IF

（4）多重选择块

IF（逻辑表达式 1）THEN

程序块 1

ELSE IF（逻辑表达式 2）THEN

程序块 2

ELSE IF（逻辑表达式 2）THEN

程序块 2

……

ELSE IF（逻辑表达式 N）THEN

程序块 N

ELSE

程序块 N + 1

END IF

7 FORTRAN77 循环语句

（1）GO TO 语句

标号程序行

程序块

GO TO 标号

（2）DO 语句

"DO 标号, 记数变量 = 起始值, 终止值, 步距"语句, 如

DO 标号, N = 1, 100, 1

程序块

标号 CONTINUE

（3）DO WHILE 语句

DO 标号，WHILE(PI. EQ. 3. 14159)

程序块

标号 CONTINUE

（4）DO UNTIL 语句

"DO 标号，UNTIL（逻辑表达式）"语句,如

DO 标号,UNTIL(PI. GT. 3. 14159)

程序块

标号 CONTINUE

8　FORTRAN77 内部函数

函数	说明
INT(X)	将数字串或数值 X 转换为整型数
REAL(X)	将数字串或数值 X 转换为实型数
DBEL(X)	将数字串或数值 X 转换为双精度型数
CMPLX(X)	将数字串或数值 X 转换为复型数
CHAR(X)	将数值 X 转换为字符($0 \leqslant X \leqslant 255$)
ICHAR(X)	将字符 X 转换为整数
AINT(X)	截去 X 的小数部分
ANINT(X)	将 X 舍入到最接近的整数,函数值为实型数
NINT(X)	将 X 舍入到最接近的整型数,函数值为整型数
ABS(X)	返回 X 的绝对值
MOD(X1,X2)	返回 X1/X2 的余数,其中 X1、X2 均为整型数
SIGN(X1,X2)	取 X2 的符号,取 X1 的绝对值
DIM(X1,X2)	当 X1 > X2 时,等于 X1 - X2,当 X1 $\leqslant$ X2 时,等于 0
DPROD(X1,X2)	双精度乘(X1,X2 均为实数)
AIMAG(X)	返回字符串 X 的虚部
CONJG(X)	返回字符串 X 的共轭
MAX(X1,X2,X3,…,XN)	返回 X1,X2,X3,…,XN 中最大值
MIN(X1,X2,X3,…,XN)	返回 X1,X2,X3,…,XN 中最小值
SQRT(X)	返回 X 的平方根($X \geqslant 0$)
EXP(X)	返回 E 的 X 次方
LOG(X)	返回以 E 为底的 X 的对数即自然对数(X > 0)
LOG10(X)	返回以 10 为底的 X 的对数即常用对数(X > 0)
SIN(X)	返回弧度值 X 的正弦值
COS(X)	返回弧度值 X 的余弦值

函数	说明
TAN(X)	返回弧度值 X 的正切值
ASIN(X)	返回弧度值 X 的反正弦值
ACOS(X)	返回弧度值 X 的反余弦值
ATAN(X)	返回弧度值 X 的反正切值
SINH(X)	返回 X 的双曲正弦值
COSH(X)	返回 X 的双曲余弦值
TANH(X)	返回 X 的双曲正切值
LEN(X)	返回字符串 X 的长度
INDEX(X1,X2)	返回字符串 X2 在字符串 X1 中的位置,不包含时返回 0
LGE(X1,X2)	如果字符串 $X1 \geqslant X2$ 则等于 . TRUE. ,否则等于 . FALSE.
LGT(X1,X2)	如果字符串 $X1 > X2$ 则等于 . TRUE. ,否则等于 . FALSE.
LLE(X1,X2)	如果字符串 $X1 \leqslant X2$ 则等于 . TRUE. ,否则等于 . FALSE.
LLT(X1,X2)	如果字符串 $X1 < X2$ 则等于 . TRUE. ,否则等于 . FALSE.

9　FORTRAN77 函数与子程序

（1）FORTRAN77 语句函数

当函数十分简单,用一条语句足以定义时(允许使用继续行)才用,其位置应该放在所有可执行语句之前和有关类型说明语句之后,是非执行语句。语句函数只在其所在程序单位中有意义。此外,语句函数中的虚参就是变量名,不能是常量、表达式或数组元素等,语句函数定义语句中的表达式可以包含已经定义过的语句函数、外部函数或内部函数。

语句函数通过表达式得一个函数值,此数值类型必须与函数名的类型一致。语句函数的使用同内部函数相同。语句函数例子:

$$YMJ(R) = 3.14159265 * R * R$$

$$ZMJ = YMJ(5)$$

（2）FORTRAN77 自定义函数

定义格式:

类型说明 FUNCTION 函数名（虚拟参数 1,虚拟参数 2,…,虚拟参数 N）

程序块（可以含有 RETURN）

函数名 = 函数值

END

调用格式与内部函数相同。

（3）FORTRAN77 子程序

定义格式：

SUBROUTINE 子程序名(虚拟参数 1,虚拟参数 2,…,虚拟参数 N)

程序块(可以含有 RETURN)

END

调用格式：

CALL 子程序名(实在参数 1,实在参数 2,…,实在参数 N)

数据块子程序：只是用来给有名公用区中的变量赋初值,格式如下：

BLOCK DATA 子程序名

DATA 语句块

END

10　FORTRAN77 控制输入输出格式

（1）在打印输出时,每一行第 1 个字符不显示,用来控制纵向走纸或显示行。

第 1 个字符	作用
空格	正常回车换行
0	回车并跳过 1 行
1	换页
+	只回车不换行
其他	通常是回车换行

（2）输入小数时,自带小数点优先。

（3）输出字段宽度不够时用 * 号填充。

（4）FORTRAN77 控制输入输出常用格式

输出数据格式	数据类型	数据输出格式说明
IW 或 IW. M	整数型	W 为字段宽度,M 为最少数字位数
FW. D	实数型	D 为小数位数
EW. D 或 EW. DEE	指数实数型	E 指数位数,通常为 3 或 4
GW. M	自动实数型	
DW. D	双精度型	
LW	逻辑型	
A 或 AW	字符型	不指定 W 时自动
'字符串'	插入字符串	两个'表示一个字符'
IW 或 IW. M	整数型	W 为字段宽度,M 为最少数字位数

附录4　牛顿流体的本构方程

1　流体的黏滞性和牛顿内摩擦定律

流体的最基本特性是流动性,即流体不管受到多么小的切应力作用都会发生连续变形。而流体变形过程中,其内部会产生抵抗。抵抗力的大小不仅和变形大小相关,而且与变形快慢有关。流体对于外部切应力或剪切变形表现出抵抗的性质,称为流体的黏滞性。牛顿 1687 年对于图 a.4.1 所示两个很长的平行平板间简单的二维剪切流动进行了实验研究。两平板间距离为 h ,上平板以速度 U 保持匀速直线运动,而下平板保持静止。实验结果表明,附着于平板上的质点随平板运动,即上平板上质点速度为 U ,下平板上质点保持静止,两平板间的速度分布符合线性分布。

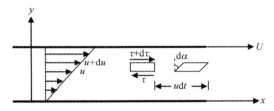

图 a.4.1　流体内部切应力示意

实验结果表明,流体内部切应力 τ 满足:

$$\tau = \mu \frac{\mathrm{d}u}{\mathrm{d}y} = v\rho \frac{\mathrm{d}u}{\mathrm{d}y} \tag{a.4.1}$$

式中: μ 、v 分别称为动力黏性系数和运动黏性系数,为流体性质所决定的物理常数,是流体抗拒变形的内摩擦的量度。

当流速在 y 方向存在梯度时,原来的矩形流体团经过时间 $\mathrm{d}t$ 后,变为平行四边形,其铅直变转角为 $\mathrm{d}\alpha$。根据图 a.4.1 中几何关系知, $\frac{\mathrm{d}u}{\mathrm{d}y} = \frac{\mathrm{d}\alpha}{\mathrm{d}t}$,前者为单位时间的切应变即切应变率,后者为单位时间的角变形即角变形率。

式(a.4.1)也称为牛顿内摩擦定律,切应力和切应变率(变形率)关系符合牛顿内摩擦定律的流体称为牛顿流体,不符合牛顿内摩擦定律的流体称为非牛顿流体。

2　流体的应变率

在某一瞬时,取流体微团,选基点 O(坐标为 x_0 , y_0 , z_0)及附近邻域内一点 M(坐标

为 $x_0 + \delta x$, $y_0 + \delta y$, $z_0 + \delta z$)。如果流速场是连续的且存在各阶导数,根据高等数学中的泰勒展开式,忽略掉二阶以上小量,M 点的三维速度矢量 $\boldsymbol{u}$ 和基点 O 的速度矢量 $\boldsymbol{u}_0$ 之间存在如下关系:

$$\boldsymbol{u} = \boldsymbol{u}_0 + \frac{\partial \boldsymbol{u}}{\partial x}\delta x + \frac{\partial \boldsymbol{u}}{\partial y}\delta y + \frac{\partial \boldsymbol{u}}{\partial z}\delta z \tag{a.4.2}$$

M 点相对于 O 点的运动速度为

$$\delta\boldsymbol{u} = \boldsymbol{u} - \boldsymbol{u}_0 = \frac{\partial \boldsymbol{u}}{\partial x}\delta x + \frac{\partial \boldsymbol{u}}{\partial y}\delta y + \frac{\partial \boldsymbol{u}}{\partial z}\delta z \tag{a.4.3}$$

也可以记为矩阵形式:

$$\begin{bmatrix} \delta u_x \\ \delta u_y \\ \delta u_z \end{bmatrix} = \begin{bmatrix} \dfrac{\partial u_x}{\partial x} & \dfrac{\partial u_x}{\partial y} & \dfrac{\partial u_x}{\partial z} \\[2mm] \dfrac{\partial u_y}{\partial x} & \dfrac{\partial u_y}{\partial y} & \dfrac{\partial u_y}{\partial z} \\[2mm] \dfrac{\partial u_z}{\partial x} & \dfrac{\partial u_z}{\partial y} & \dfrac{\partial u_z}{\partial z} \end{bmatrix} \begin{bmatrix} \delta x \\ \delta y \\ \delta z \end{bmatrix} \tag{a.4.4}$$

将上式中 3×3 矩阵分解为反对称矩阵和对称矩阵之和,上式可以改写为

$$\begin{bmatrix} \delta u_x \\ \delta u_y \\ \delta u_z \end{bmatrix} = \begin{bmatrix} 0 & \dfrac{1}{2}\left(\dfrac{\partial u_x}{\partial y} - \dfrac{\partial u_y}{\partial x}\right) & \dfrac{1}{2}\left(\dfrac{\partial u_x}{\partial z} - \dfrac{\partial u_z}{\partial x}\right) \\[3mm] \dfrac{1}{2}\left(\dfrac{\partial u_y}{\partial x} - \dfrac{\partial u_x}{\partial y}\right) & 0 & \dfrac{1}{2}\left(\dfrac{\partial u_y}{\partial z} - \dfrac{\partial u_z}{\partial y}\right) \\[3mm] \dfrac{1}{2}\left(\dfrac{\partial u_z}{\partial x} - \dfrac{\partial u_x}{\partial z}\right) & \dfrac{1}{2}\left(\dfrac{\partial u_z}{\partial y} - \dfrac{\partial u_y}{\partial z}\right) & 0 \end{bmatrix} \begin{bmatrix} \delta x \\ \delta y \\ \delta z \end{bmatrix}$$

$$+ \begin{bmatrix} \dfrac{\partial u_x}{\partial x} & \dfrac{1}{2}\left(\dfrac{\partial u_x}{\partial y} + \dfrac{\partial u_y}{\partial x}\right) & \dfrac{1}{2}\left(\dfrac{\partial u_x}{\partial z} + \dfrac{\partial u_z}{\partial x}\right) \\[3mm] \dfrac{1}{2}\left(\dfrac{\partial u_x}{\partial y} + \dfrac{\partial u_y}{\partial x}\right) & \dfrac{\partial u_y}{\partial y} & \dfrac{1}{2}\left(\dfrac{\partial u_y}{\partial z} + \dfrac{\partial u_z}{\partial y}\right) \\[3mm] \dfrac{1}{2}\left(\dfrac{\partial u_x}{\partial z} + \dfrac{\partial u_z}{\partial x}\right) & \dfrac{1}{2}\left(\dfrac{\partial u_y}{\partial z} + \dfrac{\partial u_z}{\partial y}\right) & \dfrac{\partial u_z}{\partial z} \end{bmatrix} \begin{bmatrix} \delta x \\ \delta y \\ \delta z \end{bmatrix} \tag{a.4.5}$$

上式右端第一项表示由于流体微团绕 O 点转动引起的 M 点相对于 O 点的速度,第二项表示由于流体微团的变形而形成的 M 点相对于 O 点的速度。将右端表示旋转和变形的两项分别记作:

$$\begin{bmatrix} u_{x旋转} \\ u_{y旋转} \\ u_{z旋转} \end{bmatrix} = \begin{bmatrix} 0 & -\omega_z & \omega_y \\ \omega_z & 0 & -\omega_x \\ -\omega_y & \omega_x & 0 \end{bmatrix} \begin{bmatrix} \delta x \\ \delta y \\ \delta z \end{bmatrix} \tag{a.4.6}$$

$$\begin{bmatrix} u_{x\text{变形}} \\ u_{y\text{变形}} \\ u_{z\text{变形}} \end{bmatrix} = \begin{bmatrix} \varepsilon_{xx} & \varepsilon_{xy} & \varepsilon_{xz} \\ \varepsilon_{yx} & \varepsilon_{yy} & \varepsilon_{yz} \\ \varepsilon_{zx} & \varepsilon_{zy} & \varepsilon_{zz} \end{bmatrix} \begin{bmatrix} \delta x \\ \delta y \\ \delta z \end{bmatrix} \qquad (\text{a. 4. 7})$$

其中，$\omega_x = \dfrac{1}{2}\left(\dfrac{\partial u_z}{\partial y} - \dfrac{\partial u_y}{\partial z}\right)$，$\omega_y = \dfrac{1}{2}\left(\dfrac{\partial u_x}{\partial z} - \dfrac{\partial u_z}{\partial x}\right)$，$\omega_z = \dfrac{1}{2}\left(\dfrac{\partial u_y}{\partial x} - \dfrac{\partial u_x}{\partial y}\right)$，$\varepsilon_{xx} = \dfrac{\partial u_x}{\partial x}$，

$\varepsilon_{yy} = \dfrac{\partial u_y}{\partial y}$，$\varepsilon_{zz} = \dfrac{\partial u_z}{\partial z}$，$\varepsilon_{xy} = \varepsilon_{yx} = \dfrac{1}{2}\left(\dfrac{\partial u_x}{\partial y} + \dfrac{\partial u_y}{\partial x}\right)$，$\varepsilon_{yz} = \varepsilon_{zy} = \dfrac{1}{2}\left(\dfrac{\partial u_y}{\partial z} + \dfrac{\partial u_z}{\partial y}\right)$，$\varepsilon_{xz} = \varepsilon_{zx}$

$= \dfrac{1}{2}\left(\dfrac{\partial u_z}{\partial x} + \dfrac{\partial u_x}{\partial z}\right)$。

各元素的意义参考如下。当 xoy 平面内矩形 ABCD 经时间 dt 运动至 A′B′C′D′（图 a. 4. 2），则沿 x 方向单位时间内的相对伸长：

$$\varepsilon_{xx} = \frac{\left(u_x + \dfrac{\partial u_x}{\partial x}\delta x\right)\mathrm{d}t - u_x\mathrm{d}t}{\delta x \cdot \mathrm{d}t} = \frac{\partial u_x}{\partial x}$$

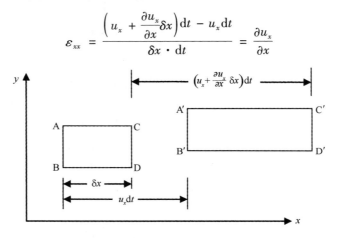

图 a. 4. 2　流体线变形示意

对于 ε_{xy} 可用图 a. 4. 3 的简单实例说明，假定 $\dfrac{\partial u_x}{\partial y} = \dfrac{\partial u_y}{\partial x} > 0$，则单位时间内流体微团在 x、y 方向的角变形分别为 $\varepsilon_{yx}\delta x$、$\varepsilon_{xy}\delta y$，结果使流体微团发生纯角变形而不发生转动（即对角线方向不变）。

对于 ω_z 也可用图 a. 4. 4 的简单实例说明，假定 $-\dfrac{\partial u_x}{\partial y} = \dfrac{\partial u_y}{\partial x} > 0$，则流体微团发生转动而不发生角变形（即形状仍为矩形）。

正因如此，$\begin{bmatrix} \varepsilon_{xx} & \varepsilon_{xy} & \varepsilon_{xz} \\ \varepsilon_{yx} & \varepsilon_{yy} & \varepsilon_{yz} \\ \varepsilon_{zx} & \varepsilon_{zy} & \varepsilon_{zz} \end{bmatrix}$ 也称为应变率张量，每一分量都表示在某一方向上的应变率。

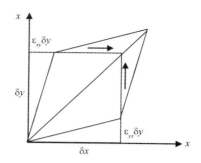

图 a.4.3　流体纯角变形示意

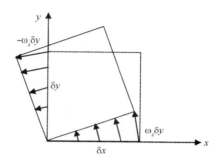

图 a.4.4　流体准刚体转动示意

由于应变率张量对应的矩阵为对称矩阵,所以有主值、主方向和坐标系旋转下的不变量。沿主方向的线应变率称为主应变率,也就是应变率张量的主值。应变率张量的第一不变量为

$$\varepsilon_v = \varepsilon_{xx} + \varepsilon_{yy} + \varepsilon_{zz} = \frac{\partial u_x}{\partial x} + \frac{\partial u_y}{\partial y} + \frac{\partial u_z}{\partial z} \qquad (\text{a.4.8})$$

由上式可知,应变率张量的第一不变量为流体体积的相对膨胀率。利用应变率张量的第一不变量可以把应变率张量分为两部分:

$$\begin{bmatrix} \varepsilon_{xx} & \varepsilon_{xy} & \varepsilon_{xz} \\ \varepsilon_{yx} & \varepsilon_{yy} & \varepsilon_{yz} \\ \varepsilon_{zx} & \varepsilon_{zy} & \varepsilon_{zz} \end{bmatrix} = \begin{bmatrix} \frac{1}{3}\varepsilon_v & 0 & 0 \\ 0 & \frac{1}{3}\varepsilon_v & 0 \\ 0 & 0 & \frac{1}{3}\varepsilon_v \end{bmatrix} + \begin{bmatrix} \varepsilon_{xx} - \frac{1}{3}\varepsilon_v & \varepsilon_{xy} & \varepsilon_{xz} \\ \varepsilon_{yx} & \varepsilon_{yy} - \frac{1}{3}\varepsilon_v & \varepsilon_{yz} \\ \varepsilon_{zx} & \varepsilon_{zy} & \varepsilon_{zz} - \frac{1}{3}\varepsilon_v \end{bmatrix}$$

$$(\text{a.4.9})$$

右侧第一项称为球形应变率张量部分,第二项称为偏斜应变率张量部分。对于不可压缩流体,$\varepsilon_v = 0$,即应变率张量只存在偏斜部分。

3　牛顿流体的变形率——本构方程

假定:(a)应变率为零即流体静止时,流体的变形率表达式退化为流体静力条件,即

$\sigma_{ij} = -p\delta_{ij}$;(b)牛顿内摩擦定律(a.4.1)可以推广至三维情况,认为流体是连续的且应力分量是对应的应变率分量的线性函数;(c)流体是各向同性的,流体的变形率表达式和坐标系的选择无关。

基于假定(a)、(c),将应力张量 σ_{ij} 也分为球形部分和偏斜部分,即

$$
\begin{bmatrix} \sigma_{xx} & \sigma_{xy} & \sigma_{xz} \\ \sigma_{yx} & \sigma_{yy} & \sigma_{yz} \\ \sigma_{zx} & \sigma_{zy} & \sigma_{zz} \end{bmatrix} = \begin{bmatrix} -p & 0 & 0 \\ 0 & -p & 0 \\ 0 & 0 & -p \end{bmatrix} + \begin{bmatrix} \sigma_{xx}+p & \sigma_{xy} & \sigma_{xz} \\ \sigma_{yx} & \sigma_{yy}+p & \sigma_{yz} \\ \sigma_{zx} & \sigma_{zy} & \sigma_{zz}+p \end{bmatrix} \quad (a.4.10)
$$

右端第一项中的 p 并不是任何方向上实际作用的压应力的大小而只是一点处压应力大小的平均值。当流体趋于静止时, p 趋于静水压强,而第二项趋于零。

对于偏斜应力张量,根据假定(b), $\sigma_{ij} + p\delta_{ij} = c\varepsilon_{ij}$ 。

当速度只在一个方向存在梯度时,以仅当 $\dfrac{\partial u_x}{\partial y} \neq 0$ 为例,

$$
\sigma_{xy} = c \frac{1}{2}\left(\frac{\partial u_x}{\partial y} + \frac{\partial u_y}{\partial x}\right) = \frac{c}{2}\frac{\partial u_x}{\partial y}
$$

上式应该退化为牛顿内摩擦定律形式,二者对比得, $c = 2\mu$,故 $\sigma_{ij} + p\delta_{ij} = 2\mu\varepsilon_{ij}$,写为分量形式:

$$
\sigma_{xx} = 2\mu\frac{\partial u_x}{\partial x} - p ; \sigma_{yy} = 2\mu\frac{\partial u_y}{\partial y} - p ; \sigma_{zz} = 2\mu\frac{\partial u_z}{\partial z} - p \qquad (a.4.11)
$$

$$
\sigma_{xy} = \sigma_{yx} = \mu\left(\frac{\partial u_x}{\partial y} + \frac{\partial u_y}{\partial x}\right) ; \sigma_{xz} = \sigma_{zx} = \mu\left(\frac{\partial u_z}{\partial x} + \frac{\partial u_x}{\partial z}\right) ; \sigma_{yz} = \sigma_{zy} = \mu\left(\frac{\partial u_y}{\partial z} + \frac{\partial u_z}{\partial y}\right)
$$

$$
(a.4.12)
$$

以上应力张量和应变率张量的关系即为牛顿流体的本构方程。对照偏斜应力张量和偏斜应变率张量,牛顿流体的变形率也可以简单地描述为偏斜应力张量与偏斜应变率张量成正比。

牛顿流体的变形律并不是一个定律,只是大量流体关于应力与变形率关系的一种合理近似。大多数条件下的气体和牛顿流体采用该变形律计算,结果比较可靠。对于非牛顿流体和塑性体则不适用牛顿流体的变形律。

附录 5 紊流模型

目前,对于紊动涡黏系数需要建立紊流模型进行求解。目前针对分层流体采用的紊流模型主要有以下类型。

1 经验公式

在大尺度水域的计算中,常结合实测资料对整个流场采用一个定值。在流场中,如果紊动应力项作用远小于对流项,这种方法所引起的误差可以接受。在数值计算中,一般情况下水平对流作用远大于水平扩散作用,扩散项主要起到改善数值计算稳定性的作用,水平紊动涡黏系数的小幅变化对计算结果影响较小。垂向涡黏系数相对重要,因为其在很大程度上决定了流速的垂向分布,取值越大,流速垂向分布越均匀。因此,为了兼顾计算精度和计算效率,在垂向和水平向可以采用不同的紊动涡黏系数。

(1)水平紊动涡黏系数

本处仅介绍一较为常用的水平扩散系数经验公式,即 Smagorinsky 公式:

$$A_M = C\Delta x\Delta y\Big[\Big(\frac{\partial u}{\partial x}\Big)^2 + \frac{1}{2}\Big(\frac{\partial u}{\partial y} + \frac{\partial v}{\partial x}\Big)^2 + \Big(\frac{\partial v}{\partial y}\Big)^2\Big]^{\frac{1}{2}} \tag{a.5.1}$$

式中:Δx、Δy 为网格尺度,C 为常数,一般介于 0.1 ~ 0.3。该公式目前应用于 POM、EFDC、FVCOM 等诸多水环境模型中。

(2)常垂向紊动涡黏系数

垂向紊动涡黏系数的经验公式一般将其设定为水深平均流速 V 或水深 D 的函数。

1)Bornet 公式:

$$K_M = K_0 + K_1|V|D, K_0 = 3\times10^{-4}(\mathrm{m}^2/\mathrm{s}) \tag{a.5.2}$$

2)Bowen 公式:

$$K_M = 0.0025|V|D \tag{a.5.3}$$

该公式多用于浅水。

3)Davis 公式:

$$K_M = 2\times10^{-5}|V|/\sigma \tag{a.5.4}$$

该公式多用于深水,多取常数 $\sigma = 10^{-4}s^{-1}$。

(3)随深度变化的垂向涡黏系数

Johns 公式:

$$K_M = K_b(1 + r\sigma)^2 \tag{a.5.5}$$

257

式中：标准化的水深 $\sigma = \dfrac{z + H}{D}$，$K_b$ 为海底 $\sigma = 0$ 的涡黏系数值，$r \approx 9$。

或

$$K_M = K_{\max} \left[\frac{1 - b}{\sigma_{\max}^2} (2\sigma_{\max} - \sigma)\sigma + b \right]^2 \qquad (\text{a.5.6})$$

式中：$K_{\max}$ 为涡黏系数的最大值；$\sigma_{\max}$ 为 $K_{\max}$ 出现的最大标准化水深；$b = K_b / K_{\max}$。

（4）分层水体的垂向涡黏系数

在分层水体中，由于垂直方向密度发生变化，为了考虑浮力效应对紊动发展的影响，还需要增加 Richardson 数 R_i。

1）Bowen & Hamilton 公式：

$$K_M = 5 + 0.0025 |\boldsymbol{V}| D (1 + 7R_i)^{-\frac{1}{4}} \qquad (\text{a.5.7})$$

式中：R_i 为深度平均的 Richardson 数。

2）Mamayev 公式：

$$K_M = K_0 e^{-mR_i} \qquad (\text{a.5.8})$$

可取 $m = 0.4 \sim 1.5$。

3）Rossby & Montgomery 公式：

$$K_M = K_0 (1 + \beta R_i)^{-\alpha} \qquad (\text{a.5.9})$$

可取 $\alpha = \dfrac{1}{2}$，$\beta = 10$。

4）PWP（Price，Weller 以及 Pickel）垂直混合方案。该方法是应用于分层水体最简单的紊流模型。PWP 模型与通常的紊流扩散混合机制不同，该模型根据水体的紊流混合物理特性，直接通过流体的不稳定条件来判断水体的混合程度。该模型将水体的混合原因分为水体的静力不稳定、混合层不稳定和流场切变不稳定。在每一时刻，判断垂直相邻的网格单元内的密度和流场是否满足其中的某一种不稳定条件。如果不稳定条件成立，那么相邻两单元内的温度则取相邻单元的平均值。自水面至水底进行反复判别，直至整个水柱内水体全部达到稳定后，再进入下一时刻的计算。该紊流模型原理简单，编制程序简单，至今仍为许多垂向一维模型所采用。该模型的缺点是仅适用于以局地混合为特性的一维情形，无法模拟沿斜坡地形流速变化所产生的不对称紊流混合结构及水平对流作用相对强的区域。

2 紊流封闭模型

该类封闭模型是将脉动值乘积的雷诺时均项与雷诺时均值或其空间导数建立经验关系。

（1）一阶（或零方程）封闭模型

Prandtl 假定：在紊流场中，与分子自由运动的平均自由程相似，存在一个距离 l'，在 l'

内流体质点保持自身的物理属性,流体质点移动 l' 后,和其他质点发生动量交换,该距离 l' 称为紊动混合长。

假定 u 仅为高度 z 的函数,当某一流体质点初始时刻位于 $u(z_1)$ 位置,其速度为 $u(z_1)$,当该质点运动到速度为 $u(z_2)$ 的 z_2 位置时,与其他质点发生动量交换,则 $l' = z_2 - z_1$ 。质点由 $u(z_1)$ 位置运动到 z_2 位置,在 z_2 位置产生的速度脉动: $u' = u(z_1) - u(z_2) = -l' \dfrac{\partial u}{\partial z}$ 。因而:

$$T_{zx} = -\overline{u'w'} = \rho \overline{l' \frac{\partial u}{\partial z} w'} = \rho \overline{l'w'} \frac{\partial u}{\partial z}$$

令 $K_M = \overline{l'w'}$,则 $T_{zx} = \rho K_M \dfrac{\partial u}{\partial z}$ 。

Prandtl 进一步假定紊动是各向同性的,即 $u' \sim v' \sim w'$ 。因为当 $l' = z_2 - z_1 > 0$ 时,必有 $w' > 0$,故设 $w' = \alpha l' \left| \dfrac{\partial u}{\partial z} \right|$,进而 $K_M = \overline{\alpha l'l'} \left| \dfrac{\partial u}{\partial z} \right| = \overline{\alpha l'l'} \left| \dfrac{\partial u}{\partial z} \right|$,令 $l^2 = \overline{\alpha l'l'}$,则有

$$K_M = l^2 \left| \frac{\partial u}{\partial z} \right| \tag{a.5.10}$$

其中, l 称为紊动混合长。

在该种假定下,确定紊动混合长 l 就成为核心问题。

固壁紊动混合长 l 修正公式:在水深较浅的情况下,可以根据固壁附近紊动混合长 l 进行修正

$$l \approx \kappa(z_0 + \sigma D) \left(1 - \frac{\sigma}{1+S}\right)^n \tag{a.5.11}$$

式中: $\sigma = \dfrac{z+H}{D}$; z_0 和 S 分别为底部粗糙高度和表面粗糙高度的相关经验参数; $n = 1$ 或 $n = \dfrac{1}{2}$; κ 为卡门常数,一般取 0.4 。

Nikuradse 公式:

$$\frac{l}{R} = 0.14 - 0.08\left(1 - \frac{y}{R}\right)^2 - 0.06\left(1 - \frac{y}{R}\right)^4 （靠近自由表面或管中心）\tag{a.5.12}$$

Van Driest 公式:

$$l = \kappa y \left[1 - \exp\left(-\frac{y}{A}\right)\right], A = A^* u \left(\frac{\tau_b}{\rho}\right)^{-\frac{1}{2}} （靠近固壁） \tag{a.5.13}$$

式中: R 为圆管半径或明渠水深; y 为距离固壁的长度; A 为阻尼系数;经验参数 $A^* \approx 26$; τ_b 为固壁切应力。

对于三维问题,显然

$$K_M = l^2 \left| \frac{\partial \vec{u}}{\partial z} \right| = l^2 \left[\left(\frac{\partial u}{\partial z} \right)^2 + \left(\frac{\partial v}{\partial z} \right)^2 \right]^{\frac{1}{2}} \qquad (a.5.14)$$

对于考虑浮力影响的模型,可以进一步引入 Richardson 数,表示为

$$K_M = l^2 \left[\left(\frac{\partial u}{\partial z} \right)^2 + \left(\frac{\partial v}{\partial z} \right)^2 \right]^{\frac{1}{2}} (1 - mR_i)^n \qquad (a.5.15)$$

或

$$K_M = l^2 \left[\left(\frac{\partial u}{\partial z} \right)^2 + \left(\frac{\partial v}{\partial z} \right)^2 \right]^{\frac{1}{2}} \exp(-mR_i) \qquad (a.5.16)$$

由于以上方法确定紊动涡黏系数时,当雷诺时均速度梯度 $\left| \frac{\partial \vec{u}}{\partial z} \right| = 0$ 时,紊动涡黏系数将为零,这与许多事实不符。

(2)一方程模型

一方程模型基于紊动强度和紊动动能呈正相关关系,建立关于紊动动能的偏微分方程,进而得到紊动涡黏系数的表达式。

紊动动能 $k = \frac{1}{2} \overline{(u'^2 + v'^2 + w'^2)}$,其物理意义为单位质量流体紊动动能的雷诺时均值。其控制方程为

$$\frac{\partial k}{\partial t} + u\frac{\partial k}{\partial x} + v\frac{\partial k}{\partial y} + w\frac{\partial k}{\partial z} = \frac{\partial}{\partial x}\left(A_M \frac{\partial k}{\partial x} \right) + \frac{\partial}{\partial y}\left(A_M \frac{\partial k}{\partial y} \right)$$

$$+ \frac{\partial}{\partial z}\left(K_M \frac{\partial k}{\partial z} \right) + K_M \left[\left(\frac{\partial u}{\partial z} \right)^2 + \left(\frac{\partial v}{\partial z} \right)^2 \right] + \frac{g}{\rho} K_H \frac{\partial \rho}{\partial z} - \varepsilon \qquad (a.5.17)$$

式中: ε 为动能耗散率,根据量纲和谐原理,可以写作

$$\varepsilon = c_0 k^{\frac{3}{2}} l \qquad (a.5.18)$$

式中: c_0 为经验常数。

混合长 l 可以采用前述经验公式给定。然后,可以采用 Kolmogorov – Prandtl 公式:

$$K_M = c^{1/4} k^{1/2} l \qquad (a.5.19)$$

式中:常数 $c \approx 0.8$,前述常数 $c_0 = c^{3/4}$。

(3)双方程紊流模型

在一方程模型中,混合长 l 和紊动能耗散率 ε 均采用经验公式给定,为了提高精度,可以增加一个关于混合长 l 或紊动能耗散率 ε。例如,关于紊动能耗散率 ε 的方程:

$$\frac{\partial \varepsilon}{\partial t} + u\frac{\partial \varepsilon}{\partial x} + v\frac{\partial \varepsilon}{\partial y} + w\frac{\partial \varepsilon}{\partial z} = \frac{\partial}{\partial x}\left(A_M \frac{\partial \varepsilon}{\partial x} \right) + \frac{\partial}{\partial y}\left(A_M \frac{\partial \varepsilon}{\partial y} \right)$$

$$+ \frac{\partial}{\partial z}\left(K_M \frac{\partial \varepsilon}{\partial z} \right) + c_0^* K_M \left[\left(\frac{\partial u}{\partial z} \right)^2 + \left(\frac{\partial v}{\partial z} \right)^2 \right] \frac{\varepsilon}{k} + c_1^* \frac{g}{\rho} K_H \frac{\partial \rho}{\partial z} \frac{\varepsilon}{k} - c_2^* \frac{\varepsilon}{k} \qquad (a.5.20)$$

根据量纲关系,

$$K_M = c_3 k^2 / \varepsilon \tag{a. 5. 21}$$

式中：c_0^*，c_1^*，c_2^*，c_3 均为经验常数。

利用混合长和湍动能作为变量求解垂向紊动扩散系数的典型模型是 $2\frac{1}{2}$ 阶的 Mellor – Yamada 模型，该紊流模型目前已经应用于 POM、EFDC 等海洋模型中。

3　雷诺应力模型

该模型直接从 N – S 方程出发推导出雷诺应力所满足的微分方程，再引入若干假定与雷诺方程联立求解。该模型最早由我国科学家周培源提出，1960 年后随着计算机运算速度和存储量的增加在计算流体力学中逐渐得到应用。该模型考虑的因素比较全面，精度也比较高，但是计算量较大，计算时间也比较长。对一个典型的二维边界层计算，采用雷诺应力模型、双方程模型和零方程模型得到收敛解所需的 CPU 时间之比约为 10∶3∶1。

4　代数应力模型

在雷诺应力输运方程中忽略掉雷诺应力的微分项，即可化为代数形式的雷诺应力模型。该模型精度介于雷诺应力模型和双方程模型之间，其计算量也介于两者之间。代数应力模型在工程中也得到了一定的应用，但是总体而言应用还不是很广泛。

5　等密度面扩散方案

通过坐标旋转计算变量沿等密度面和穿过等密度面的扩散通量，将沿等密度面的紊动扩散系数和穿过等密度面的紊动扩散系数取为和密度梯度相关的值。该方法符合分层流体中的紊动扩散机制，但是扩散系数和密度梯度的准确关系不易确定。

主要参考文献

陈玉璞,王惠民. 2013. 流体动力学. 北京:清华大学出版社.

陈玉田. 1999. 偏微分方程数值解法. 南京:河海大学出版社.

方保镕,周继东,李医民. 2004. 矩阵论. 北京:清华大学出版社.

季仲贞. 1980. 非线性计算不稳定性. 大气科学,4(2):111 – 119.

季仲贞. 1980. 非线性计算稳定性的比较分析. 大气科学,4(4):344 – 354.

廖洞贤,王两铭. 1986. 数值天气预报原理及其应用. 北京:气象出版社.

刘适式,刘适达. 2011. 大气动力学. 北京:北京大学出版社.

陆金甫,关治. 2004. 偏微分方程数值解法. 北京:清华大学出版社.

孙文心,江文胜,李磊. 2004. 近海环境流体动力学数值模型. 北京:科学出版社.

汪德爟. 2011. 计算水力学理论与应用. 北京:科学出版社.

游性恬,张兴旺. 1992. 数值天气预报基础. 北京:气象出版社.

余常昭,马尔柯夫斯基 M,李玉梁. 1986. 水环境中污染物扩散输移原理与水质模型. 北京:中国环境科学出版社.

余常昭. 1992. 环境流体力学导论. 北京:清华大学出版社.

章本照,印建安,张宏基. 2003. 流体力学数值方法. 北京:机械工业出版社.

Christopher G Koutitas. 1988. Mathematical Models in Coastal Engineering. London:Pentech Press.

Kyeong Park,Albert Y Kuo,Jian Shen,etal. 2000. A Three-dimensional Hydrodynamic-eutrophication model (HEM – 3D):Description of Water Quality and Sediment Process Submodel. Tetra Tech,Inc. ,June.

Versteerg H K,Malalasekera W. 2010. An Introduction to Computational Fluid Dynamics:The Finite Volume Method (2nd ed.)北京:世界图书出版公司北京公司.

Winninghoff F J. 1968. On the adjustment toward a geosrtophic balance in a simple primitive equation model with application to problem of initialization and objective analysis[D]. Los angles:University of California.